建筑结构设计与项目工程监管

张　峰　杨海波　徐长波　著

吉林科学技术出版社

图书在版编目（CIP）数据

建筑结构设计与项目工程监管 / 张峰，杨海波，徐长波著. -- 长春：吉林科学技术出版社，2023.7
ISBN 978-7-5744-0754-1

Ⅰ. ①建… Ⅱ. ①张… ②杨… ③徐… Ⅲ. ①建筑结构－结构设计－研究②建筑工程－工程质量监督－研究 Ⅳ. ① TU318 ② TU712

中国国家版本馆 CIP 数据核字 (2023) 第 155306 号

建筑结构设计与项目工程监管

著　　张　峰　杨海波　徐长波
出 版 人　宛　霞
责任编辑　王天月
封面设计　刘梦杳
制　　版　刘梦杳
幅面尺寸　185mm × 260mm
开　　本　16
字　　数　345 千字
印　　张　17
印　　数　1–1500 册
版　　次　2023年7月第1版
印　　次　2024年2月第1次印刷

出　　版　吉林科学技术出版社
发　　行　吉林科学技术出版社
地　　址　长春市福祉大路5788号
邮　　编　130118
发行部电话/传真　0431-81629529 81629530 81629531
81629532 81629533 81629534
储运部电话　0431-86059116
编辑部电话　0431-81629518
印　　刷　三河市嵩川印刷有限公司

书　　号　ISBN 978-7-5744-0754-1
定　　价　100.00元

前　言

随着我国市场经济的飞速发展和城市化进程的日益加快，人们对居住环境的要求不断提高，这在一定程度上大大提高了施工的难度，并且形成了现代建筑行业的激烈竞争。众所周知，建筑结构设计与项目工程监管是建筑工程的核心，对建筑工程具有重要的意义，只有有效地管理和设计好工程结构，才能更好地实施建筑的所有步骤。由此可见，两者与建筑工程的质量息息相关，而建筑工程的质量不仅关系到企业的生死存亡，也时刻关系着人们的生命财产安全，只有两者协调并进地良好发展，才能使建筑行业得到更快的发展与提高。所以研究两者的结合就显得尤为重要。

建筑工程项目监理是以具体的建设项目或施工项目为对象、目标、内容，不断优化目标的全过程的一次性综合管理与控制过程。鉴于建设项目的一次性，为了节约投资、节能减排和实现建设预期目标、建造符合需求的建筑产品，作为工程建设管理人员，必须清醒地认识到建筑工程项目管理在工程建设过程中的重要性。建筑结构设计是根据建筑、给排水、电气和采暖通风的要求，合理地选择建筑物的结构类型和结构构件，采用合理的简化力学模型进行结构计算，然后依据计算结果和国家现行结构设计规范完成结构构件的计算，最后依据计算结果绘制施工图的过程。因此，建筑结构设计是一个非常系统的工作，需要我们掌握扎实的基础理论知识，并具备严肃、认真和负责的工作态度。

本书参考了大量的相关文献资料，借鉴、引用了诸多专家、学者和教师的研究成果，其主要来源已在参考文献中列出，如有个别遗漏，恳请作者谅解并及时和我们联系。本书的写作得到很多专家学者的支持和帮助，在此深表谢意。由于能力有限，时间仓促，虽极力丰富本书内容，力求著作的完美无瑕，多次修改之后，仍难免有不妥与遗漏之处，恳请专家和读者指正。

目　录

第一章　建筑结构分类及体系

第一节　建筑的构成及建筑物的分类

一、建筑的构成要素

建筑的构成要素主要包括建筑功能、物质技术条件、建筑形象。

（一）建筑功能

建筑功能是人们建造房屋的目的和使用要求的综合体现。它在建筑中起决定性的作用，对建筑平面布局组合、结构形式、建筑体型等方面都有极大的影响。人们建筑房屋不仅要满足生产、生活、居住等要求，也要适应社会的需求。各类房屋的建筑功能并不是一成不变的，随着科学技术的发展、经济的繁荣，以及物质和文化生活水平的提高，人们对建筑功能的要求也将日益提高。

（二）物质技术条件

物质技术条件是实现建筑的手段，包括建筑材料、结构与构造、设备、施工技术等有关方面的内容。建筑水平的提高离不开物质技术条件的发展，而物质技术条件的发展又与社会生产力水平的提高、科学技术的进步有关。建筑技术的进步、建筑设备的完善、新材料的出现、新结构体系的不断产生，有效地促进了建筑朝着大空间、大高度、新结构形式的方向发展。

（三）建筑形象

建筑形象是建筑内、外感观的具体体现，因此，必须符合美学的一般规律。它包含建筑形体、空间、线条、色彩、材料质感、细部的处理及装修等方面。由于时代、民族、地域文化、风土人情的不同，人们对建筑形象的理解各不相同，因而出现了不同风格且具有不同使用要求的建筑，如庄严雄伟的执法机构建筑、古朴大方的学校建筑、简洁明快的居住建筑等。成功的建筑应当反映时代特征、民族特点、地方特色和文化色彩，应有一定的文化底蕴，并与周围的建筑和环境有机融合与协调。

建筑的构成三要素是密不可分的：建筑功能是建筑的目的，居于首要地位；物质技术条件是建筑的物质基础，是实现建筑功能的手段；建筑形象是建筑的结果。它们相互制约、相互依存，彼此之间是辩证统一的关系。

二、建筑物的分类

人们兴建的供人们生活、学习、工作及从事生产和各种文化活动的房屋或场所称为建筑物，如水池、水塔、支架、烟囱等。间接为人们生产生活提供服务的设施则称为构筑物。建筑物可从多方面进行分类，常见的分类方法有以下几种。

（一）按照使用性质分类

建筑物的使用性质又称为功能要求，建筑物按功能要求可分为民用建筑、工业建筑、农业建筑三类。

1.民用建筑

民用建筑是指供人们工作、学习、生活等的建筑，一般分为以下两种。

居住建筑，如住宅、学校宿舍、别墅、公寓、招待所等。

公共建筑，如办公、行政、文教、商业、医疗、邮电、展览、交通、广播、园林、纪念性建筑等。有些大型公共建筑内部功能比较复杂，可能同时具备上述两个或两个以上的功能，一般把这类建筑称为综合性建筑。

2.工业建筑

工业建筑是指各类生产用房和生产服务的附属用房，又分为以下三种。

单层工业厂房，主要用于重工业类的生产企业。

多层工业厂房，主要用于轻工业类的生产企业。

层次混合的工业厂房，主要用于化工类的生产企业。

3.农业建筑

农业建筑是指供人们进行农牧业种植、养殖、贮存等的建筑，如温室、禽舍、仓库、农副产品加工厂、种子库等。

（二）按照层数或高度分类

建筑物按照层数或高度，可以分为单层、多层、高层、超高层。建筑高度不大于

27.0m的住宅建筑，建筑高度不大于24.0m的公共建筑及建筑高度大于24.0m的单层公共建筑为低层或多层民用建筑；建筑高度大于27.0m的住宅建筑和建筑高度大于24.0m的非单层公共建筑，且高度不大于100.0m的，为高层民用建筑；建筑高度大于100.0m的为超高层建筑。

（三）按照建筑结构形式分类

建筑物按照建筑结构形式，可以分成墙承重、骨架承重、内骨架承重、空间结构承重四类。随着建筑结构理论的发展和新材料、新机械的不断涌现，建筑结构形式也在不断地推陈出新。

1.墙承重

由墙体承受建筑的全部荷载，墙体担负着承重、围护和分隔的多重任务，这种承重体系适用于内部空间、建筑高度均较小的建筑。

2.骨架承重

由钢筋混凝土或型钢组成的梁柱体系承受建筑的全部荷载，墙体只起到围护和分隔的作用，这种承重体系适用于跨度大、荷载大的高层建筑。

3.内骨架承重

建筑内部由梁柱体系承重，四周用外墙承重，这种承重体系适用于局部设有较大空间的建筑。

4.空间结构承重

由钢筋混凝土或钢组成空间结构承受建筑的全部荷载，如网架结构、悬索结构、壳体结构等，这种承重体系适用于大空间建筑。

（四）按照承重结构的材料类型分类

从广义上说，结构是指建筑物及其相关组成部分的实体；从狭义上说，结构是指各个工程实体的承重骨架。应用在工程中的结构称为工程结构，如桥梁、堤坝、房屋结构等；局限于房屋建筑中采用的工程结构称为建筑结构。按照承重结构的材料类型，建筑物结构分为金属结构、混凝土结构、钢筋混凝土结构、木结构、砌体结构和组合结构等。

（五）按照施工方法分类

建筑物按照施工方法，可分为现浇整体式、预制装配式、装配整体式等。

1.现浇整体式

现浇整体式指主要承重构件均在施工现场浇筑而成。其优点是整体性好、抗震性能好；其缺点是现场施工的工作量大，需要大量的模板。

2.预制装配式

预制装配式指主要承重构件均在预制厂制作，在现场通过焊接拼装成整体。其优点是施工速度快、效率高；其缺点是整体性差、抗震能力弱，不宜在地震区采用。

3.装配整体式

装配整体式指一部分构件在现场浇筑而成（大多为竖向构件），另一部分构件在预制厂制作（大多为水平构件）。其特点是现场工作量比现浇整体式少，与预制装配式相比，可省去接头连接件，因此，兼有现浇整体式和预制装配式的优点，但节点区现场浇筑混凝土施工复杂。

（六）按照建筑规模和建造数量的差异分类

民用建筑还可以按照建筑规模和建造数量的差异进行分类。

1.大型性建筑

大型性建筑主要包括建造数量少、单体面积大、个性强的建筑，如机场候机楼、大型商场、旅馆等。

2.大量性建筑

大量性建筑主要包括建造数量多、相似性高的建筑，如住宅、宿舍、中小学教学楼、加油站等。

三、建筑的等级

建筑的等级包括设计使用等级、耐火等级、工程等级三个方面。

（一）建筑的设计使用等级

建筑物的设计使用年限主要根据建筑物的重要性和建筑物的质量标准确定，它是建筑投资、建筑设计和结构构件选材的重要依据。

1类建筑的设计使用年限为5年，适用于临时性建筑；2类建筑的设计使用年限为25年，适用于易于替换结构构件的建筑；3类建筑的设计使用年限为50年，适用于普通建筑和构筑物；4类建筑的设计使用年限为100年，适用于纪念性建筑和特别重要的建筑。

（二）建筑的耐火等级

建筑的耐火等级取决于建筑主要构件的耐火极限和燃烧性能。耐火极限是指对任一建筑构件按时间温度标准曲线进行耐火试验，构件从受到火的作用时起，到失去支持能力或完整性破坏，或失去隔火作用时止的这段时间，以h为单位。

（三）建筑的工程等级

建筑按照其重要性、规模、使用要求的不同，可以分为特级、一级、二级、三级、四级、五级共六个级别。

1.特级

（1）工程主要特征

列为国家重点项目或以国际活动为主的特高级大型公共建筑；有全国性历史意义或技术要求特别复杂的中、小型公共建筑；30层以上的建筑；空间高大，有声、光等特殊要求的建筑物。

（2）工程范围举例

国宾馆、国家大会堂、国际会议中心、国际体育中心、国际贸易中心、国际大型航空港、国际综合俱乐部、重要历史纪念建筑、国家级图书馆、博物馆、美术馆、剧院、音乐厅，三级以上人防建筑。

2.一级

（1）工程主要特征

高级、大型公共建筑；有地区性历史意义或技术要求特别复杂的中、小型公共建筑；16层以上29层以下或超过50m高的公共建筑。

（2）工程范围举例

高级宾馆、旅游宾馆、高级招待所、别墅、省级展览馆、博物馆、图书馆、科学实验研究楼（包括高等院校）、高级会堂、高级俱乐部、≥300张床位的医院、疗养院、医疗技术楼、大型门诊楼、大中型体育馆、室内游泳馆、大城市火车站、航运站、邮电通信楼、综合商业大楼、高级餐厅，四级人防建筑等。

3.二级

（1）工程主要特征

中高级、大型公共建筑；技术要求较高的中、小型建筑；16层以上29层以下的住宅。

（2）工程范围举例

大专院校教学楼、档案楼、礼堂、电影院、省部级机关办公楼、<300张床位的医院、疗养院、市级图书馆、文化馆、少年宫、中等城市火车站、邮电局、多层综合商场、高级小住宅等。

4.三级

（1）工程主要特征

中级、中型公共建筑；7层以上（包括7层）15层以下有电梯的住宅或框架结构的建筑。

（2）工程范围举例

重点中学教学楼、实验楼、电教楼、邮电所、门诊所、百货楼、托儿所、1层或2层商场、多层食堂、小型车站等。

5.四级

（1）工程主要特征

一般中、小型公共建筑；7层以下无电梯的住宅，宿舍及副体建筑。

（2）工程范围举例

一般办公楼、中小学教学楼、单层食堂、单层汽车库、消防站、杂货店、理发室、生鲜门市部等。

6.五级

1层或2层，一般小跨度建筑。

第二节 建筑结构的发展与分类

一、建筑历史及发展

（一）中国建筑史

中国建筑以长江、黄河一带为中心，受此地区影响，其建筑形式类似，所使用的材料、工法、营造氛围、空间、艺术表现与此地区相同或雷同的建筑，皆可统称为中国建筑。中国古代建筑的形成和发展具有悠久的历史。由于中国幅员辽阔，各处的气候、人文、地质等条件各不相同，从而形成了各具特色的建筑风格。其中，民居形式尤为丰富多彩，如南方的干栏式建筑、西北的窑洞建筑、游牧民族的毡包建筑、北方的四合院建筑等。中国建筑史主要分为中国古代建筑史及中国近现代建筑史。

1.中国古代建筑史

（1）原始时期的建筑

原始时期的建筑活动是中国建筑设计史的萌芽，为后来的建筑设计奠定了良好的基础，建筑制度逐渐形成。中国社会的奴隶制度自夏朝开始，经殷商、西周到春秋战国时期结束，直到封建制度萌芽，前后历经了1600余年。在严格的宗法制度下，统治者设计建造了规模相当大的宫殿和陵墓，和当时奴隶居住的简易建筑形成了鲜明的对比，从而反映出当时社会尖锐的阶级对立矛盾。

建筑材料的更新和瓦的发明是周朝在建筑上的突出成就，使古代建筑从“茅茨土阶”的简陋状态逐渐进入比较高级的阶段，建筑夯筑技术日趋成熟。自夏朝开始的夯土构筑法在我国沿用了很长时间，直至宋朝才逐渐采用内部夯土、外部砌砖的方法构筑城墙，明朝中期以后才普遍使用砖砌法。

此外，原始时期人们设计建造了很多以高台宫室为中心的大、小城市，开始使用砖、瓦、彩画及斗拱梁枋等设计建造房屋，中国建筑的某些重要的艺术特征已经初步形成，如方正规则的庭院，纵轴对称的布局，木梁架的结构体系，以及由屋顶、屋身、基座组成的单体造型。自此开始，传统的建筑结构体系及整体设计观念开始成型，对后世的城市规划、宫殿、坛庙、陵墓乃至民居产生了深远的影响。

（2）秦汉时期的建筑

秦汉时期400余年的建筑活动处于中国建筑设计史的发育阶段，秦汉建筑是在商周已初步形成的某些重要艺术特点的基础上发展而来的。秦汉建筑类型以都城、宫室、陵墓和祭祀建筑（礼制建筑）为主。都城规划形式由商周的规矩对称，经春秋战国向自由格局的骤变，又逐渐回归于规整，整体面貌呈高墙封闭式。宫殿、陵墓建筑主体为高大的团块状台榭式建筑，周边的重要单体多呈十字轴线对称组合，以门、回廊或较低矮的次要房屋衬托主体建筑的庄严、重要，使整体建筑群呈现主从有序、富于变化的院落式群体组合轮廓。从现存汉阙、壁画、画像砖中可以看出，秦汉建筑的尺度巨大，柱阑额、梁枋、屋檐都是直线，外观为直柱、水平阑额和屋檐，平坡屋顶，已经出现了屋坡的折线“反字”（指屋檐上的瓦头仰起，呈中间凹四周高的形状），但还没有形成曲线或曲面的建筑外观，风格豪放朴拙、端庄严肃，建筑装饰色彩丰富，题材诡谲，造型夸张，呈现出质朴的气质。秦汉时期社会生产力的极大提高，促使制陶业的生产规模、烧造技术、数量和质量都超越了以往的任何时代，秦汉时期的建筑因而得以大量使用陶器，其中最具特色的就是画像砖和各种纹饰的瓦当，素有“秦砖汉瓦”之称。

（3）魏晋南北朝时期的建筑

魏晋南北朝时期是古代中国建筑设计史上的过渡与发展期。北方少数民族进入中原，中原士族南迁，形成了民族大迁徙、大融合的复杂局面。这一时期的宫殿建筑广泛融合了中外各民族、各地域的设计特点，建筑创作活动极为活跃。士族标榜旷达风流，文人退隐山林，崇尚自然清闲的生活，促使园林建筑中的土山、钓台、曲沼、飞梁、重阁等叠石造景技术得到了提高，江南建筑开始步入设计舞台。传入中国的印度、中亚地区的雕刻、绘画及装饰艺术对中国的建筑设计产生了显著而深远的影响，它使中国建筑的装饰设计形式更为丰富多样，广泛采用莲花、卷草纹和火焰纹等装饰纹样，促使魏晋南北朝时期的建筑从汉代的质朴醇厚逐渐转变为成熟圆浑。

（4）隋唐、五代十国时期的建筑

隋唐时期是古代中国建筑设计史上的成熟期。隋唐时期结束分裂，完成统一，政治安定，经济繁荣，国力强盛，与外来文化交往频繁，建筑设计体系更趋完善，在城市建设、木架建筑、砖石建筑、建筑装饰和施工管理等方面都有巨大发展，建筑设计艺术取得了空前的成就。

在建筑制度设计方面，汉代儒家倡导的以周礼为本的一套建筑的制度，发展到隋唐时期已臻于完备，订立了专门的法规制度以控制建筑规模，建筑设计逐步定型并标准化，基本上为后世所遵循。

在建筑构件结构方面，隋唐时期木构件的标准化程度极高，斗拱等结构构件完善，木构架建筑设计体系成熟，并出现了专门负责设计和组织施工的专业建筑师，建筑规模空前巨大。现存的隋唐时期木构建筑的斗拱结构、柱式形象及梁枋加工等都充分展示了结构技术与艺术形象的完美统一。

在建筑形式及风格方面，隋唐时期的建筑设计非常强调整体的和谐，整体建筑群的设计手法更趋成熟，通过强调纵轴方向的陪衬手法，加强突出了主体建筑的空间组合，单体建筑造型浑厚质朴，细节设计柔和精美，内部空间组合变化适度，视觉感受雄浑大度。这种设计手法正是明清建筑布局形式的渊源。建筑类型以都城、宫殿、陵墓、园林为主，城市设计完全规整化且分区合理。园林建筑已出现皇家园林与私家园林的风格区分，皇家园林气势磅礴，私家园林幽远深邃，艺术意境极高。隋唐时期简洁明快的色调、舒展平远的屋顶、朴实无华的门窗无不给人以庄重大方的印象，这是宋、元、明、清建筑设计所没有的特色。

（5）宋、辽、金、西夏时期的建筑

宋朝是古代中国建筑设计史上的全盛期，辽承唐制，金随宋风，西夏别具一格，多种民族风格的建筑共存是这一时期的建筑设计特点。宋朝的建筑学、地学等都达到了很高的水平，如“虹桥”（飞桥）是无柱木梁拱桥（即垒梁拱），达到了我国古代木桥结构设计的最高水平；建筑制度更为完善，礼制有了更加严格的规定，并编写了专门书籍以严格规定建筑等级、结构做法及规范要领；建筑风格逐渐转型，宋朝建筑虽不再有唐朝建筑的雄浑阳刚之气，却创造出了一种符合自己时代气质的阴柔之美；建筑形式更加多样，流行仿木构建筑形式的砖石塔和墓葬，设计了各种形式的殿阁楼台、寺塔和墓室建筑，宫殿规模虽然远小于隋唐，但序列组合更为丰富细腻，祭祀建筑布局严整细致，佛教建筑略显衰退，都城设计仍然规整方正，私家园林和皇家园林建筑设计活动更加活跃，并显示出细腻的倾向，官式建筑完全定型，结构简化而装饰性强；建筑技术及施工管理等取得了进步，出现了《木经》《营造法式》等关于建筑营造总结性的专门书籍；建筑细部与色彩装饰设计受宠，普遍采用彩绘、雕刻及琉璃砖瓦等装饰建筑，统治阶级追求豪华绚丽，宫殿建筑大量使用黄琉璃瓦和红宫墙，创造出一种金碧辉煌的艺术效果，市民阶层的兴起使普遍的审美趣味更趋近日常生活，这些建筑设计活动对后世产生了极为深远的影响。辽、金的建筑以汉唐以来逐步发展的中原木构体系为基础，广泛吸收其他民族的建筑设计手法，不断改进完善，逐步完成了上承唐朝、下启元朝的历史过渡。

（6）元、明、清时期的建筑

元、明、清时期是古代中国建筑设计史上的顶峰，是中国传统建筑设计艺术的充实与总结阶段，中外建筑设计文化的交流融合得到了进一步的加强，在建材装修、园林设计、建筑群体组合、空间氛围的设计上都取得了显著的成就。元、明、清时期的建筑呈现出规模宏大、形体简练、细节繁复的设计形象。元朝建筑以大都为中心，其材料、结构、布局、装饰形式等基本沿袭唐、宋以来的传统设计形制，部分地方继承辽、金的建筑特点，开创了明、清北京建筑的原始规模。因此，在建筑设计史上普遍将元、明、清作为一个时期进行探讨。这一时期的建筑趋向程式化和装饰化，建筑的地方特色和多种民族风格在这个时期得到了充分的发展，建筑遗址留存至今，成为今天城市建筑的重要构成，对当代中国的城市生活和建筑设计活动产生了深远的影响。

元、明、清时期建筑设计的最大成就表现在园林设计领域，明朝的江南私家园林和清朝的北方皇家园林都是最具设计艺术性的古代建筑群。中国历代都建有大量宫殿，但只有明、清时期的宫殿——北京故宫、沈阳故宫得以保存至今，成为中华文化的无价之宝。

元、明、清时期的单体建筑形式逐渐精炼化，设计符号性增强，不再采用生起、侧脚、卷杀，斗拱比例缩小，出檐深度减小，柱细长，梁枋沉重，屋顶的柔和线条消失，不同于唐、宋建筑的浪漫柔和，这一时期的建筑呈现出稳重严谨的设计风格。建筑组群采用院落重叠纵向扩展的设计形式，与左、右横向扩展配合，通过不同封闭空间的变化突出主体建筑。

2.中国近现代建筑

19世纪末至20世纪初是近代中国建筑设计的转型时期，也是中国建筑设计发展史上一个承上启下、中西交汇、新旧接替的过渡时期，既有新城区、新建筑的急速转型，又有旧乡土建筑的矜持保守；既交织着中、西建筑设计文化的碰撞，也经历了近、现代建筑的历史承接，有着错综复杂的时空关联。半封建半殖民地的社会性质决定了清末民国时期对待外来文化采取包容与吸收的建筑设计态度，使部分建筑出现了中西合璧的设计形象，园林里也常有西洋门面、西洋栏杆、西式纹样等。这一时期成为我国建筑设计演进过程的一个重要阶段。其发展历程经历了产生、转型、鼎盛、停滞、恢复五个阶段，主要建筑风格有折中主义、古典主义、近代中国宫殿式、新民族形式、现代派及中国传统民族形式六种，从中可以看出晚清民国时期的建筑设计经历了由照搬照抄到西学中用的发展过程，其构件结构与风格形式既体现了近代以来西方建筑风格对中国的影响，又保持了中国民族传统的建筑特色。

中西方建筑设计技术、风格的融合，在南京的民国建筑中表现最为明显，它全面展现了中国传统建筑向现代建筑的演变，在中国建筑设计发展史上具有重要的意义。时至今日，南京的大部分民国建筑依然保存完好，构成了南京有别于其他城市的独特风貌，南京也因此被形象地称为“民国建筑的大本营”。另外，由外国输入的建筑及散布于城乡的教会建筑发展而来的居住建筑、公共建筑、工业建筑的主要类型已大体齐备，相关建筑工业体系也已初步建立。大量早期留洋学习建筑的中国学生回国后，带来了西方现代建筑思想，创办了中国最早的建筑事务所及建筑教育机构。刚刚登上设计舞台的中国建筑师，一方面探索着西方建筑与中国建筑固有形式的结合，并试图在中、西建筑文化的有效碰撞中寻找适宜的融合点；另一方面又面临着走向现代主义的时代挑战。这些都要求中国建筑师能够紧跟先进的建筑潮流。

1949年中华人民共和国成立后，外国资本主义经济的在华势力消亡，我国逐渐形成了社会主义国有经济，大规模的国民经济建设推动了建筑业的蓬勃发展，我国建筑设计进入新的历史时期。我国现代建筑在数量上、规模上、类型上、地区分布上、现代化水平上都突破了近代的局限，展示出崭新的姿态。时至今日，中国传统式与西方现代式两种设计思潮的碰撞与交融在中国建筑设计的发展进程中仍在继续，将民族风格和现代元素相结合的设计作品也越来越多。有复兴传统式的建筑，即保持传统与地方建筑的基本构筑形式，并加以简化处理，突出其文化特色与形式特征；有发展传统式的建筑，其设计手法更加讲究传统或地方的符号性和象征性，在结构形式上不一定遵循传统方式；也有扩展传统式的建筑，就是将传统形式从功能上扩展为现代用途，如我国建筑师吴良镛设计的北京菊儿胡同住宅群，就是结合了北京传统四合院的构造特征，并进行重叠、反复、延伸处理，使其功能和内容更符合现代生活的需要；还有重新诠释传统的建筑，它是指仅将传统符号或色彩作为标志以强调建筑的文脉，类似于后现代主义的某些设计手法。总而言之，我国的建筑设计曾经灿烂辉煌，或许在将来的某一天能够重新焕发光彩，成为世界建筑设计思潮的另一种选择。

（二）外国建筑史

1.外国古代建筑

（1）古埃及建筑

古埃及是世界上最古老的国家之一，古埃及的领土包括上埃及和下埃及两部分。上埃及位于尼罗河中游的峡谷，下埃及位于河口三角洲。大约在公元前3000年，古埃及成为统一的奴隶制帝国，形成了中央集权的皇帝专制制度，出现了强大的祭司阶层，也产生了人类第一批以宫殿、陵墓为主体的巨大的纪念性建筑物。按照古埃及的历史分期，其代表性建筑可分为古王国时期、中王国时期及新王国时期建筑类型。

古王国时期的主要劳动力是氏族公社成员，庞大的金字塔就是他们建造的。这一时期的纪念性建筑物是单纯而开阔的。

中王国时期，在山岩上开凿石窟陵墓的建筑形式开始盛行，陵墓建筑采用梁柱结构，构成比较宽敞的内部空间，以建于公元前2000年前后的曼都赫特普三世陵墓为典型代表，开创了陵墓建筑群设计的新形式。

新王国时期是古埃及建筑发展的鼎盛时期，这时已不再建造巍然屹立的金字塔陵墓，而是将荒山作为天然金字塔，沿着山坡的侧面开凿地道，修建豪华的地下陵寝，其中以拉美西斯二世陵墓和图坦卡蒙陵墓最为奢华。

（2）两河流域及波斯帝国建筑

两河流域地处亚非欧三大洲的衔接处，位于底格里斯河和幼发拉底河中下游，通常被称为西亚美索不达米亚平原（希腊语意为“两河之间的土地”，今伊拉克地区），是古代人类文明的重要发源地之一。公元前3500年～前4世纪，在这里曾经建立过许多国家，依次建立的奴隶制国家为古巴比伦王国（公元前19～前16世纪）、亚述帝国（公元前8～前7世纪）、新巴比伦王国（公元前626～前539年）和波斯帝国（公元前6～前4世纪）。两河流域的建筑成就在于创造了将基本原料用于建筑的结构体系和装饰方法。两河流域气候炎热多雨，盛产黏土，缺乏木材和石材，故人们从夯土墙开始，发展出土坯砖、烧砖的筑墙技术，并以沥青、陶钉石板贴面及琉璃砖保护墙面，使材料、结构、构造与造型有机结合，创造了以土作为基本材料的结构体系和墙体饰面装饰办法，对后来的拜占庭建筑和伊斯兰建筑影响很大。

（3）爱琴文明时期的建筑

爱琴文明是公元前20～前12世纪存在于地中海东部的爱琴海岛、希腊半岛及小亚细亚西部的欧洲史前文明的总称，也曾被称为迈锡尼文明。爱琴文明发祥于克里特岛，是古希腊文明的开端，也是西方文明的源头。其宫室建筑及绘画艺术十分发达，是世界古代文明的一个重要代表。

（4）古希腊建筑

古希腊建筑经历了三个主要发展时期：公元前8～前6世纪，纪念性建筑形成的古风时期；公元前5世纪，纪念性建筑成熟、古希腊本土建筑繁荣昌盛的古典时期；公元前4～前1世纪，古希腊文化广泛传播到西亚北非地区并与当地传统相融合的希腊化时期。

古希腊建筑除屋架外全部使用石材设计建造，柱子、额枋、檐部的设计手法基本确定了古希腊建筑的外貌，通过长期的推敲改进，古希腊人设计了一整套做法，定型了多立克、爱奥尼克、科林斯三种主要柱式。

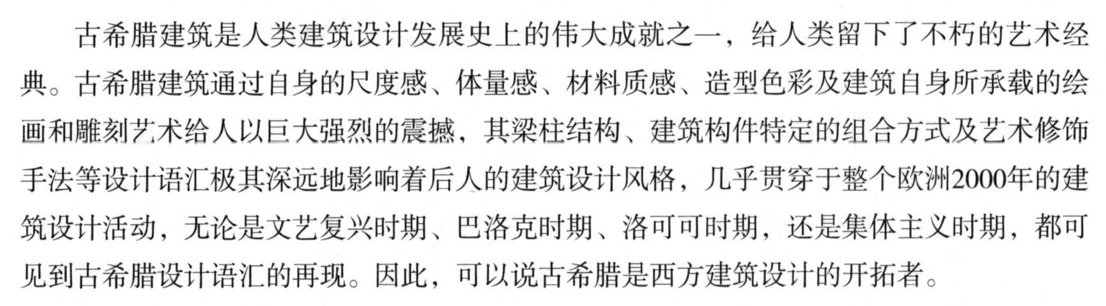

古希腊建筑是人类建筑设计发展史上的伟大成就之一，给人类留下了不朽的艺术经典。古希腊建筑通过自身的尺度感、体量感、材料质感、造型色彩及建筑自身所承载的绘画和雕刻艺术给人以巨大强烈的震撼，其梁柱结构、建筑构件特定的组合方式及艺术修饰手法等设计语汇极其深远地影响着后人的建筑设计风格，几乎贯穿于整个欧洲2000年的建筑设计活动，无论是文艺复兴时期、巴洛克时期、洛可可时期，还是集体主义时期，都可见到古希腊设计语汇的再现。因此，可以说古希腊是西方建筑设计的开拓者。

（5）古罗马建筑

古罗马文明通常是指从公元前9世纪初在意大利半岛中部兴起的文明。古罗马文明在自身的传统上广泛吸收东方文明与古希腊文明的精华。

古罗马建筑除使用砖、木、石外，还使用了强度高、施工方便、价格低的火山灰混凝土，以满足建筑拱券的需求，并发明了相应的支模、混凝土浇灌及大理石饰面技术。古罗马建筑为满足各种复杂的功能要求，设计了筒拱、交叉拱、十字拱、穹窿（半球形）及拱券平衡技术等一整套复杂的结构体系。

2.欧洲中世纪的建筑

（1）拜占庭建筑

在建筑设计的发展阶段方面，拜占庭大量保留和继承了古希腊、古罗马及波斯、两河流域的建筑艺术成就，并且具有强烈的文化世俗性。拜占庭建筑为砖石结构，局部加以混凝土，从建筑元素来看，拜占庭建筑包含了古代西亚的砖石券顶、古希腊的古典柱式和古罗马建筑规模宏大的尺度，以及巴西利卡的建筑形式，并发展了古罗马的穹顶结构和集中式形式，设计了4个或更多独立柱支撑的穹顶、帆拱、鼓座相结合的结构方法和穹顶统率下的集中式建筑形制。

（2）罗马式建筑

公元9世纪，西欧正式进入封建社会，这时的建筑形式继承了古罗马的半圆形拱券结构，采用传统的十字拱及简化的古典柱式和细部装饰，以拱顶取代了木屋顶，创造了扶壁、肋骨拱与束柱结构。

罗马式建筑最突出的特点是创造了一种新的结构体系，即将原来的梁柱结构体系、拱券结构体系变成了由束柱、肋骨拱、扶壁组成的框架结构体系。框架结构的实质是将承力结构和围护材料分开，承力结构组成一个有机的整体，使围护材料可做得很轻很薄。

（3）哥特式建筑

哥特式建筑的特点是拥有高耸尖塔、尖形拱门、大窗户及绘有故事的花窗玻璃；在设计中利用尖肋拱顶、飞扶壁、修长的束柱，营造出轻盈修长的飞天感；使用新的框架结构以增加支撑顶部的力量，使整个建筑拥有直升线条，雄伟的外观，再结合镶着彩色玻璃的长窗，使建筑内产生一种浓厚的严肃气氛。

3.欧洲15～18世纪的建筑

（1）文艺复兴时期的建筑

意大利文艺复兴时期的建筑文艺复兴运动源于14～15世纪，随着生产技术和自然科学的重大进步，以意大利为中心的思想文化领域发生了反封建等运动。佛罗伦萨、热那亚、威尼斯三个城市成为意大利乃至整个欧洲文艺复兴的发源地和发展中心。15世纪，人文主义思想在意大利得到了蓬勃发展，人们开始狂热地学习古典文化，随之打破了封建教会的长期垄断局面，为新兴的资本主义制度开拓了道路。16世纪是意大利文艺复兴的高度繁荣时期，出现了达·芬奇、米开朗琪罗和拉斐尔等伟大的艺术家。历史上将文艺复兴的年代广泛界定为15～18世纪长达400余年的这段时期，文艺复兴运动真正奠定了“建筑师”这个名词的意义，这为当时的社会思潮融入建筑设计领域找到了一个切入点。如果说文艺复兴以前的建筑和文化的联系多处于一种半自然的自发行为，那么，文艺复兴以后的建筑设计和人文思想的紧密结合就肯定是一种非偶然的人为行为，这种对建筑的理解一直影响着后世的各种流派。

（2）法国古典主义建筑

法国古典主义是指17世纪流行于西欧，特别是法国的一种文学思潮，因为它在文艺理论和创作实践上以古希腊、古罗马为典范，故被称为“古典主义”。16世纪，在意大利文艺复兴建筑的影响下形成了法国文艺复兴建筑。自此开始，法国建筑的设计风格由哥特式向文艺复兴式过渡。这一时期的建筑设计风格往往将文艺复兴建筑的细部装饰手法融合在哥特式的宫殿、府邸和市民住宅建筑设计中。17～18世纪上半叶，古典主义建筑设计思潮在欧洲占据统治地位。其广义上是指意大利文艺复兴建筑、巴洛克建筑和洛可可建筑等采用古典形式的建筑设计风格；狭义上则指运用纯正的古典柱式的建筑，即17世纪法国专制君权时期的建筑设计风格。

（3）欧洲其他国家的建筑

16～18世纪，意大利文艺复兴建筑风靡欧洲，遍及英国、德国、西班牙及北欧各国，并与当地的固有建筑设计风格逐渐融合。

4.欧美资产阶级革命时期的建筑

18～19世纪的欧洲历史是工业文明化的历史，也是现代文明化的历史，或者叫作现代化的历史。18世纪，欧洲各国的君主集权制度大都处于全盛时期，逐渐开始与中国、印度和土耳其进行小规模的通商贸易，并持续在东南亚与大洋洲建立殖民地。在启蒙运动的感染下，新的文化思潮与科学成果逐渐渗入社会生活的各个层面，民主思潮在欧美各国迅速传播开来。19世纪，工业革命为欧美各国带来了经济技术与科学文化的飞速发展，直接推动了西欧和北美国家的现代工业化进程。这一时期建筑设计艺术的主要体现为：18世纪流行的古典主义逐渐被新古典主义与浪漫主义取代，后又向折中主义发展，为后来欧美建筑设计的多元化发展奠定了基础。

（1）新古典主义

18世纪60年代～19世纪，新古典主义建筑设计风格在欧美一些国家普遍流行。新古典主义也称为古典复兴，是一个独立设计流派的名称，也是文艺复兴运动在建筑界的反映和延续。新古典主义一方面源于对巴洛克和洛可可的艺术反动，另一方面以重振古希腊和古罗马艺术为信念，在保留古典主义端庄、典雅的设计风格的基础上，运用多种新型材料和工艺对传统作品进行改良简化，以形成新型的古典复兴式设计风格。

（2）浪漫主义

18世纪下半叶～19世纪末期，在文学艺术的浪漫主义思潮的影响下，欧美一些国家开始流行一种被称为浪漫主义的建筑设计风格。浪漫主义思潮在建筑设计上表现为强调个性，提倡自然主义，主张运用中世纪的设计风格对抗学院派的古典主义，追求超凡脱俗的趣味和异国情调。

（3）折中主义

折中主义是19世纪上半叶兴起的一种创作思潮。折中主义任意选择与模仿历史上的各种风格，将它们组合成各种样式，又称为“集仿主义”。折中主义建筑并没有固定的风格，它结构复杂，但讲究比例权衡的推敲，常沉醉于对“纯形式”美的追求。

5.欧美近现代建筑（20世纪以来）

19世纪末20世纪初，以西欧国家为首的欧美社会出现了一场以反传统为主要特征的广泛突变的文化革新运动，这场狂热的革新浪潮席卷了文化与艺术的方方面面。其中，哲学、美术、雕塑和机器美学等方面的变迁对建筑设计的发展产生了深远的影响。20世纪是欧美各国进行新建筑探索的时期，也是现代建筑设计的形成与发展时期，社会文化的剧烈变迁为建筑设计的全面革新创造了条件。

20世纪60年代以来，由于生产的急速发展和生活水平的提高，人们的意识日益受到机械化大批量与程式化生产的冲击，社会整体文化逐渐趋向于标榜个性与自我回归意识，一场所谓的“后现代主义”社会思潮在欧美社会文化与艺术领域产生并蔓延。美国建筑师文丘里认为“创新可能就意味着从旧的东西中挑挑拣拣”“赞成二元论”“容许违反前提的推理”，文丘里设计的建筑总会以一种和谐的方式与当地环境相得益彰。美国建筑师罗伯特·斯特恩则明确提出后现代主义建筑采用装饰、具有象征性与隐喻性、与现有整体环境融合的三个设计特征。在后现代主义的建筑中，建筑师拼凑、混合、折中了各种不同形式和风格的设计元素，因此，出现了所谓的新理性派、新乡土派、高技派、粗野主义、解构主义、极少主义、生态主义和波普主义等众多设计风格。

二、建筑结构的历史与发展

（一）建筑结构的历史

我国应用最早的建筑结构是砖石结构和木结构。由李春于595～605年（隋代）建造的河北赵县安济桥是世界上最早的空腹式单孔圆弧石拱桥。该桥净跨为37.37m，拱高为7.2m，宽为9m；外形美观，受力合理，建造水平较高。我国也是采用钢铁结构最早的国家。公元60年前后（汉明帝时期）已使用铁索建桥（比欧洲早70多年）。我国用铁造房的历史也比较悠久，例如，现存的湖北荆州玉泉寺的13层铁塔建于宋代，已有1000多年的历史。

随着经济的发展，我国的建设事业蓬勃发展，已建成的高层建筑有数万幢，其中超过150m的有200多幢。我国香港特别行政区的中环大厦建成于1992年，共73层，高301m，是当时世界上最高的钢筋混凝土结构建筑。

（二）建筑结构的发展概况

经历了漫长的发展过程，建筑结构在各个方面都取得了较大的进步。在建筑结构设计理论方面，随着研究的不断深入及统计资料的不断累积，原来简单的近似计算方法已发展成为以统计数学为基础的结构可靠度理论。这种理论目前为止已逐步应用到工程结构设计、施工与使用的全过程中，以保证结构的安全性，使极限设计方法向着更加完善、更加科学的方向发展。经过不断的充实提高，一个新的分支学科——“近代钢筋混凝土力学”正在逐步形成，它将计算机、有限元理论和现代测试技术应用到钢筋混凝土理论与试验研究中，使建筑结构的计算理论和设计方法更加完善，并且向着更高的阶段发展。在建筑材料方面，新型结构材料不断涌现，如混凝土，由原来的抗压强度低于20N/mm^{2}的低强度混凝土发展到抗压强度为20～50N/mm^{2}的中等强度混凝土和抗压强度在50N/mm^{2}以上的高强度混凝土。

轻质混凝土主要是采用轻质集料。轻质集料主要有天然轻集料（如浮石、凝灰石等）、人造轻集料（页岩陶粒、膨胀珍珠岩等）及工业废料（炉渣、矿渣、粉煤灰、陶粒等）。轻质混凝土的强度目前一般只能达到5～20N/mm^2，开发高强度的轻质混凝土是今后的研究方向。随着混凝土的发展，为改善其抗拉性、延性，通常在混凝土中掺入纤维，如钢纤维、耐碱玻璃纤维、聚丙烯纤维或尼龙合成纤维等。除此之外，许多特种混凝土如膨胀混凝土、聚合物混凝土、浸渍混凝土等也在研制、应用之中。

在结构方面，空间结构、悬系结构、网壳结构成为大跨度结构发展的方向，空间钢网架的最大跨度已超过100m。例如，澳大利亚悉尼市为主办2000年奥运会而兴建的一系列体育场馆中，国际水上运动中心与用作球类比赛的展览馆采用了材料各异的网壳结构。组合结构也是结构发展的方向，目前钢管混凝土、压型钢板叠合梁等组合结构已被广泛应用，在超高层建筑结构中还采用钢框架与内核心筒共同受力的组合体系，以充分利用材料优势。

在施工工艺方面近年来也有很大的发展，工业厂房及多层住宅正在向工业化方向发展，而建筑构件的定型化、标准化又大大加快了建筑结构工业化进程。如我国北京、南京、广州等地已经较多采用的装配式大板建筑，加快了施工进度及施工机械化程度。在高层建筑中，施工方法也有了很大的改进，大模板、滑模等施工方法已得到广泛推广与应用，如深圳53层的国贸大厦采用滑升模板建筑；广东国际大厦63层，采用筒中筒结构和无黏结部分预应力混凝土平板楼盖，减小了自重，节约了材料，加快了施工速度。

综上所述，建筑结构是一门综合性较强的应用科学，其发展涉及数学、力学、材料及施工技术等科学。随着我国生产力水平的提高及结构材料研究的发展，计算理论的进一步完善以及施工技术、施工工艺的不断改进，建筑结构科学会发展到更高的阶段。

三、建筑结构的分类

建筑结构是指建筑物中由若干个基本构件按照一定的组成规则，通过符合规定的连接方式所组成的能够承受并传递各种作用的空间受力体系，又称为骨架。建筑结构按承重结构所用材料的不同可分为混凝土结构、砌体结构、钢结构和木结构等，按结构的受力特点可分为砖混结构、框架结构、排架结构、剪力墙结构、筒体结构等。

（一）按材料的不同分类

1.混凝土结构

混凝土结构是指由混凝土和钢筋两种基本材料组成的一种能共同作用的结构材料。自从1824年发明了波特兰水泥，1850年出现了钢筋混凝土以来，混凝土结构已被广泛应用于工程建设中，如各类建筑工程、构筑物、桥梁、港口码头、水利工程、特种结构等领域。采用混凝土作为建筑结构材料，主要是因为混凝土的原材料（砂、石等）来源丰富，钢材用量较少，结构承载力和刚度大，防火性能好，价格低。钢筋混凝土技术于1903年传入我国，现在已成为我国发展高层建筑的主要材料。随着科学技术的进步，钢与混凝土组合结构也得到了很大发展，并已应用到超高层建筑中。其构造有型钢构件外包混凝土，简称刚性混凝土结构；还有钢管内填混凝土，简称钢管混凝土结构。

归纳起来，钢筋混凝土结构有以下优点。

易于就地取材。钢筋混凝土的主要材料是砂、石，而这两种材料来源比较普遍，有利于降低工程造价。

整体性能好。钢筋混凝土结构，特别是现浇结构具有很好的整体性，能抵御地震灾害，这对于提高建筑物整个结构的刚度和稳定性有重要意义。

耐久性好。混凝土本身的特征之一是其强度不随时间的增长而降低。钢筋被混凝土紧紧包裹而不致锈蚀，即使处在侵蚀性介质条件下，也可采用特殊工艺制成耐腐蚀混凝土。因此，钢筋混凝土结构具有很好的耐久性。

可塑性好。混凝土拌合物是可塑的，可根据工程需要制成各种形状的构件，这给合理选择结构形式及构件截面形式提供了方便。

耐火性好。在钢筋混凝土结构中，钢筋被混凝土包裹着，而混凝土的导热性很差，因此，发生火灾时钢筋不致很快达到软化温度而造成结构破坏。

刚度大，承载力较高。

同时，钢筋混凝土结构也有一些缺点，如自重大，抗裂性能差，费工，费模板，隔声、隔热性能差，因此，必须采取相应的措施进行改进。

2.砌体结构

砌体结构是砖砌体、砌块砌体、石砌体建造的结构的统称，又称砖石结构。砌体结构是我国建造工程中最常用的结构形式，砌体结构中砖石砌体占95%以上，主要应用于多层住宅、办公楼等民用建筑的基础、内外墙身、门窗过梁、墙柱等构件（在抗震设防烈度为6度的地区，烧结普通砖砌体住宅可建成8层），跨度小于24m且高度较小的俱乐部、食堂及跨度在15m以下的中、小型工业厂房，60m以下的烟囱、料仓、地沟、管道支架和小型水池等。归纳起来，砌体结构具有以下优点。

取材方便，价格低廉。砌体结构所需的原材料如黏土、砂子、天然石材等几乎到处都有，来源广泛且经济实惠。砌块砌体还可节约土地，使建筑向绿色建筑、环保建筑方向发展。

具有良好的保温、隔热、隔声性能，节能效果好。

可以节省水泥、钢材和木材，不需要模板。

具有良好的耐火性及耐久性。一般情况下，砌体能耐受400℃的高温。砌体耐腐蚀性能良好，完全能满足预期的耐久年限要求。

施工简单，技术容易掌握和普及，也不需要特殊的设备。

同时，砌体结构还存在一些缺点：自重大、砌筑工程繁重、砌块和砂浆之间的黏结力较弱、烧结普通砖砌体的黏土用量大。

3.钢结构

钢结构是指建筑物的主要承重构件全部由钢板或型钢制成的结构。由于钢结构具有承载能力高、质量较轻、钢材材质均匀、塑性和韧性好、制造与施工方便、工业化程度高、拆迁方便等优点，因此，它的应用范围相当广泛。目前，钢结构多用于工业与民用建筑中的大跨度结构、高层和超高层建筑、重工业厂房、受动力荷载作用的厂房、高耸结构及一些构筑物等。

归纳起来，钢结构的特点如下。

强度高、自重轻、塑性和韧性好、材质均匀。强度高，可以减小构件截面，减轻结构自重（当屋架的跨度和承受荷载相同时，钢屋架的质量最多不过是钢筋混凝土屋架的1/4～1/3），也有利于运输、吊装和抗震；塑性好，结构在一般条件下不会因超载而突然断裂；韧性好，结构对动荷载的适应性强；材质均匀，钢材的内部组织比较接近均质和各向同性体，当应力小于比例极限时，几乎是完全弹性的，和力学计算的假设比较符合。

钢结构的可焊性好，制作简单，便于工厂生产和机械化施工，便于拆卸，可以缩短工期。

有优越的抗震性能。

无污染，可再生，节能，安全，符合建筑可持续发展的原则，可以说钢结构的发展是21世纪建筑文明的体现。

钢材耐腐蚀性差，需经常刷油漆维护，故维护费用较高。

钢结构的耐火性差。当温度达到250℃时，钢结构的材质将会发生较大变化；当温度达到500℃时，结构会瞬间崩溃，完全丧失承载能力。

（二）按结构的受力特点分类

1.砖混结构

砖混结构是指由砌体和钢筋混凝土材料共同承受外加荷载的结构。由于砌体材料强度较低，且墙体容易开裂、整体性差，故砖混结构的房屋主要用于层数不多的民用建筑，如住宅、宿舍、办公楼、旅馆等。

2.框架结构

框架结构是指由梁、柱构件通过铰接（或刚接）相连而构成承重骨架的结构，是目前建筑结构中较广泛的结构形式之一。框架结构能保证建筑的平面布置灵活，主要承受竖向荷载；防水、隔声效果也不错，同时具有较好的延性和整体性，因此，框架结构的抗震性能较好；其缺点是其属于柔性结构，抵抗侧移的能力较弱。一般多层工业建筑与民用建筑大多采用框架结构，合理的建筑高度约为30m，即层高约3m时不超过10层。

3.排架结构

排架结构通常是指由柱子和屋架（或屋面梁）组成，柱子与屋架（或屋面梁）铰接，而与基础固接的结构。从材料上说，排架结构多为钢筋混凝土结构，也可采用钢结构，广泛用于各种单层工业厂房。其结构跨度一般为12～36m。

4.剪力墙结构

剪力墙结构是指由整片的钢筋混凝土墙体和钢筋混凝土楼（屋）盖组成的结构。墙体承受所有的水平荷载和竖向荷载。剪力墙结构整体刚度大、抗侧移能力较强，但它的建筑空间划分受到限制，造价相对较高，因此，一般适用于横墙较多的建筑物，如高层住宅、宾馆及酒店等。合理的建造高度为15～50层。

5.筒体结构

筒体结构是指由钢筋混凝土墙或密集柱围成的一个抗侧移刚度很大的结构，犹如一个嵌固在基础上的竖向悬臂构件。筒体结构的抗侧移刚度和承载能力在所有结构中是最大的。根据筒体的不同组合方式，筒体结构可以分为框架筒体结构、筒中筒结构和多筒结构三种类型。

框架筒体结构，兼有框架结构和筒体结构的优点，其建筑平面布置灵活，抵抗水平荷载的能力较强。

筒中筒结构又称为双筒结构，内、外筒直接承受楼盖传来的竖向荷载，同时又共同抵抗水平荷载。筒中筒结构有较大的使用空间，平面布置灵活，结构布置也比较合理，空间性能较好，刚度更大，因此，适用于建筑较高的高层建筑。

多筒结构是由多个单筒组合而成的多束筒结构，它的抗侧移刚度比筒中筒结构还要大，可以建造更高的高层建筑。

第三节　建筑结构体系

一、单层刚架结构

刚架结构是指梁、柱之间为刚性连接的结构。当梁与柱之间为铰接的单层结构，一般称为排架；多层多跨的刚架结构则常称为框架。单层刚架为梁、柱合一的结构，其内力小于排架结构，梁柱截面高度小，造型轻巧，内部净空较大，故被广泛应用于中小型厂房、体育馆、礼堂、食堂等中小跨度的建筑中。但与拱相比，刚架仍然属于以受弯为主的结构，材料强度没有充分发挥作用，这就造成了刚架结构自重较大、用料较多、适用跨度受到限制。

（一）刚架的受力特点

单层刚架一般是由直线形杆件（梁和柱）组成的具有刚性节点的结构。在荷载作用下，由于梁柱节点的变化，刚架和排架相比其内力是不同的。刚架在竖向荷载作用下，柱对梁的约束减少了梁的跨中弯矩，横梁的弯矩峰值较排架小得多。刚架在水平荷载作用下，梁对柱的约束会减少柱内弯矩，柱的弯矩峰值较排架小得多。因此，刚架结构的承载力和刚度都大于排架结构，故门式刚架能够适用于较大的跨度。

（二）单层刚架的种类

门式刚架的结构按构件的布置和支座约束条件可分成无铰刚架、两铰刚架、三铰刚架三种。在同样荷载作用下，这三种刚架的内力分布和大小是不同的，其经济效果也不相同。

无铰刚架，其柱脚为固定端，刚度大，故梁柱弯矩小。但作为固定端基础，要对柱起可靠的固定约束作用，受到很大弯矩，必须做得又大又坚固，费料、费工，很不经济，而且无铰刚架是三次超静定结构，对温差与支座沉降差很敏感，会引起较大的内力变化，所以地基条件较差时，必须考虑其影响，实际工程中应用较少。

两铰刚架，其柱基做成铰接，最大的优点是基础无弯矩，可以做得小，既省料，地下施工的工作量也少，两铰刚架的铰接柱基构造简单，有利于梁柱采用预制构件。两铰刚架也是超静定结构，地基不均匀沉降对结构内力的影响也必须考虑。

三铰刚架是在刚架屋脊处设置永久性铰，柱基处也是铰接，其最大优点是静定结构，计算简单，温度差与支座沉降差不会影响结构的内力。在实际工程中，大多采用三铰和两铰刚架以及由它们组成的多跨结构。

（三）刚架结构的构造

刚架结构的形式较多，其节点构造和连接形式也是多种多样的，但其设计要点基本相同。设计时既要使节点构造与结构计算一致，又要使制造、运输、安装方便。

1.刚架节点的连接构造

门式实腹式刚架，一般在梁柱交接处及跨中屋脊处设置安装拼接单元，用螺栓连接。拼接节点处，有加腋与不加腋两种。在加腋的形式中又有梯形加腋与曲线形加腋两种，通常多采用梯形加腋。加腋连接既可使截面的变化符合弯矩图形的要求，又便于连接螺栓的布置。

2.钢筋混凝土刚架节点的连接构造

在实际工程中，大多采用预制装配式钢筋混凝土刚架。刚架拼装单元的划分一般根据内力分布决定，应考虑结构受力可靠，制造、运输、安装方便。

刚架承受的荷载一般有恒载和活载两种。在恒载作用下弯矩零点的位置是固定的，在活载作用下，对于各种不同的情况，弯矩零点的位置是变化的。因此，在划分结构单元时，接头位置应根据刚架在主要荷载作用下的内力图确定。

3.刚架铰节点的构造

刚架铰节点包括顶铰及支座铰。铰节点的构造应满足力学中的完全铰的受力要求，即应保证节点能传递竖向压力及水平推力，但不能传递弯矩。铰节点既要有足够的转动能力，又要使构造简单，施工方便。格构式刚架应把铰节点附近部分的截面改为实腹式，并设置适当的加劲肋，以便可靠地传递较大的集中力。

（四）刚架的结构的选型

1.结构布置

一般情况下，矩形建筑平面都采用等间距、等跨度的结构布置。刚架的纵向柱距一般为6m，横向跨度以m为单位取整数，一般为3m的整倍数，如24m、27m、30m，以至更大的跨度。其跨度由工艺条件确定，同时兼顾经济的考虑。

刚架结构为平面受力体系，当刚架平行布置时，为保证结构的整体稳定性，应在纵向柱间布置连系梁及柱间支撑，同时在横梁的顶面设置上弦横向水平支撑。柱间支撑和横梁上弦横向水平支撑宜设置在同一开间内。

2.门式刚架的高跨比

门式刚架的高度与跨度之比，决定了刚架的基本形式，也直接影响结构的受力状态。设想有一条悬索在竖向均布荷载作用下，在平衡状态将形成一条悬垂线即所谓的索线，这时悬索内仅有拉力。将索上下倒置，即成为拱的作用，索内的拉力也变成拱的压力，这条倒置的索线即为推力线。从结构受力来看，刚架高度的减小将使支座处水平推力增大；从推力线来看，对三饺门架来说，最好的形式是高度大于跨度；但对两铰门架来说，由于跨中弯矩的存在，跨度稍大于高度就成为合理的了。

二、桁架结构体系

桁架：是指由直杆在端部相互连接而组成的格构式体系。桁架结构的特点是受力合理，计算简单，施工方便，适应性强，对支座没有横向力。因此在结构工程中，桁架常用来作为屋盖承重结构，常称为屋架。屋架的主要缺点是结构高度大，侧向刚度小。结构高度大，不但增加了屋面及围护墙的用料，而且增加了采暖、通风、采光等设备的负荷，对音质控制也带来困难。桁架侧向刚度小，对于钢桁架特别明显，因为受压的上弦平面外稳定性差，也难以抵抗房屋纵向的侧向力，这就需要设置很多支撑。一般房屋纵向的侧向力并不大，但钢屋架的支撑很多，都按构造（长细比）要求确定截面，故耗钢不少，未能材尽其用。桁架结构主要由上弦杆、下弦杆和腹杆三部分组成。

（一）桁架结构的形式及其受力特点

桁架结构的形式很多，根据材料的不同，可分为木桁架、钢桁架、钢—木组合桁架、钢筋混凝土桁架等。根据桁架屋架形的不同，有三角形屋架、平行弦屋架、梯形屋架、拱形桁架、折线型屋架、抛物线屋架等。根据结构受力的特点及材料性能的不同，也可采用桥式屋架、无斜腹杆屋架或刚接桁架、立体桁架等。我国常用的屋架有三角形、矩形、梯形、拱形和无斜腹杆屋架等多种形式。

从受力特点来看，桁架实际是由梁式结构发展产生的。当涉及大跨度或大荷载时，若采用梁式结构，即便是薄腹梁，也会因为是受弯构件很不经济。因为对大跨度的简支梁，其截面尺寸和结构自重急剧增大，而且简支梁受荷后的截面应力分布很不均匀，受压区和受拉区应力分布均为三角形，中和轴处应力为零。桁架结构正是考虑到简支梁的这一应力特点，把梁横截面和纵截面的中间部分挖空，以至于中间只剩下几根截面很小的连杆时，就形成“桁架”。桁架工作的基本原理是将材料的抵抗力集中在最外边缘的纤维上，此时它的应力最大而且力臂也最大。

桁架杆件相交的节点，一般计算中都按铰接考虑，所以组成桁架的弦杆、竖杆、斜杆均受轴向力，这是材尽其用的有效途径，从桁架的总体来看，仍摆脱不了弯曲的控制，相当于一个受弯构件。在竖向节点荷载作用下，上弦受压，下弦受拉，主要抵抗弯矩，腹杆则主要抵抗剪力。

尽管桁架结构中的杆件以轴力为主，其构件的受力状态比梁的结构合理，但在桁架结构各杆件单元中，内力的分布是不均匀的。屋架的几何形状有平行弦屋架、三角形、梯形、折线形的和抛物线形的等，它们的内力分布是随形状的不同而变化的。

在一般情况下，屋架的主要荷载类型是均匀分布的节点荷载。下面以平行弦屋架为例分析其内力分布特点，然后，引伸至其他形式的屋架。

（二）屋架结构的选型与布置

1.屋架结构的几何尺寸

屋架结构的几何尺寸包括屋架的矢高、跨度、坡度和节间长度。

（1）矢高

屋架矢高主要由结构刚度条件确定，屋架的矢高直接影响结构的刚度与经济指标。矢高大、弦杆受力小，但腹杆长、长细比大、易压曲，用料反而会增多。矢高小，则弦杆受力大、截面大且屋架刚度小、变形大。因此，矢高不宜过大也不宜过小。屋架的矢高也要根据屋架的结构型式。一般矢高可取跨度的1/10～1/5。

（2）跨度

柱网纵向轴线的间距就是屋架的跨度，以3m为模数。屋架的计算跨度是屋架两端支座反力（屋架支座中心间）之间的距离。但通常取支座所在处房屋或柱列轴线间的距离作为名义跨度，而屋架端部支座中心线相对于轴线缩进150mm，以便支座外缘能做在轴线范围以内，而使相邻屋架间互不妨碍。

（3）坡度

屋架上弦坡度的确定应与屋面防水构造相适应。当采用瓦类屋面时，屋架上弦坡度应大些，一般不小于1/3，以利于排水。当采用大型屋面板并做卷材防水时，屋面坡度可平缓些，一般为1/8～1/12。

（4）节间长度

屋架节间长度的大小与屋架的结构形式、材料及受荷条件有关。一般上弦受压，节间长度应小些，下弦受拉，节间长度可大些。屋面荷载应直接作用在节点上，以优化杆件的受力状态。为减少屋架制作工作量，减少杆件与节点数目，节间长度可取大些。但节间杆长也不宜过大，一般为1.5～4m。

屋架的宽度主要由上弦宽度决定。钢筋混凝土屋架当采用大型屋面板时，上弦宽度主要考虑屋面板的搭接要求，一般不小于20cm。跨度较大的屋架将产生较大的挠度。因此，制作时要采取起拱的办法抵消荷载作用下产生的挠度。

2.屋架结构的选型

屋架结构的选型应考虑房屋的用途、建筑造型、屋面防水、屋架的跨度、结构材料的供应、施工技术条件等因素，并进行全面的技术经济分析，做到受力合理、技术先进、经济实用。

（1）屋架结构的受力

从结构受力来看，抛物线状的拱式结构受力最为合理。但拱式结构上弦为曲线，施工复杂。折线型屋架，与抛物线弯矩图最为接近，故力学性能良好。梯形屋架，因其既具有较好的力学性能，上下弦均为直线施工方便，故在大中跨建筑中被广泛应用。三角形屋架与矩形屋架力学性能较差。三角形屋架一般仅适用于中小跨度，矩形屋架常用作托架或荷载较特殊情况下使用。

（2）屋面防水构造

屋面防水构造决定了屋面排水坡度，进而决定屋盖的建筑造型。一般来说，当屋面防水材料采用黏土瓦、机制平瓦或水泥瓦时，应选用三角形屋架、陡坡梯形屋架。当屋面防水采用卷材防水、金属薄板防水时，应选用拱形屋架、折线形屋架和缓坡梯形屋架。

（3）材料的耐久性及使用环境

木材及钢材均易腐蚀，维修费用较高。因此，对于相对湿度较大而又通风不良的建筑，或有侵蚀性介质的工业厂房，不宜选用木屋架和钢屋架，宜选用预应力混凝土屋架，可提高屋架下弦的抗裂性，防止钢筋腐蚀。

（4）屋架结构的跨度

跨度在18m以下时，可选用钢筋混凝土—钢组合屋架，这种屋架构造简单、施工吊装方便，技术经济指标较好。跨度在36m以下时，宜选用预应力混凝土屋架，既可节省钢材，又可有效地控制裂缝宽度和挠度。对于跨度在36m以上的大跨度建筑或受到较大振动荷载作用的屋架，宜选用钢屋架，以减轻结构自重，提高结构的耐久性与可靠性。

3.屋架结构的布置

屋架结构的布置，包括屋架结构的跨度、间距、标高等，主要考虑建筑外观造型及建筑使用功能方面的要求来决定。对于矩形的建筑平面，一般采用等跨度、等间距、等标高布置的同一种类的屋架，以简化结构构造、方便结构施工。

（1）屋架的跨度

屋架的跨度应根据工艺使用和建筑要求确定，一般以3m为模数。对于常用屋架形式的常用跨度，我国都制订了相应的标准图集可供查用，从而可加快设计及施工的进度。对于矩形平面的建筑，一般可选用同一种型号的屋架，仅端部或变形缝两侧屋架中的预埋件稍有不同。对于非矩形平面的建筑，各根屋架的跨度就不可能一样，这时应尽量减少其类型以方便施工。

（2）屋架的间距

屋架的间距由经济条件确定，亦即屋架间距的大小除考虑建筑柱网布置的要求外，还要考虑屋面结构及吊顶构造的经济合理性。屋架一般应等间距平行排列，与房屋纵向柱列间距一致，屋架直接搁置在柱顶，屋架的间距同时即为屋面板或檩条、吊顶龙骨的跨度，最常见的为6m，有时也有7.5m、9m、12m等。

4.屋架的支座

屋架支座的标高由建筑外形的要求确定，一般为在同层中屋架的支座取同一标高。当一根屋架两端支座的标高不一致时，要注意可能会对支座产生水平推力。屋架的支座形式，在力学上可简化为铰接支座。实际工程中，当跨度较小时，一般把屋架直接搁置在墙、垛、柱或圈梁上。当跨度较大时，则应采取专门的构造措施，以满足屋架端部发生转动的要求。

5.屋架结构的支撑

屋架支撑的位置在有山墙时设在房屋两端的第二开间内，对无山墙（包括伸缩缝处）的房屋设在房屋两端的第一开间内；在房屋中间每隔一定距离（一般≤60m）亦需设置一道支撑，对于木屋架，距离为20～30m。支撑体系包括上弦水平支撑、下弦水平支撑与垂直支撑，它们把上述开间相邻的两桁架连接成稳定的整体。在下弦平面通过纵向系杆，与上述开间空间体系相连，以保证整个房屋的空间刚度和稳定性。支撑的作用有三个：保证屋盖的空间刚度与整体稳定；抵抗并传递由屋盖沿房屋纵向传来的侧向水平力，如山墙承受的风力、纵向地震作用等；防止桁架上弦平面外的压曲，减少平面外长细比，并防止桁架下弦平面外的振动。

三、拱结构

拱是一种十分古老而现代仍在大量应用的一种结构形式。它主要是受轴向力为主的结构，这对于混凝土、砖、石等抗压强度较高的材料是十分适宜的，可充分利用这些材料抗压强度高的特点，因而很早以前，拱就得到了十分广泛的应用。拱式结构最初大量应用于桥梁结构中，在混凝土材料出现后，逐渐被广泛应用于大跨度房屋建筑中。

（一）拱结构的类型

拱结构在国内外得到广泛应用，类型也多种多样：按建造的材料分类，有砖石砌体拱结构、钢筋混凝土拱结构、钢拱结构、胶合木拱结构等；按结构组成和支承方式分类，有无铰拱、两铰拱和三铰拱；按拱轴的形式分类，常见的有半圆拱和抛物线拱；按拱身截面分类，有实腹式和格构式、等截面和变截面；等等。

三铰拱为静定结构，两铰拱和无铰拱为超静定结构。拱结构的传力路线较短，因此拱是较经济的结构形式。与刚架相仿，只有在地基良好或两侧拱脚处有稳固边跨结构时，才采用无饺拱。一般而言，无铰拱有用于桥梁的，却很少用于房屋建筑。

双铰拱应用较多，跨度小时拱重不大，可整体预制。跨度大时，可沿拱轴线分段预制，现场地面拼装好后，再整体吊装就位。如北京崇文门菜场的32m跨双铰拱，就是由5段工字形截面拱段拼装成的。双铰拱为一次超静定结构，对支座沉降差、温度差及拱拉杆变形等都较敏感。

（二）拱结构水平推力的处理

拱既然是有推力的结构，拱结构的支座（拱脚）应能可靠地承受水平推力，才能保证它能发挥拱结构的作用。对于无铰拱、两铰拱这样的超静定结构，拱脚的变位会引起结构较大的附加内力（弯矩），更应严格要求限制在水平推力作用的变位。在实际工程中，一般采用以下四种方式来平衡拱脚的水平推力。

1.水平推力由拉杆直接承担

这种结构方案既可用于搁置在墙、柱上的屋盖结构，也可用于落地拱结构。水平拉杆所承受的拉力等于拱的推力，两端自相平衡，与外界之间没有水平向的相互作用力。这种构造方式既经济合理，又安全可靠。当作为屋盖结构时，支承拱式屋盖的砖墙或柱子不承受拱的水平推力，整个房屋结构即为一般的排架结构，屋架及柱子用料均较经济。该方案的缺点是室内有拉杆存在，房屋内景欠佳，若设吊顶，则压低了建筑净高，浪费空间。对于落地拱结构，拉杆常做在地坪以下，这可使基础受力简单，节省材料，当地质条件较差时，其优点更为明显。

水平拉杆的用料，可采用型钢（如工字钢、槽钢）或圆钢，视推力大小而定，也可采用预应力混凝土拉杆。

2.水平推力通过刚性水平结构传递给总拉杆

这种结构方案需要有水平刚度很大的、位于拱脚处的天沟板或边跨屋盖结构作为刚性水平构件以传递拱的推力。拱的水平推力作用在刚性水平构件上，通过刚性水平构件传给设置在两端山墙内的总拉杆来平衡。因此，天沟板或边跨屋盖可看成是一根水平放置的深梁，该深梁以设置在两端山墙内的总拉杆为支座，承受拱脚水平推力。当该梁在其水平平面内的刚度足够大时，则可认为柱子不承担水平推力。这种方案的优点是立柱不承受拱的水平推力，柱内力较少，两端的总拉杆设置在房屋山墙内，建筑室内没有拉杆，可充分利用室内建筑空间，效果较好。

3.水平推力由竖向结构承担

这种方法也用于无拉杆拱，拱脚推力下传给支承拱脚的抗推竖向结构承担。从广义上理解，也可把抗推竖向结构看作落地拱的拱脚基础。拱脚传给竖向结构的合力是向下斜向的，要求竖向结构及其下部基础有足够大的刚度来抵抗，以保证拱脚位移极小，拱结构内的附加内力不致过大。常用的竖向结构有以下几种形式。

（1）扶壁墙墩

小跨度的拱结构推力较小，或拱脚标高较低时，推力可由带扶壁柱的砖石墙或墩承受。如尺度巨大的哥特式建筑，因粗壮的墙墩显得更加庄重雄伟。

（2）飞券

哥特式建筑教堂（如巴黎圣母院）中厅尖拱拱脚很高，靠砖石拱飞券和墙柱墩构成拱柱框架结构来承受拱的水平推力。

（3）斜柱墩

跨度较大、拱脚推力大时，采用斜柱墩方案时可起到传力合理、经济美观的效果。我国的一些体育、展览建筑就借鉴了这一做法，采用两铰拱或三铰拱（多为钢拱），不设拉杆，支承在斜柱墩上，如西安秦始皇兵马俑博物馆展览大厅就采用67m跨的三铰钢拱，拱脚支承在基础墩斜向挑出的2.5m的钢筋混凝土斜柱上，受力显得很合理。

（4）其他边跨结构

对于拱跨较大且两侧有边跨有附属用房的情况，可以用边跨结构提供拱脚反力。边跨结构可以是单层或多层、单跨或多跨的墙体或框架结构。要求它们有足够的侧向刚度，以保证在拱推力作用下的侧移不超过允许范围。

4.推力直接传给基础——落地拱

对于落地拱，当地质条件较好或拱脚水平推力较小时，拱的水平推力可直接作用在基础上，通过基础传给地基。为了更有效地抵抗水平推力，防止基础滑移，也可将基础底面做成斜坡状。

落地拱的上部作屋盖，下部作外墙柱，不仅省去了抵抗拱脚推力的水平结构与竖向结构。而且由于拱脚推力的标高一直下降到铰基础，使基础处理大大简化。这是落地拱的结构特点，也是其所以经济有效的根源，对大跨度拱尤其显著。故一般大跨度拱几乎全都采用落地拱。

无论是双铰的或三铰的落地拱，其拱轴线形都采用悬链线或抛物线。当拱脚推力较大，或地基过于软弱时，为确保双铰拱的弯矩在因基础位移而增大，或为确保基础在任何情况下都能承受住拱脚推力，一般在拱脚两基础间设置地下预应力混凝土拉杆。

（三）拱的截面形式与主要尺寸

拱身可以做成实腹式和格构式两种形式。钢结构拱一般多采用格构式，当截面高度较大时，采用格构式可以节省材料。钢筋混凝土拱一般采用实腹形式，常用的截面有矩形。现浇拱一般多采用矩形截面。这样模板简单，施工方便。钢筋混凝土拱身的截面高度可按拱跨度的1/40 ~ 1/30估算；截面宽度一般为25 ~ 40cm。对于钢结构拱的截面高度，格构式按拱跨度的1/60 ~ 1/30，实腹式可按1/80 ~ 1/50取用。拱身在一般情况下采用等截面。由于无铰拱内力（轴向压力）从拱顶向拱脚逐渐加大，一般做成变截面的形式。变截面一般是改变拱身截面的高度而保持宽度不变。截面高度的变化应根据拱身内力，主要由弯矩的变化而定，受力大处截面高度也相应较大。

拱的截面除了常用的矩形截面外，还可采用T形截面拱、双曲拱、折板拱等，跨度更大的拱可采用钢管、钢管混凝土截面，也可用型钢、钢管或钢管混凝土组成组合截面。组合截面拱自重轻，拱截面的回转半径大，其稳定性和抗弯能力都大大提高，可以跨越更大的跨度，跨高比也可做得更大些。也可采用网状筒拱，网状筒拱像用竹子（或柳条）编成的筒形筐，也可理解为在平板截面的筒拱上有规律地挖出许多菱形洞口而成。

四、网架结构

（一）网架结构的特点与适用范围

网架结构按外形可分为平板形网架和壳形网架。平板形的称为网架，曲面的壳形网架称为网壳，它可以是单层的，也可以是双层的。双层网架有上下弦之分，平板网架都是双层的。网壳则有单层、双层、双曲等各种形状。平面网架是无推力的空间结构，目前，在国内外得到广泛应用。

网架结构为一种空间杆系结构，具有三维受力特点，能承受各方向的作用，并且网架结构一般为高次超静定结构，倘若某杆件局部失效，仅少一次超静定次数，内力可重新调整，整个结构一般并不失效，具有较高的安全储备。网架结构在节点荷载的作用下，各杆件主要承受轴力，能充分发挥材料的强度，节省钢材，结构自重小。

网架结构空间刚度大，整体性强、稳定性好。因为网架的杆件既是受力杆，又是支撑杆，各杆件之间相互支撑，协同工作，有良好的抗震性能，特别适应于大跨度建筑。

网架结构另一显著特点是能够利用较小规格的杆件建造大跨度结构，而且杆件类型划一。把这些杆件用节点连接成少数类型的标准单元，再连接成整体。其标准单元可以在工厂大量预制生产，能保证质量。

网架结构平面适应性强，它可以用于矩形、圆形、椭圆形、多边形、扇形等多种建筑平面，造型新颖、轻巧、富有极强的表现力，给建筑设计带来了极大的灵活性。自20世纪60年代以来，网架结构越来越广泛地应用于中、大跨度的体育馆、会堂、俱乐部、影剧院、展览馆、车站、飞机库、车间、仓库等建筑中，除了应用于屋顶结构外，还应用于多层建筑的楼盖以及雨篷中。1976年在美国路易斯安那州建造的世界上最大的体育馆，就是采用钢网架屋顶，圆形平面的直径达207.3m。

平板双层钢网架结构是大跨度建筑中应用得最普遍的一种结构形式，近年来我国建造的大型体育馆建筑，如北京首都体育馆、上海市体育馆、南京市五台山体育馆等都是采用这种形式的结构。

（二）平板网架的结构形式

平板网架都是双层的，按杆件的构成形式又分为交叉桁架体系和角锥体系两种。交叉桁架体系网架由两向交叉或三向交叉的桁架组成；角锥体系网架，由三角锥、四角锥或六角锥等组成。后者刚度更大，受力性能更好。

1.交叉桁架体系

这类网架结构是由许多上下弦平行的平面桁架相互交叉联成一体的网状结构。一般情况下，上弦杆受压，下弦杆受拉，长斜腹杆常设计成拉杆，竖腹杆和短斜腹杆常设计成压杆。交叉桁架体系网架的主要型式有以下三种。

（1）两向正交正放网架（正方格网架）

这种网架由两个方向交叉成90° 角的桁架组成，故称为正交。且两个方向的桁架与其相应的建筑平面边线平行，因而称为正放。

当网架两个方向的跨度相等或接近时，两个方向桁架共同传递外荷，且两方向的杆件内力差别不大，受力均匀，空间作用明显。但当两个方向边长比变大时，荷载沿短向桁架传力明显，类似于单向板传力，网架的空间作用将大为削弱。

这种网架上下弦的网格尺寸相同，同一方向的各平面桁架长度相同，因此构造简单，便于制作安装。此种网架适用于正方形，近似正方形的建筑平面，跨度以30～60m的中等跨度为宜。

这种网架在平面上基本都是正方形，在水平力作用下，为保持几何不变性，需适当设置水平支撑。当采用四点支承时，其周边一般均向外悬挑，悬挑长度以1/4柱距为宜。

（2）两向正交斜放网架（斜方格网架）

两向正交斜放网架也是由两组相互交叉成90° 的平面桁架组成，但每片桁架与建筑平面边线的交角为45° 。

从受力上看，当这种网架周边为柱子支承时，两向正交斜放网架中的各片桁架长短不一，而网架常常设计成等高度的，因而四角处的短桁架刚度较大，对长桁架有一定嵌固作用，使长桁架在其端部产生负弯矩，从而减少了跨度中部的正弯矩，改善了网架的受力状态，并在网架四角隅处的支座产生上拔力，故应按拉力支座进行设计。

（3）三向交叉网架

三向交叉网架一般是由三个方向的平面桁架相互交叉而成，其交角互为60° 。三向交叉网架比两向网架的空间刚度大、杆件内力均匀，故适合在大跨度工程中采用，特别适用于三角形、梯形、正六边形、多边形、圆形平面的建筑中。但三向交叉网架杆件种类多，节点构造复杂，在中小跨度中应用是不经济的。

2.角锥体系网架

角锥体系网架是由三角锥单元、四角锥单元或六角锥单元所组成的空间网架结构，分别称作三角锥网架、四角锥网架、六角锥网架。角锥体系网架比交叉桁架体系网架刚度大，受力性能好。若由工厂预制标准锥体单元，则堆放、运输、安装都很方便。角锥可并列布置，也可抽空跳格布置，以降低用钢量。

（1）三角锥体网架

三角锥体网架是由三角锥单元组成的，杆件受力均匀，比其他网架形式刚度大，是目前各国在大跨度建筑中广泛采用的一种形式。它适合于矩形、三边形、梯形、六边形和圆形等建筑平面。三角锥体网架有两种网格形式。一种是上、下弦均为三角形网格。另一种是抽空三角锥体网架，其上弦为三角形网格，下弦为三角形和六角形网格。抽空三角锥体网架用料较省，杆件少，构造也较简单，但空间刚度较小。

（2）四角锥体网架

一般四角锥体网架的上弦和下弦平面均为方形网格，上下弦错开半格，用斜腹杆连接上下弦的网格交点，形成一个个相连的四角锥体。四角锥体网架上弦不易设置再分杆，因此网格尺寸受限制，不宜太大，它适用于中小跨度。

（3）六角锥体网架

这种网架由六角锥单元组成，但由于此种网架的杆件多，节点构造复杂，屋面板为三角形或六角形，施工较困难，现已很少采用。当锥尖向下时，上弦为正六边形网格，下弦为正三角形网格；与此相反，当锥尖向上时，上弦为正三角形网格，下弦为正六边形网格。这种形式的网架杆件多，结点构造复杂，屋面板为六角形或三角形，施工也较困难。因此仅在建筑有特殊要求时采用，一般不宜采用。

（三）网架的支承方式

网架的支承方式与建筑功能要求有直接关系，具体选择何种支承方式，应结合建筑功能要求和平立面设计来确定。目前常用的支承方式有以下几种。

1.周边支承

所有边界节点都支承在周边柱上时，虽柱子布置较多，但传力直接明确，网架受力均匀，适用于大、中跨度的网架。当所有边界节点支承于梁上时，柱子数量较少，而且柱距布置灵活，从而便于建筑设计，且网架受力均匀，它一般适用于中小跨度的网架。

2.点支承

这种支承方式一般将网架支承在四个支点或多个支点上，柱子数量少，建筑平面布置灵活，建筑使用方便，特别对于大柱距的厂房和仓库较适用。为了减少网架跨中的内力或挠度，网架周边宜设置悬挑，而且建筑外形轻巧美观。

3.周边支承与点支承结合

由于建筑平面布置以及使用要求，有时要采用边点混合支承，或三边支承一边开口，或两边支承两边开口等情况。这种支承方式适合飞机库或飞机的修理及装配车间。此时开口边应设置边梁或边桁架梁。

第二章 建筑结构内涵与优化设计思路

第一节 建筑结构的内涵

人们所居住的住宅，购物的商店、商场，观看体育比赛的看台及体育馆，还有教学楼、实验楼、办公楼，以及单层与多层工业厂房，等等，这些人们赖以生活、学习、工作的场所即建筑物，无论其功能是简单还是复杂，都包含有基础、墙体、柱、楼盖及屋盖等结构构件。它们组成房屋的骨架，支承着建筑，承受各种外部作用（如荷载、温度变化、地基不均匀沉降等），形成结构整体。这种房屋骨架或建筑的结构整体，就是建筑结构。

一、建筑和结构的关系

建筑和结构的统一体即建筑物，具有两个方面的特质：一是它的内在特质，即安全性、适用性和耐久性；二是它的外在特质，即使用性和美学要求。前者取决于结构，后者取决于建筑。

结构是建筑物赖以存在的物质基础，在一定的意义上，结构支配着建筑。这是因为，任何建筑物都要耗用大量的材料和劳力来建造，建筑物首先必须抵抗（或承受）各种外界的作用（如重力、风力、地震……），合理地选择结构材料和结构型式，既可满足建筑物的美学原则，又可以带来经济效益。

一个成功的设计必然以经济合理的结构方案为基础。在决定建筑设计的平面、立面和剖面时，就应当考虑结构方案的选择，使之既满足建筑的使用和美学要求，又照顾到结构的可能和施工的难易。

现在，每一个从事建筑设计的建筑师，都或多或少地承认结构知识的重要性。但是在传统的影响下，他们常常被优先培养成为一个艺术家。然而，在一个设计班子中，往往由建筑师来沟通与结构工程师的关系，从设计的各个方面充当协调者。现代建筑技术的发展，新材料和新结构的采用，使建筑师在技术方面的知识相对变得局限。只有对基本的结构知识有较深刻的了解，建筑师才有可能胜任自己的工作，处理好建筑和结构的关系。反之，不是结构妨碍建筑，就是建筑给结构带来困难。

美观对结构的影响是不容否认的。当结构成为建筑表现的一个完整的部分时，就必定能建造出较好的结构和更满意的建筑。如北京奥运会主体育场，外露的空间钢结构恰当地表现了“巢”的创意。今天的问题已经不是“可不可以建造”的问题，而是“应不应该建造”的问题。建筑师除了在建筑方面有较高的修养外，还应当在结构方面有一定的造诣。

二、建筑结构的基本要求

新型建筑材料的生产、施工技术的进步、结构分析方法的发展，都给建筑设计带来了新的灵活性和更宽广的空间。但是，这种灵活性并不排除现代建筑结构需要满足的基本要求。这些要求是：

（一）平衡

平衡的基本要求就是保证结构和结构的任何一部分都不发生运动，力的平衡条件总能得到满足。从宏观上看，建筑物总应该是静止的。

平衡的要求是结构与“机构”即几何可变体系的根本区别。因此建筑结构的整体或结构的任何部分都应当是几何不变的。

（二）稳定

整体结构或结构的一部分作为刚体不允许发生危险的运动。这种危险可能来自结构自身，如雨篷的倾覆；也可能来自地基的不均匀沉陷或地基土的滑移（滑坡），如意大利的比萨斜塔即为由于地基不均匀沉降引起的倾斜。

（三）承载能力

结构或结构的任何一部分在预计的荷载作用下必须安全可靠，具备足够的承载能力。结构工程师对结构的承载能力负有不容推卸的责任。

（四）适用

结构应当满足建筑物的使用目的，不应出现影响正常使用的过大变形、过宽的裂缝、局部损坏、振动等。

（五）经济

现代建筑的结构部分造价通常不超过建筑总造价，因此，结构的采用应当使建筑的总造价最经济。结构的经济性并不是指单纯的造价，而是体现在多个方面。而且结构的造价受材料和劳动力价格比值的影响，还受施工方法、施工速度以及结构维护费用（如钢结构的防锈、木结构的防腐等）的影响。

（六）美观

美学对结构的要求有时甚至超过承载能力的要求和经济要求，尤其是象征性建筑和纪念性建筑更是如此。应当懂得，纯粹质朴和真实的结构会增加美的效果，不正确的结构将明显地损害建筑物的美观。

实现上述各项要求，在结构设计中就应贯彻执行国家的技术经济政策，做到安全、适用、经济、耐久，保证质量，实现结构和建筑的和谐统一。

三、建筑结构的分类

根据建筑结构所采用的主要材料及受力和构造特点，可以作如下分类。

（一）按材料分类

根据结构所用材料的不同，建筑结构可分为以下几类。

1.混凝土结构

混凝土结构包括素混凝土结构、钢筋混凝土结构和预应力混凝土结构。钢筋混凝土和预应力混凝土结构，都由混凝土和钢筋两种材料组成。钢筋混凝土结构是应用最广泛的结构。除一般工业与民用建筑外，许多特种结构（如水塔、水池、高烟囱等）也用钢筋混凝土建造。

混凝土结构具有节省钢材、就地取材（指占比例很大的砂、石料）、耐火耐久、可模性好（可按需要浇捣成任何形状）、整体性好的优点。缺点是自重较大、抗裂性较差等。

2.砌体结构

砌体结构是由块体（如砖、石和混凝土砌块）及砂浆经砌筑而成的结构，目前大量用于居住建筑和多层民用房屋（如办公楼、教学楼、商店、旅馆等）中，并以砖砌体的应用最为广泛。

砖、石、砂等材料具有就地取材、成本低等优点，结构的耐久性和耐腐蚀性也很好。缺点是材料强度较低、结构自重大、施工砌筑速度慢、现场作业量大等，且烧砖要占用大量土地。

3.钢结构

钢结构是以钢材为主制作的结构，主要用于大跨度的建筑屋盖（如体育馆、剧院等）、吊车吨位很大或跨度很大的工业厂房骨架和吊车梁，以及超高层建筑的房屋骨架等。

钢结构材料质量均匀、强度高，构件截面小、重量轻，可焊性好，制造工艺比较简单，便于工业化施工。缺点是钢材易锈蚀，耐火性较差，价格较贵。

4.木结构

木结构是以木材为主制作的结构，但由于受自然条件的限制，我国木材相当缺乏，目前仅在山区、林区和农村有一定的采用。

木结构制作简单、自重轻、加工容易。缺点是木材易燃、易腐、易受虫蛀。

（二）按受力和构造特点分类

根据结构的受力和构造特点，建筑结构可分为以下几种主要类型。

1.混合结构

混合结构的楼、屋盖一般采用钢筋混凝土结构构件，而墙体及基础等采用砌体结构，“混合”之名即由此而得。

2.排架结构

排架结构的承重体系是屋面横梁（屋架或屋面大梁）、柱及基础，主要用于单层工业厂房。屋面横梁与柱的顶端铰接，柱的下端与基础顶面固接。

3.框架结构

框架结构由横梁和柱及基础组成主要承重体系。框架横梁与框架柱为刚性连接，形成整体刚架；底层柱脚也与基础顶面固接。

4.剪力墙结构

纵横布置的成片钢筋混凝土墙体称为剪力墙，剪力墙的高度往往从基础到屋顶，宽度可以是房屋的全宽。剪力墙与钢筋混凝土楼、屋盖整体连接，形成剪力墙结构。

5.其他形式的结构

除上述形式的结构外，在高层和超高层房屋结构体系中，还有框架—剪力墙结构、框架—筒体结构、筒中筒结构等，单层房屋中除排架结构外，还有刚架结构；在单层大跨度房屋的屋盖中，有壳体结构、网架结构、悬索结构等。

四、建筑结构选型

一个好的建筑设计，需要有一个好的结构型式去实现。而结构型式的最佳选择，要考虑到建筑上的使用功能、结构上的安全合理、艺术上的造型美观、造价上的经济，以及施工上的可能条件，进行综合分析比较才能最后确定。

以下就多层和高层房屋以及单层大跨度房屋的常见结构型式的受力特点、适用范围进行简单介绍，以供选择结构型式时参考。

（一）多层和高层房屋结构

通常把10层及10层以上（或高度大于28m）的房屋结构称为高层房屋结构，而把9层及以下的房屋结构称为多层房屋结构。多层和高层房屋结构的主要承重结构体系有混合结构体系、框架结构体系、剪力墙结构体系等。

1.混合结构体系

这是多层民用房屋中最常用的一种结构型式。其墙体、基础等竖向构件采用砌体结构，而楼盖、屋盖等水平构件则采用钢筋混凝土梁板结构。

结合抗震设计要求，在进行混合结构房屋设计和选型时，应注意以下一些问题。

（1）房屋的层数和高度限值

横墙较少的多层砌体房屋是指同一楼层内开间大于4.20m的房间占该层总面积的40%以上；横墙很少的多层砌体房屋，是指同一楼层内开间不大于4.20m的房间占该层总面积不到20%，且开间大于4.8m的房间占该层总面积的50%以上。

（2）层高和房屋最大高宽比

限制房屋的高宽比，是为了保证房屋的刚度和房屋的整体抗弯承载力。普通砖、多孔砖和小砌块砌体房屋的层高不应超过3.6m；底部框架—抗震墙房屋的底部层高不应超过4.5m。

（3）纵横墙布置

在进行结构布置时，应优先采用横墙承重或纵横墙共同承重方案；纵横墙的布置宜均匀对称，沿平面内宜对齐，沿竖向应上下连续，同一轴线上的窗间墙宜均匀。楼梯间不宜设置在房屋的尽端和转角处。

2.框架结构体系

与混合结构类似，框架结构也可分为横向框架承重、纵向框架承重及纵横双向框架共同承重等布置形式。一般房屋框架常采用横向框架承重，在房屋纵向设置连系梁与横向框架相连；当楼板为预制板时，楼板顺纵向布置，楼板现浇时，一般设置纵向次梁，形成单向板肋形楼盖体系。当柱网为正方形或接近正方形，或者楼面活荷载较大时，也往往采用纵横双向布置的框架，这时楼面常采用现浇双向板楼盖或井字梁楼盖。

框架结构体系包括全框架结构（一般简称为框架结构）、底部框架上部砖房等结构型式。现浇钢筋混凝土框架结构房屋的适用高度（指室外地面到主要屋面面板的板顶高度，不包括局部突出屋顶部分，下同）分别为60m（设防烈度6度）、50m（设防烈度7度）、40m（设防烈度8度0.2g）、35m（设防烈度8度0.3g）和24m（设防烈度9度）。

现浇框架结构的整体性和抗震性能都较好，建筑平面布置也相当灵活，广泛用于6～15层的多层和高层房屋，如学校的教学楼、实验楼、商业大楼、办公楼、医院、高层

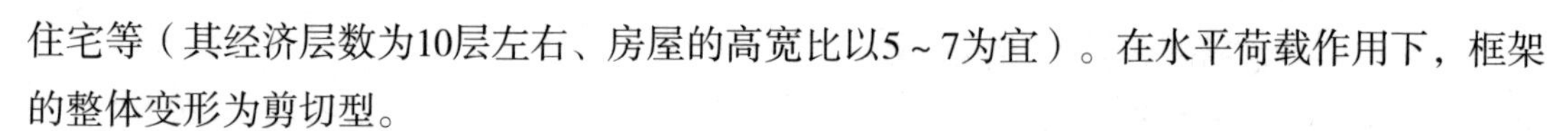

住宅等（其经济层数为10层左右、房屋的高宽比以5～7为宜）。在水平荷载作用下，框架的整体变形为剪切型。

3.剪力墙结构体系

在高层和超高层房屋结构中，水平荷载将起主要作用，房屋需要很大的抗侧移能力。框架结构的抗侧移能力较弱，混合结构由于墙体材料强度低和自重大，只限于多层房屋中使用，故在高层和超高层房屋结构中，需要采用新的结构体系，这就是剪力墙结构体系。

钢筋混凝土剪力墙是指以承受水平荷载为主要目的（同时也承受相应范围内的竖向荷载）而在房屋结构中设置的成片钢筋混凝土墙体，其长度可与房屋的总宽度相同，其高度可为房屋的总高，其厚度最薄时可到140mm。当钢筋混凝土墙的长度大于其厚度的4倍时，宜按钢筋混凝土剪力墙要求进行设计。在水平荷载作用下，剪力墙如同一个巨大的悬臂梁，其整体变形为弯曲型。

（1）框架—墙结构

在框架的适当部位（如山墙、楼、电梯间等处）设置剪力墙，组成框架—剪力墙结构。框架—剪力墙结构的抗侧移能力大大优于框架结构，在水平荷载作用下，框架—剪力墙结构的整体变形为弯剪型。

由于剪力墙在一定程度上限制了建筑平面布置的灵活性，因此框架—剪力墙结构一般用作办公楼、旅馆、公寓、住宅等民用建筑。

在框架—剪力墙结构中，剪力墙宜贯通房屋全高，且横向与纵向剪力墙宜互相连接。剪力墙不应设置在墙面需开大洞口的位置。剪力墙开洞时，洞口面积不大于墙面面积的1/6，洞口应上下对齐，洞口梁高不小于层高的1/5。房屋较长时，纵向剪力墙不宜设置在房屋的端开间。

（2）剪力墙结构

当纵横交叉的房屋墙体都由剪力墙组成时，其形成剪力墙结构。剪力墙结构适用于40层以下的高层旅馆、住宅等房屋。

剪力墙结构中的剪力墙设置，应符合下列要求：剪力墙有较大洞口时，洞口位置宜上下对齐；较长的剪力墙宜结合洞口设置弱连系梁，将一道剪力墙分成较均匀的若干墙段，各墙段的高宽比不宜小于2；房屋底部有框支层时，落地剪力墙的数量不宜少于上部剪力墙数量的50%，其间距不大于四开间和24m的较小值。

所谓框支层剪力墙，是指为适用房屋下部有大空间的需要而设置的由框架支承的剪力墙。为避免房屋刚度的突然变化，框架一般扩展到2～3层，其层高逐渐变化，框架最上一层作为刚度过渡层，可设置设备层。

（3）筒体结构

将房屋的剪力墙集中到房屋的外部或内部组成一个竖向、悬臂的封闭箱体时，可以大大增强房屋的整体空间受力性能和抗侧移能力，这种封闭的箱体称为筒体。筒体和框架结合形成框筒结构，内筒和外筒结合（两者之间用很强的连系梁连接）形成筒中筒结构。外筒柱截面宜采用扁宽矩形，柱的长边方向位于框架平面内。筒体结构一般用于30层以上的超高层房屋。

4.高层房屋结构的布置要点

高层房屋结构一般都是钢筋混凝土结构或钢结构。在一个独立的结构单元内，宜使结构平面和侧移刚度均匀对称，尽量减少结构的侧移刚度中心与水平荷载合力中心间的距离。这也就是"规则结构"的设计概念。尤其对有抗震设防要求的高层建筑，在结构平面布置和竖向布置时，应考虑下列要求：

平面宜简单、规则、对称，尽量减少偏心；平面长度L不宜过长，与其宽度B的比值L/B不宜大于6（地震烈度为6度和7度时）或5（地震烈度为8度和9度时）；房屋平面局部突出部分的长度L不宜大于突出部分的宽度B（即L/B≤1），且不宜大于该方向总尺寸的30%。

结构竖向体型应力求规则、均匀，避免有过大的外挑和内缩：其立面局部收进尺寸不大于该方向总尺寸的25%。

结构沿竖向的侧移刚度变化宜均匀，构件截面由下至上应逐渐减小、不应突变。某一楼层刚度减小时，其刚度应不小于相邻上层刚度的70%，连续三层刚度逐层降低后，不小于降低前刚度的一半。

在考虑结构选型和结构布置时，对建筑装修有较高要求的房屋和高层建筑，应优先采用框架—剪力墙结构或剪力墙结构。钢筋混凝土房屋宜选用不设防震缝的合理建筑结构方案。当必须设置时，防震缝最小宽度应符合下列要求：框架结构房屋，当高度不超过15m时，不应小于100mm；当高度超过15m时，在地震烈度为6度、7度、8度和9度的情况下相应每增高5m、4m、3m和2m时宜加宽20mm；框架—抗震墙（剪力墙）房屋不应小于规定的70%且不宜小于100mm；抗震墙（剪力墙）房屋的防震缝宽度，可采用数值的50%，但不宜小于100mm。防震缝两侧结构类型不同时，宜按需要较宽防震缝的结构类型和较低房屋高度确定缝宽。

（二）单层大跨度房屋结构

单层大跨度房屋的结构型式有很多，有的适用于工业建筑，有的适用于民用建筑（一般是公共建筑）。以下就一些主要结构型式及受力特点作简单介绍，供结构选型时参考。

1.钢筋混凝土单层厂房结构

（1）排架结构

这是一般钢筋混凝土单层厂房的常用结构型式。其屋架（或薄腹梁）与柱顶铰接，柱下端则嵌固于基础顶面。

作用在排架结构上的荷载包括竖向荷载和水平荷载。竖向荷载除结构自重及屋面活荷载外，还有吊车的竖向作用；水平荷载包括风荷载（按抗震设计时，则为水平地震力）和吊车对排架的水平刹车力。

由屋架（或屋面大梁）、柱、基础组成的横向平面排架（即沿跨度方向排列的排架），是厂房的主要承重体系。通过屋面板、支撑、吊车梁、连系梁等纵向构件将各横向平面排架联结，构成整体空间结构。

排架结构的屋面构件及吊车梁、柱间支撑等，都可由标准图集选定。排架柱及基础由计算确定，排架柱按偏心受压构件进行配筋。

（2）刚架结构

刚架是一种梁柱合一的结构构件，钢筋混凝土刚架结构常作为中小型单层厂房的主体结构。它可以有三铰、两铰及无铰等几种型式，可以做成单跨或多跨结构。

刚架的横梁和立柱整体浇筑在一起，交接处形成钢结点，该处需要较大截面，因而刚架一般做成变截面。刚架横梁通常为人字形（也可做成弧形以便于排水），其坡度一般取1/3 ~ 1/5；整个刚架呈“门”形（故常称为门式刚架），可使室内有较大的空间。门式刚架的杆件一般采用矩形截面，其截面宽度一般不小于200mm（无吊车时）或250mm（有吊车时）；门式结构刚架不宜用于吊车吨位较大的厂房，其跨度一般为18m左右。

（3）拱结构

拱是以承受轴压力为主的结构。由于拱的各截面上的内力大致相等，因而拱结构是一种有效的大跨度结构，在桥梁和房屋中都有广泛的应用。

拱同样可分为三铰、双铰或无铰等几种型式，其轴线常采用抛物线形状（当拱的矢高f≤拱跨度的1/4时，也可用圆弧代替）。矢高小的拱水平推力大，拱体受力也大；矢高大时则相反，但拱体长度增加。合理选择矢高是设计中应充分考虑的问题。

拱体截面一般为矩形截面等实体截面；当截面高度较大时（如大于1.5m），可做成格构式、折板式或波形截面。

为了可靠地传递拱的水平推力，可以采取如下一些措施：推力直接由钢拉杆承担。这种结构方案可靠，应用较多。由于拱下部的柱子不承担推力，柱所需截面也较小；拱推力经由侧边框架（刚架）传至地基。此时框架应有足够的刚度，其基础应为整片式基础；当拱的水平推力不大且地基承载力大、压缩性小时，水平推力可直接由地基抵抗。

2.其他型式的结构

前述的几种结构都是平面受力的杆体结构体系，其特点是可以忽略各组成构件间的空间受力作用。当结构构件的空间受力性能不可忽略时，即成为空间受力结构。在单层大跨度房屋中，薄壳结构、悬索结构、网架结构、膜结构，等等，就是这样的空间受力结构。

（1）薄壳结构

薄壳结构是一种以受压为主的空间受力曲面结构。其曲面厚度很薄（壁厚往往小于曲面主曲率的1/20），不致产生明显的弯曲应力，但可以承受曲面内的轴力和剪力。

（2）网架结构

网架是由平面桁架发展起来的一种空间受力结构。在节点荷载作用下，网架杆件主要承受轴力。网架结构的杆件多用钢管或角钢制作，其节点为空心球节点或钢板焊接节点。

网架结构按外形划分为平板网架和曲面网架。曲面网架的机理和薄壳结构类似，不再赘述，以下仅对平板网架进行介绍。

平板网架的平面形状可有正方形、矩形、扇形、菱形、多边形、圆形及椭圆形等。平板网架可以是正放的（网架弦杆与边界方向平行或垂直），也可以是斜放的（弦杆与边界斜交）。

（3）悬索结构

悬索结构广泛用于桥梁结构，用于房屋建筑则适用于大跨度建筑物，如体育建筑（体育馆、游泳馆、大运动场等）、工业车间、文化生活建筑（陈列馆、杂技厅、市场等）及特殊构筑物等。

悬索结构包括索网、侧边构件及下部支承结构。索网由多根悬挂于侧边构件上的钢索组成，柔性的悬索（钢索）只受轴心拉力作用，并只能单向受力，其水平拉力与悬索的下垂度成反比，与拱类似。悬索结构应充分注意对水平力的处理。悬索结构的侧边构件是用来固定索网的，一般采用钢筋混凝土结构，它们都以环向受压为主。下部支承结构一般为立柱或斜撑柱，工程实际中有不少是用拱兼作侧边构件和支承结构的。侧边构件和支承结构是悬索结构的重要组成部分，它决定整个建筑的体型和空间。索网分单层悬索和双层悬索。单层悬索只有承重索，其屋面刚度小，必须采用重屋面，跨越的空间不能太大；双层悬索的索网包括承重索和稳定索，承重索位于下层形成下垂曲线，承受屋面荷载；稳定索位于上层形成上拱曲线，保证屋面的稳定性和承受风的反向吸力，其刚度大、稳定性好，且跨度越大越经济。

（4）折板结构

折板结构可视为柱面壳的曲线由内接多边形代替的结构，其计算和组成构造也大致相同。折板的截面形式可以多种多样。折板的厚度一般不大于1000mm，板宽不大于3m，折板高度（含侧边构件）一般不小于跨度的1/10。

第二节　建筑结构的特点及应用

一、各类建筑结构的特点

（一）砌体结构

砌体结构是指用块材（砖、石或砌块）和砂浆砌筑而成的结构。按所用块材的不同，可将砌体分为砖砌体、石砌体和砌块砌体三类。砌体结构具有悠久的历史，至今仍是应用极为广泛的结构形式。由于砌体结构所具有的自身特点，作为一种面广量大的结构形式，这种结构仍在不断发展和完善。

砌体结构具有如下的优点：材料来源广泛，便于就地取材。石材、黏土、砂等为天然材料，分布极为广泛，而且价格低廉，可节约钢材、木材、水泥这“三大材”。

砌体结构具有良好的耐火性和保温隔热性能，所修建的建筑物节能效果明显。

砌体结构的使用年限长，有很好的耐久性。

施工简单，无须模板及其他特殊设备，施工受季节影响小、可连续作业。

然而，砌体结构也有其明显的缺点：砌体除了抗压强度较好外，抗弯、抗拉、抗剪强度都相对较低；砌体结构的截面尺寸一般相对较大、耗用材料较多，自重也大；砌体的抗震和抗裂性能都较差；目前，砌体结构的施工仍为人工砌筑，劳动强度大，生产效率相对较低，而且质量不易保证；此外，烧制黏土砖需占用大量的农田，烧制过程还要耗费大量能源，这对于人口众多、相对耕地面积较少的我国，矛盾尤为突出。

为克服上述缺点，现在正在大力研究和开发各种新技术、新材料。如发展各种质量轻、高强度的砌块和砌筑砂浆，以减轻砌体质量，提高强度；利用工业废料，如粉煤灰、矿渣等制作砌块，减少和克服与农业争地的矛盾，同时也兼顾了环境保护；通过采用配筋砌体、设置钢筋混凝土构造柱及施加预应力等措施，来克服砌体结构整体性及抗震性能差的不足等。

（二）混凝土结构

混凝土结构是指以混凝土为主制成的结构，包括素混凝土结构、钢筋混凝土结构和预应力混凝土结构等。

素混凝土结构是指无筋或不配置受力钢筋的混凝土结构，常用于非承重结构。

预应力混凝土结构是指配有预应力钢筋，通过张拉或其他方法在结构中建立预应力的混凝土结构。

钢筋混凝土结构是由钢筋和混凝土这两种材料组成共同受力的结构。这种结构能很好地发挥混凝土和钢筋这两种材料不同的力学性能，形成受力性能良好的结构构件。

钢筋和混凝土是两种物理力学性能不相同的材料，两者能够有效地结合在一起共同工作的主要原因是：混凝土硬化后，在与钢筋的接触表面上存在黏结力，相互之间不产生滑动，从而能够共同工作；另一方面，钢筋和混凝土这两种材料的温度线胀系数相接近，所以不致因温度变化使两者之间产生过大的相对变形而破坏黏结；另外，包裹在钢筋外面的混凝土保护层只要有足够的厚度并对裂缝加以适当控制，就能够有效地防止钢筋锈蚀，从而使得结构具有很好的耐久性。

钢筋混凝土结构在土木工程中被广泛应用，除了这种结构能够很好地利用钢筋和混凝土这两种材料各自的特性外，还具有如下的优点：

承载力高，节约钢材。与砌体结构、木结构相比，钢筋混凝土结构的承载力要高得多；与钢结构相比，其用钢量要少得多，在一定的条件下可以替代钢结构，因而节约钢材，降低工程造价。

耐久、耐火性好。因钢筋受到混凝土的保护而不易锈蚀，因而钢筋混凝土结构具有很好的耐久性；同时，不需像钢结构或木结构那样要进行保养维护。遭遇火灾时，不会像木结构那样被燃烧，也不会像钢结构那样很容易软化而失去承载力。

整体性、可模性好。现浇式或装配整体式钢筋混凝土结构具有很好的整体性，这对抗震、防爆等都十分有利；而且混凝土可以根据需要浇筑成各种形状和尺寸的结构，其可模性远比其他结构优越。

就地取材容易。在钢筋混凝土结构中，砂、石材料所占比例较大，一般情况下可以就地获得供应；而且还可以利用工业废料（如粉煤灰、工业废渣等），起到保护环境的作用。

但是，钢筋混凝土结构的缺点也是明显的：由于钢筋混凝土构件的截面尺寸相对较大，结构的自重一般很大，显得较为笨重；钢筋混凝土结构构件的抗裂性能较差，通常都是带裂缝工作的，对于要求抗裂或严格要求限制裂缝宽度的结构，就需要采取专门的结构或工程构造措施；此外，钢筋混凝土结构施工工期长、工艺较复杂，且受环境、气候影响较大；隔热、隔声性能相对较差；并且不易修补与加固。这些不足之处也使得钢筋混凝土结构的应用范围受到一些限制。随着科学技术的发展，上述缺点正在逐步克服和改善之中，如采用质量轻、强度高的集料，可极大地降低结构的自重；采用预应力技术，可克服混凝土容易开裂的缺点；采用黏钢或植筋技术，可解决加固的问题；采用装配式结构工厂化生产的方式，可克服工期长、受环境气候影响大等的问题。

混凝土结构可按不同的分类方法进行分类。

按受力状态和构造外形分为杆件系统和非杆件系统。杆件系统是指受弯、受拉、受压、受扭等作用的基本杆件，如梁、板、柱等；非杆件系统则是指大体积结构及空间薄壁结构等。

按制作方式可分为整体式（现浇式）、装配式、整体装配式三种。整体式（现浇式）结构刚度大、整体性好，但施工工期长、模板工程多。装配式结构可实现工厂化生产，施工速度快，但整体性相对较差，且构件接头复杂。整体装配式则兼有整体式（现浇）和装配式这两种结构的优点。

按有无配置受力钢筋分为钢筋混凝土结构和素混凝土结构。

按有无预应力分为钢筋混凝土结构和预应力混凝土结构。预应力混凝土结构是指在结构受荷载作用之前，人为地制造一种压应力状态，使其能够部分或全部抵消由于荷载作用所产生的拉应力，从而能够提高结构的抗裂性能。此外，能利用高强度材料、制造较大跨度的结构也是预应力混凝土结构的优势。

（三）木结构

1.概念

木结构因为是由天然材料所组成，受着材料本身条件的限制，因而木结构多用在民用和中小型工业厂房的建造中。木屋构造结构包括木屋架、支撑系统、吊顶、挂瓦条及屋面板等。

木结构是单纯由木材或主要由木材承受荷载的结构，通过各种金属连接件或榫卯手段进行连接和固定。这种结构因为是由天然材料所组成，受着材料本身条件的限制，因而木结构多用在民用和中小型工业厂房的屋盖中。木屋盖结构包括木屋架、支撑系统、吊顶、挂瓦条及屋面板等。木材易于取材，加工方便，质轻且强。缺点是各向异性，有木节、裂纹等天然缺陷，易腐易蛀、易燃、易裂和翘曲。木屋架适用于跨度不超过15m，钢木屋架适用跨度不超过18m，室内空气相对湿度不超过70%，室内温度不超过50℃。钢木屋架采用钢下弦和钢拉杆，受力合理，安全可靠。木屋盖还可采用胶合梁作为承重构件，它是用胶将木板胶合而成，外形美观，受力合理，是一种有应用前景的结构。由于木材资源的限制及木材本身的缺点，近年来在大量房屋建筑中，木屋盖的应用较少，一般被钢筋混凝土结构及钢结构所代替。

2.特点

（1）得房率高

由于墙体厚度的差别，木结构建筑的实际得房率（实际使用面积）比普通砖混结构要高出5%～8%。

（2）工期短

木结构采用装配式施工，这样施工对气候的适应能力较强，不会像混凝土工程一样需要很长的养护期，另外，木结构还适应低温作业，因此冬季施工不受限制。

（3）节能

建筑物的能源效益是由构成该建筑物的结构体系和材料的保温特性决定的。木结构的墙体和屋架体系由木质规格材、木基结构覆面板和保温棉等组成，测试结果表明，150mm厚的木结构墙体，其保温能力相当于610mm厚的砖墙，木结构建筑相对混凝土结构，可节能50%～70%。

（4）环保

木材是唯一可再生的主要建筑材料，在能耗、温室气体、空气和水污染以及生态资源开采方面，木结构的环保性远优于砖混结构和钢结构，是公认的绿色建筑。

（4）舒适

由于木结构优异的保温特性，人们可以享受到木结构住宅的冬暖夏凉。另外，木材为天然材料，绿色无污染，不会对人体造成伤害，材料透气性好，易于保持室内空气清新及湿度均衡。

（6）稳定性高

木材相对其他材料有极强的韧性，加上面板结构体系，使其对于冲击荷载及周期性疲劳破坏有很强的抵抗力，具有最佳的抗震性，木结构在各种极端的符合条件下，均表现出优异的稳定性和结构的完整性，特别在易于受到飓风影响的热带地区以及受到破坏性地震袭击的地区，如日本和北美，其表现尤为突出。

（7）防火性能强

木结构体系的耐火能力比人们想象的通常要强得多，轻型木结构中石膏板对木构件的覆盖，以及重木结构中大尺寸木构件遇火形成的碳化层，均可以保护木构件，并保持其结构强度和完整性，按中国木结构设计规范设计建造的木结构建筑，完全能够满足有关防火的要求。

（8）隔声性能强

基于木材的低密度和多孔结构，以及隔音墙体和楼板系统，使木结构也适用于有隔音要求的建筑物，创造静谧的生活、工作空间。另外，木结构建筑没有混凝土建筑常有的撞击性噪声传递问题。

（9）耐久性强

精心设计和建造的现代木结构建筑，能够面对各种挑战，是现代建筑形式中最经久耐用的结构形式之一，能历经数代而状态良好，包括在多雨、潮湿，以及白蚁高发地区。

（四）钢结构

钢结构是以钢板和型钢等钢材通过焊接、铆接或螺栓连接等方法构筑成的工程结构。钢结构与钢筋混凝土结构和砌体结构相比，具有以下的特点。

钢结构的自重较轻。虽然钢材的重度较大，但由于其强度高，制作构件所需的钢材用量相对较少。这也使得运输、吊装施工较方便，同时因减轻了竖向荷载，进而降低了基础部分的造价。

钢结构的强度较大，韧性和塑性较好，工作可靠。由于钢材的自身强度高，质量稳定，材质均匀，接近各向同性，理论计算的结果与实际材料的工作状况比较一致，而且其韧性和塑性较好，有很好的抗震、抗冲击能力，所以钢结构工作可靠，常用来制作大跨度、重承载的结构及超高层结构。

钢结构制作、施工简便，工业化程度高。由于钢结构的制作必须按严格的工艺采用机械进行加工，加上钢结构的原材料都是工厂生产的钢板、型钢，因此精度相对较高。钢结构的制作比较方便，既可以制作后整体吊装，也可以将散件运输到现场进行拼装。由于钢结构具有易于连接和拼装的特性，使得在加固、维修、部件更换、拆迁改造等方面显得方便和易于实现。

钢结构的密闭性能较好，尤其适于制作要求密闭的板壳结构、容器管道、闸门等。

钢结构的缺点是耐腐蚀性较差，在有腐蚀性介质环境中的使用受到限制。对已建成的结构，还需要定期进行维护、涂装、镀锌等防锈、防腐处理，费用较高。钢结构的耐火性能较差：温度在200℃以下时，其强度和弹性模量变化不大；200℃以上时，其弹性模量变化较大，强度降低、变形增大；达到600℃时，钢材即进入塑性状态而丧失承载力，所以接近高温的钢结构需要采取隔热防护措施。另外，钢结构在低温条件下可能发生脆性断裂。

在建筑结构中，除了上述几种常用结构外，还有木结构、悬索结构和索膜结构等新型结构。由于木材的资源问题，在工程中已尽量不采用木结构。

二、各类结构在工程中的应用

（一）混凝土结构

混凝土结构是在研制出硅酸盐水泥后发展起来的，并从19世纪中期开始在土建工程领域逐步得到应用。与其他结构相比，混凝土结构虽然起步较晚，但因其具有很多明显的优点而得到迅猛发展，现已成为一种十分重要的结构形式。

在房屋建筑工程中，住宅、商场、办公楼、厂房等多层建筑，广泛地采用混凝土框架结构或墙体为砌体、屋（楼）盖为混凝土的结构形式；高层建筑大都采用混凝土结构。在我国成功修建的上海环球金融中心（492m）、香港中心大厦（374m）、广州中信大厦（322m），国外如美国的威克·德赖夫大楼（296m）等著名的高层建筑，也都采用了混凝土结构或钢—混凝土组合结构。除高层外，在大跨度建筑方面，由于广泛采用预应力技术和拱、壳、V形折板等形式，已使建筑物的跨度达百米以上。

在交通工程中，大部分的中、小型桥梁都采用钢筋混凝土来建造，尤其是拱形结构的应用，使得桥梁的大跨度得以实现，如我国的重庆万县长江大桥，采用劲性骨架混凝土箱形截面，净跨达420m；克罗地亚的克尔克1号桥为跨度390m的敞肩拱桥。一些大跨度桥梁常采用钢筋混凝土与悬索或斜拉结构相结合的形式，悬索桥中如我国的润扬长江大桥（主跨1490m），日本的明石海峡大桥（主跨1990m）；斜拉桥中如我国的杨浦大桥（主跨602m），日本的多多罗大桥（主跨890m）等，都是极具代表性的中外名桥。

在水利工程和其他构筑物中，钢筋混凝土结构也扮演着极为重要的角色：目前世界上最大的水利工程——长江三峡水利枢纽中高达1860m的拦江大坝为混凝土重力坝，筑坝的混凝土用量达1527万m^3；现在，仓储构筑物、管道、烟固及塔类建筑也广泛采用混凝土结构。高达549m的加拿大多伦多电视塔，就是混凝土高耸建筑物的典型代表。此外，飞机场的跑道、海上石油钻井平台、高桩码头、核电站的安全壳等也都广泛采用混凝土结构。

（二）砌体结构

砌体结构是最传统、古老的结构，自人类从巢、穴居进化到室居之初，就开始出现以块石、土坯为原料的砌体结构，进而发展为烧结砖、瓦的砌体结构。我国的万里长城、安济桥（赵州桥），国外的埃及金字塔、罗马斗兽场等，都是从古代流传下来的砖石砌体的佳作。混凝土砌块砌体的应用较晚，在我国，直到1958年才开始建造用混凝土空心砌块作墙体的房屋。砌体结构不仅适用于作建筑物的围护或承重墙体，而且可砌筑成拱、券、穹隆结构及塔式筒体结构；尤其在使用配筋砌体结构以后，在房屋建筑中，已从建造低矮民房发展到建造多层住宅、办公楼、厂房、仓库等。

在桥梁及其他建筑方面，大量修建的拱桥则是充分利用了砌体结构抗压性能较好的特点，最大跨度可达120m。由于砌体结构具有如前所述的优点，还被广泛地应用于修建小型水池、料仓、烟囱、渡槽、坝、堰、涵洞、挡土墙等工程。

随着新材料、新技术、新结构的不断研制和发展（诸如新型环保型砌块、高黏结性能的砂浆、墙板结构、配筋砌体等），加上计算方法和试验技术手段的进步，砌体结构必将在建筑、交通、水利等领域中发挥更大的作用。

（三）钢结构

钢结构是由古代的生铁结构发展而来，在我国的秦始皇时代就有用生铁修筑的桥墩，在汉代及明、清年代建造了若干铁链悬桥，此外还有古代的众多铁塔。到了近代，钢结构已广泛地在工业与民用建筑、水利、码头、桥梁、石油、化工、航空等领域得到应用。钢结构主要用于建造大型、重载的工业厂房，如冶金、锻压、重型机械厂的厂房；需要大跨度的建筑，如桥梁、飞机库、体育场、展览馆等；高层及超高层建筑物的骨架；受震动或地震作用的结构；储油（气）罐、各种管道、井架、起重机、水闸的闸门等。近年来，轻钢结构也广泛应用于厂房、办公用房、仓库等，并向住宅、别墅发展。

随着科学技术的发展和新材料、新连接技术、新的设计计算方法的出现，钢结构的结构形式、应用范围也会有新的突破和拓展。

第三节　建筑结构的设计标准及优化设计的思路

一、建筑结构的设计标准

（一）设计基准期

结构设计所采用的荷载统计参数、与时间有关的材料性能取值，都需要选定一个时间参数，它就是设计基准期。

（二）结构的功能要求、作用和抗力

1.结构的功能要求

结构在规定的设计使用年限内，应满足安全性、适用性、耐久性等各项功能要求。

（1）结构安全性要求

在正常施工和正常使用时，能承受可能出现的各种作用。

在设计规定的偶然事件发生时及发生后，仍能保持必需的整体稳定性。所谓整体稳定性，是指在偶然事件发生时和发生后，建筑结构仅产生局部的损坏而不致发生连续倒塌。

（2）结构适用性要求

结构在正常使用时具有良好的工作性能。如受弯构件在正常使用时不出现过大的挠度等。

（3）结构耐久性要求

结构在正常维护下具有足够的耐久性能。所谓足够的耐久性能，是指结构在规定的工作环境中，在预定时期内，其材料性能的恶化不致导致结构出现不可接受的失效概率。从工程概念上讲，就是指在正常维护条件下结构能够正常使用到规定的设计使用年限。

对于混凝土结构，其耐久性应根据环境类别和设计使用年限进行设计。耐久性设计应包括下列内容：确定结构所处的环境类别；提出材料的耐久性质量要求；确定构件中钢筋的混凝土保护层厚度；在不利的环境条件下应采取的防护措施；满足耐久性要求的相应技术措施；提出结构使用阶段的维护与检测要求。

根据不同的环境和设计使用年限，对结构混凝土的最大水灰比、最小水泥用量、最低混凝土强度等级、最大氯离子含量、最大碱含量等都有具体规定，以满足其耐久性要求。

2.作用

作用指施加在结构上的集中力或分布力（称为直接作用，即通常所说的荷载）及引起结构外加变形或约束变形的原因（称为间接作用）。结构上的各种作用，可按下列性质分类。

（1）按时间的变异分类

按时间的变异可分为永久作用、可变作用和偶然作用。

永久作用：是指在设计基准期内其量值不随时间变化，或其变化与平均值相比是可以忽略不计的作用，如结构及建筑装修的自重、土壤压力、基础沉降及焊接变形等。

可变作用：是指在设计基准期内其量值随时间而变化，且其变化与平均值相比为不可忽略的作用，如楼面活荷载、雪荷载、风荷载等。

偶然作用：是指在设计基准期内不一定出现，而一旦出现其量值很大且持续时间很短的作用，如地震、爆炸、撞击等。

（2）按空间位置的变异分类

按空间位置的变异可以分为固定作用（在结构上具有固定分布，如自重等）和自由作用（在结构上一定范围内可以任意分布，如楼面上的人群荷载、吊车荷载等）。

（3）按结构的反应特点分类

可以分为静态作用（它使结构产生的加速度可以忽略不计）和动态作用（它使结构产生的加速度不可忽略）。一般的结构荷载，如自重、楼面人群荷载、屋面雪荷载等，都可视为静态作用，而地震作用、吊车荷载、设备振动等，则是动态作用。

3.作用的随机性质

一个事件可能有多种结果，但事先不能肯定哪一种结果一定发生（不确定性）、而事后有唯一结果，这种性质称为事件的随机性质。

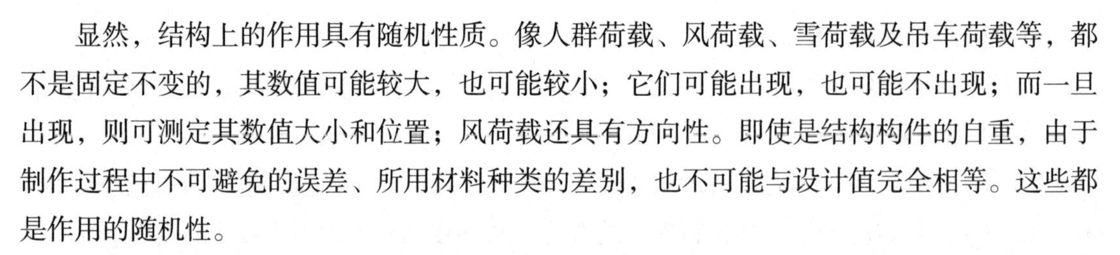

显然，结构上的作用具有随机性质。像人群荷载、风荷载、雪荷载及吊车荷载等，都不是固定不变的，其数值可能较大，也可能较小；它们可能出现，也可能不出现；而一旦出现，则可测定其数值大小和位置；风荷载还具有方向性。即使是结构构件的自重，由于制作过程中不可避免的误差、所用材料种类的差别，也不可能与设计值完全相等。这些都是作用的随机性。

4.作用效应

由作用引起的结构或结构构件的反应，如内力、变形和裂缝等，称为作用效应；荷载引起的结构的内力和变形，也称为荷载效应。

根据结构构件的连接方式（支承情形）、跨度、截面几何特性以及结构上的作用，可以用材料力学或结构力学方法算出作用效应。作用和作用效应是一种因果关系，故作用效应也具有随机性。

5.抗力

结构或结构构件承受作用效应的能力称为抗力。影响结构抗力的主要因素是结构的几何参数和所用材料的性能。由于结构构件的制作误差和安装误差会引起结构几何参数的变异，结构材料由于材质和生产工艺等的影响，其强度和变形性能也会有差别（即使是同一工地按同一配合比制作的某一强度等级的混凝土，或是同一钢厂生产的同一种钢材，其强度和变形性能也不会完全相同），因此结构的抗力也具有随机性。

二、建筑结构优化设计的思路

建筑结构优化设计是指在满足各种规范或某些特定要求的条件下，使建筑结构的某种指标（如质量、造价、刚度等）为最佳的设计方法。也就是要在所有可用方案和做法中，按某一目标选出最优的方法。传统建筑结构的设计方法，是先根据经验通过判断给出或假定一个设计方案和做法，用工程力学方法进行结构分析，以检验是否满足规范规定的强度、刚度、稳定性、尺寸等方面的要求，符合要求的即可用方案，或者经过对少数几个方案和方法进行比较而得出可用方案。而结构优化设计是在很多个，甚至无限多个可用方案和做法中找出最优的方案，即材料最省、造价最低，或某些指标最佳的方案和做法。这样的工程结构设计便由“分析与校核”发展为“综合与优选”。这对提高工程结构的经济效益和功能具有重大的实际意义。“综合与优选”实质上也就是建筑结构的优化设计。

从理论上讲，建筑结构优化按结构设计变量的层次可分为截面尺寸优化设计、结构几何形状的优化设计、结构的拓扑优化设计（如给定一个杆系结构的节点布置，要求确定哪些节点之间应有杆件连接）、结构类型优化设计（如将一组荷载传递到支座，可以由梁、桁架和拱等不同类型结构进行优选）。随着设计变量层次的升高，所得的优化结构的效果也随之提高，但优化设计的难度增大，工作量增多。

任何一个建筑结构的设计方案，都可以用若干给定参数和一些设计变量来体现，而设计变量随方案的改变而改变。这些设计变量所组成的维向量可用维空间的一个点来表示，称为“设计点”。规定必须满足的条件或其他特定条件称为优化设计的“约束”。满足所有“约束”的设计点称为“可用设计”。代表所有可用设计的那些设计点形成维空间的一个子域，称为“可用域”（又称为可行域）。评比方案优劣的标准（如结构质量、造价等）是设计变量的函数，称为“目标函数”。所谓结构优化设计就是用一些力学和数学的方法，在“可用域”搜索目标函数最小（或最大）的所谓最优点，也就是最优设计方案。

目前在建筑结构优化设计实际操作中，更多的是采用在“分析与校核”基础上的“综合与优选”方法，真正的建筑结构优化设计软件还不完善。今后，一方面急需大力开展结构优化设计的应用研究，如开展有关设计思想及优化技术的普及工作，编制符合设计实际需要的优化电算程序等；另一方面需要继续深入进行结构优化设计的理论工作，如多目标优化、结构动力设计优化、离散值设计变量优化、随机规划和模糊规划等课题以及模型化处理等。

（一）结构优化设计的概念

在从事工程项目和结构的设计时，一个训练有素的工程师，除要考虑设计对象的基本使用功能及安全可靠性外，还要考虑工程的造价问题，这就是工程和结构的最优化问题。用科学的语言来描述就是利用确定的数学方法，在所有可能的设计方案的集合中，搜索到能够满足预定目标的、最令人满意的设计结果。

最早的结构优化设计思想，严格地说，可以追溯到微积分方法的诞生。人们比较熟悉的是“等强度梁”的例子。结构优化设计是由客观上的需求而产生并逐步发展起来的，它的每一个进步都与力学和数学学科的发展密切相关。力学学科的发展，使人们从解决静定结构、超静定结构问题发展到解决大型、复杂的结构问题；数学学科的发展则使人们从解决单变量的最优化问题发展到解决多单变量的最优化问题，从用微积分方法来解决问题发展到用变分的方法来解决问题，从采用解析的方法发展到采用数值计算的方法；计算机科学的发展，更使结构的优化设计得到了长久的发展。目前，结构的优化设计已经成为计算力学中一个重要而活跃的分支。

结构的优化设计，尤其是对于复杂和大型结构的优化，其基本的定位是，以有限元计算为基本手段，以最优化算法为搜索导向，通过数值计算的方法得以实施。结构优化设计的必要性及其较为明显的技术和经济效果是明显的。结构优化设计的复杂程度很高，尤其是对于机车车辆之类的大型结构。即使目前常见的商业化软件，这方面的功能也比较欠缺，有些是理论上的问题，有些是程序开发的滞后问题。

（二）结构优化设计的优点

结构优化设计的思想在结构设计中早已存在，设计人员总是力图使自己的设计能得到一个较好的技术经济指标。通常传统的结构设计是设计者根据设计的具体要求，按本人的实际经验，参考类似的工程设计，做出几个候选方案，然后进行强度、刚度和稳定等方面的计算、校核和方案的比较，从中择其最优者。这种传统的设计方法由于时间和费用的关系，所能提供的方案数目非常有限，而真正最优的方案通常并不在这些候选方案之中。因此，严格地说，这种做法仅仅证实了一个方案是"可行的"或"不可行的"，但它离"最优方案"相距甚远。

从理论上说，结构优化设计是设计者根据设计任务书所提出的要求，在全部可行的结构设计方案中，利用数学上的最优化方法，寻找满足所有要求的一个最好的方案。因此，结构优化设计所得到的结果，不仅仅是"可行的"，而且还是"最优的"。结构优化设计是一种现代的设计方法和设计理念。与传统的设计方法相比，结构优化设计有下列优点。

优化设计能使各种设计参数自动向更优的方向调整，直至找到一个尽可能完善的或最合适的设计方案。常规的设计大都是凭借设计人员的经验来进行的，它既不能保证设计参数一定能够向更优的方向调整，同时也几乎不可能找到最合适的设计方案。

优化设计的方法主要是数值计算的方法，在很短的时间内就可以分析一个设计方案，并判断方案的优劣和可行性。因此，其可以从大量的方案中选出更优的设计方案，能够加速设计进度，节省工程造价，这是常规设计所不能相比的。与传统的结构设计相比，一般情况下，对简单的结构可节省工程造价的3%～5%，对较复杂的结构可达10%，对新型结构可望达20%。

结构优化设计有较大的伸缩性。结构优化设计中的设计变量，可以从一两个到几十个，甚至上百个；结构优化设计的工程对象，可以是单个构件、部件，甚至整个机器。设计者可根据需要和本人经验加以选择。

某些优化设计方法（如几何规划）能够表示各个设计变量在目标函数中所占有"权"的大小，为设计者进一步改进结构设计指出方向。

某些优化设计方法（如网格法）能够提供一系列可行设计直至优化设计，为优化设计者的决策提供方便。

结构优化设计方法为结构研究工作者提供了一条新的科研途径。

当然，优化设计也有其自身的局限性需要研究解决，但"最优化"是工程设计永恒的主题，这就决定了优化设计是一切工程设计的必由之路。随着计算机功能的不断加强，结合优化方法的不断完善，工程设计的自动化和最优化一定能实现。

第三章　建筑结构设计要求与优化

第一节　结构设计的要求与荷载

一、结构设计的基本要求

（一）建筑结构的安全等级

我国根据建筑结构破坏后果的影响程度将其安全等级分为三个等级：破坏后果很严重的为一级，严重的为二级，不严重的为三级。对特殊的建筑物，其设计安全等级可视具体情况确定。另外，建筑物中梁、柱等各类构件的安全等级一般与整个建筑物的安全等级相同，对部分特殊的构件可根据其重要程度作适当调整。

（二）建筑结构的设计使用年限

设计使用年限是指设计规定的结构或结构构件不需进行大修即可按其预定功能使用的时期。各类结构的设计使用年限是不统一的。一般建筑物的使用年限为50年，而桥梁、大坝的设计使用年限更长。

需注意的是，结构的设计使用年限虽与其使用寿命相联系，但并不等同。超过设计使用年限的结构并不是不能使用，只是说明其完成预定功能的能力越来越低了。

（三）建筑结构的功能要求

设计的结构和结构构件在规定的设计使用年限内，在正常维护条件下，应能保持其使用功能，而不需进行大修加固。建筑结构应该满足的功能要求主要有以下三个方面。

1.安全性

建筑结构应能承受正常施工和正常使用时可能出现的各种荷载和变形，如偶然事件

（如地震、爆炸等）发生时和发生后保持必需的整体稳定性，不至于因局部破坏而产生连续破坏。

2.适用性

结构在正常使用荷载作用下具有良好的工作性能，如不发生影响正常使用的过大的挠度、永久变形和动力效应（过大的振幅和震动），不产生令使用者感到不安全的裂缝宽度等。

3.耐久性

结构在正常使用和正常维护的条件下，在规定的环境中，在预定的使用期限内有足够的耐久性。如不发生由于混凝土保护层碳化或裂缝宽度开展过大而导致的钢筋锈蚀，不发生混凝土在恶劣环境中侵蚀或化学腐蚀而影响结构的使用年限。

上述功能要求概括起来可以称为结构的可靠性，即结构在规定的时间（设计使用年限）、规定的条件下（正常设计、正常施工、正常使用和正常维护），完成其预定功能的能力。显然，增大结构设计的余量（如加大截面尺寸，提高材料性能），势必能满足结构的功能要求，但将会导致结构的造价提高，结构设计的经济效益就会随之降低。结构的可靠性和结构的经济性是相互矛盾的，科学的设计方法能够在结构的可靠性和结构的经济性之间选择一种最佳方案，使设计符合技术先进、安全适用、经济合理、质量可靠的要求。

（四）建筑结构的极限状态

整个结构或结构的一部分超过某一特定状态就不能满足设计指定的某一功能的要求，这个特定状态称为该功能的极限状态。例如，构件即将开裂、倾覆、滑移、压屈、失稳等。当结构未达到这种状态时，结构能满足功能要求，结构即处于有效状态；当结构超过这一状态时，结构不能满足其功能要求，结构即处于失效状态。有效状态和失效状态的分界，称为极限状态，是结构开始失效的标志。我国现行设计标准中把极限状态分为两类。

1.承载能力极限状态

结构或构件达到最大承载能力或达到不适于继续承载的变形的极限状态为承载能力极限状态。当结构或构件出现下列状态之一时，即认为超过了承载能力极限状态：

整个结构或其中的一部分作为刚体失去平衡（如倾覆、过大的滑移），如整体倾覆；

结构构件或连接部位因材料强度被超过而遭破坏，或因疲劳而破坏，或因过度的塑性变形而不适于继续加载；

地基丧失承载力而破坏；

结构或构件丧失稳定（如细长柱达到临界荷载发生压屈）。

2.正常使用极限状态

结构或构件达到正常使用或耐久性的某项规定限制的极限状态为正常使用极限状态。当结构或构件出现下列状态之一时，应认为超过了正常使用极限状态：

影响正常使用的外观变形（如梁产生超过了挠度限值的挠度）；

影响正常使用的耐久性局部损坏（如不允许出现裂缝的构件开裂；或允许出现裂缝的构件，其裂缝宽度超过了允许限值）；

影响正常使用的振动；

影响正常使用的其他特定状态（如由于钢筋锈蚀产生的沿钢筋的纵向裂缝）。

二、结构荷载

（一）结构上的荷载及其分类

1.荷载的概念

使结构产生内力和变形的原因称为作用。作用涵盖的范畴较广，主要表现在两大方面：自然现象和人为现象。自然现象包括地球重力影响所引起的构件自重及建筑施工和使用过程中人、设备的自重等；自然气候的影响，如风、雪、冰、温（湿）度变化等；地质、水利方面的影响，如地震、地基不均匀沉降、水位差等。人为现象是指工厂运行吊车、车辆载物行驶、机器运行产生振动及钢材焊接、施工安装、施加预应力等。以上种种现象均能在结构中引起内力和变形，因此统称为作用。

作用按性质的差异可分为直接作用和间接作用。直接作用即荷载，如构件自重、使用荷载、施工荷载、风荷载、雪荷载、冰荷载、水（土）压力、吊车荷载、车辆荷载、振动荷载、预应力等。荷载通常表现为施加在结构上的集中力或分布力系。间接作用指引起结构外加变形和约束变形的其他作用，如温（湿）度变化、地震作用、基础沉降、混凝土的收缩和徐变、焊接变形等。

2.荷载的分类

荷载是工程上常见的作用，将结构上的荷载按作用时间的长短和性质分为以下三类。

（1）永久荷载

永久荷载也称为恒载，是在结构设计基准期内，其值不随时间变化，或者其变化值与平均值相比可忽略不计的荷载，如结构自重、土压力、预应力等。

（2）可变荷载

可变荷载也称为活载，是在结构设计基准期内，其值随时间变化，且其变化值与平均值相比不可忽略的荷载，如楼（屋）面活荷载、风荷载、雪荷载、吊车荷载、温（湿）度变化等。

（3）偶然荷载

偶然荷载是在结构设计基准期内不一定出现，而一旦出现，其量值很大且持续时间较短的荷载，如地震荷载、爆炸荷载、撞击荷载等。

（二）作用效应

作用效应S指各种作用在结构上引起的内力、变形、裂缝等。由荷载引起的作用效应称为荷载效应。

由于荷载本身的变异性及结构内力计算假定与实际受力情况间的差异等因素，荷载效应存在不确定性。

（三）结构抗力

结构抗力R是指结构或结构构件承受内力和变形的能力，如结构构件的承载力、刚度和抗裂度等。结构抗力R是结构内部固有的特性，当一个构件制作完成后，它抵抗外界作用的能力也就确定了，其大小主要是由构件的截面尺寸、材料强度及材料用量、计算模式等决定的。由于人为因素及材料制作工艺、材料制作及使用环境的影响，使得结构抗力R也具有不确定性。以上概念表明，当结构构件任意截面均处于$S \leq R$的状态时，结构是安全可靠的。但由于S、R都是随机变量，因而结构是否安全可靠这一事件，即事件$S \leq R$也是随机事件，需要用概率理论来分析。

（四）结构的可靠性与可靠度

由于结构是否安全可靠的事件为随机事件，因此，应当用结构完成其预定功能的可能性（概率）的大小来衡量，而不是用一个绝对的、不变的标准来衡量。当结构完成其预定功能的概率大到一定程度，或不能完成其预定功能的概率（亦称失效概率）小到某一公认的、人们可以接受的程度，就认为该结构是安全可靠的。实际上，没有绝对安全可靠的结构。为了定量地描述结构的可靠性，需引入可靠度的概念。可靠度是指结构在规定的时间内，在规定的条件下完成预定功能的概率。可靠度是可靠性的概率度量。

第二节　结构材料的力学性能

结构材料的力学性能，主要是指材料的强度和变形能力，以及材料的本构关系（即应力—应变关系）。了解结构构件所用材料的力学性能，是掌握结构构件的受力性能的基础。

一、建筑钢材

钢是含碳量低于2%的铁碳合金（含碳量高于2%时为生铁），钢经轧制或加工成的钢筋、钢丝、钢板及各种型钢，统称钢材。在建筑钢材中，大量使用碳素结构钢和普通低合金钢。

（一）钢材的力学性能

1.应力—应变曲线

在钢筋混凝土结构、预应力混凝土结构以及钢结构中所用的钢材可分为两类，即有明显屈服点的钢材和无明显屈服点的钢材。有明显屈服点的钢材标准试件在拉伸时的应力—应变曲线规律分析如下：在拉伸的初始阶段，应力与应变按比例增加，两者呈直线关系，符合虎克定律，且当荷载卸除后，完全恢复原状，该阶段称为弹性阶段，其最大应力称为比例极限。当应力超过比例极限后，应变的增长速度大于应力的增长速度，当到达一定高点时，应变急剧增加，而应力基本不变，钢材发生显著的、不可恢复的塑性变形，此阶段称为屈服阶段。相应于屈服下限的应力称为屈服强度。当钢材屈服、塑性变形到一定程度后，应力—应变曲线又呈上升形状，曲线最高点的应力称为抗拉强度，此阶段称为强化阶段。当钢材应力达到抗拉强度后，试件薄弱断面显著变小，发生“颈缩”现象，应变迅速增加，应力随之下降，最后直至拉断。

无明显屈服点的钢材标准试件的拉伸应力应变曲线规律为：这类钢材没有明显的屈服点，抗拉强度很高，但变形很小。通常取相应于残余应变（永久变形）为0.2%时的应力作为屈服强度，称为条件屈服强度。

在达到屈服强度之前，钢材的受压性能与受拉时的相似，受压屈服强度也与受拉时基本一样。在达到屈服强度之后，由于试件发生明显的塑性压缩，截面面积增大，因而难以得到明确的抗压强度。

2.强度

钢材的强度指标包括屈服强度和抗拉强度两项。

对于有明显屈服点的钢材，由于钢材的屈服将产生明显的、不可恢复的塑性变形，从而导致结构构件可能在钢材尚未进入强化阶段就发生破坏或产生过大的变形和裂缝，因此在正常使用情况下，构件中的钢材应力应小于其屈服强度，故屈服强度是钢材关键性的强度指标。此外，在抗震结构中，考虑到受拉钢材可能进入强化阶段，故要求其屈服强度与抗拉强度的比值（称为屈强比）不大于0.8，以保证结构的变形能力，因而钢材的抗拉强度是检验钢材质量的另一强度指标。

对于无明显屈服点的钢材（钢结构中的钢材除高强度螺栓外都属于有明显屈服点的钢材，无明显屈服点的钢材仅为混凝土结构中的预应力钢筋和钢丝），其条件屈服强度不易测定，这类钢材在质量检验时以其抗拉强度作为主要强度指标，并以极限抗拉强度的0.85倍作为条件屈服强度。

3.塑性

塑性是指钢材破坏前产生变形的能力。反映塑性性能的指标是“伸长率”和“冷弯性能”。

伸长率大的钢材塑性好，拉断前有明显预兆；伸长率小的钢材塑性差，破坏会突然发生，呈脆性特征。有明显屈服点的钢材都有较大的伸长率。

冷弯性能是指钢材在常温下承受弯曲时产生塑性变形的能力。对不同直径或厚度的钢材，要求按规定的弯心直径弯曲一定的角度而不发生裂纹。冷弯性能可间接反映钢材的塑性性能和内在质量，钢材的冷弯性能要求合格。

钢材的屈服强度、抗拉强度、伸长率和冷弯性能是检验有明显屈服点钢材的四项主要质量指标，对无明显屈服点的钢筋则只测定后三项。

对于需要验算疲劳的焊接结构的钢材，尚应具有常温冲击韧性的合格保证。

4.弹性模量

钢材在弹性阶段的应力和相应应变的比值为常量，该比值即钢材的弹性模量。同一品种钢材的受拉和受压弹性模量相同。

（二）钢材的冷加工

钢材在常温下经剪切、冷弯、辊压冷拉冷拔等冷加工过程，性能将发生显著改变，强度提高塑性降低，使钢材产生硬化，有增加钢结构脆性破坏的危险。但在钢筋混凝土结构中，有时采用经控制的冷拉或冷拔后的钢筋以节约钢材。现对其特性介绍如下。

1.钢筋的冷拉

冷拉是将钢筋拉伸至超过其屈服强度的某一应力，然后卸荷，以提高钢筋强度的方法。

钢筋经冷拉和时效硬化后，强度有所提高，但塑性降低。合理地选择冷拉控制点可使钢筋保持一定的塑性而又能提高钢筋的强度，达到节省钢材的目的。

必须注意：焊接时产生的高温会使钢筋软化（强度降低、塑性增加），因此对需要焊接的钢筋应先焊好再进行冷拉；此外，冷拉只能提高钢筋的抗拉强度而不能提高钢筋的抗压强度，一般不采用冷拉钢筋作受压钢筋。由于钢筋冷拉后塑性降低、脆性增加，故不得用冷拉钢筋制作吊环。

2.钢筋的冷拔

冷拔是用强力将钢筋拔过比其直径略小的硬质合金拔丝模，钢筋受到纵向拉力和横向挤压力的作用，截面变小而长度伸长，内部结构发生变化。经过连续冷拔后的冷拔低碳钢丝，钢筋强度就可提高40%～90%，但塑性显著降低，且没有明显的屈服点。冷拔可以同时提高钢筋的抗拉强度和抗压强度。

需要注意的是，由于我国强度高、性能好的钢筋及钢丝、钢绞线已可充分供应，故冷拉钢筋和冷拔低碳钢丝已不再列入规范。

（三）建筑钢材的品种

我国目前常用的钢材由碳素结构钢及普通低合金钢制造。碳素结构钢分为低碳钢（普通碳素钢）、中碳钢和高碳钢。随含碳量的增加，钢材的强度提高，但塑性降低；在低碳钢中加入硅、锰、钒、钛、铌、铬等少量合金元素，使钢材性能有较显著的改善，成为普通低合金钢。

1.钢筋

按照生产加工工艺和力学性能的不同，用于建筑工程中的钢筋有热轧钢筋、冷拉钢筋、预应力钢筋以及钢丝、钢绞线等。其中热轧钢筋和冷拉钢筋属于有明显屈服点的钢筋，钢丝、钢绞线等属于无明显屈服点的钢筋。

热轧钢筋又分为热轧光圆钢筋（牌号HPB-系列）和热轧带肋钢筋（牌号HRB-系列及HRBF-系列）。其中，靠控温轧制而具有一定延性的HRBF-系列钢筋称为细晶粒热轧带肋钢筋，具有节约合金资源、降低价格的效果。

2.型钢和钢板

钢结构构件一般直接选用型钢，当构件尺寸很大或型钢不合适时则用钢板制作。型钢有角钢（包括等边角钢和不等边角钢）、槽钢、工字钢等；钢板有厚板（厚度4.5～60mm）和薄板（厚度0.35～4mm）之分。

根据规范，用于钢结构的钢材牌号为碳素结构钢中的Q235钢和低合金结构钢中的Q345钢（16Mn）、Q390钢（15MnV）和Q420钢（15MnV）四种，其屈服点在钢材厚度小于或等于16mm时分别为235、345、390和420N/mm²（当厚度大于16mm时，屈服点随厚度的增加而降低）。

Q235钢还分为A、B、C、D四个质量等级，它们均保证规定的屈服点、抗拉强度和伸长率。B、C、D级还保证180°冷弯（A级在需方有要求时才进行）和规定的冲击韧性。另外，Q235钢根据脱氧方法还分为沸腾钢、半镇静钢和镇静钢等，分别用字母F、B和Z表示，但Z在牌号中可省略，如Q235-A·F表示屈服点为235N/mm²、质量等级为A级的沸腾钢，而Q235-B则表示屈服点为235N/mm²、质量等级为B级的镇静钢。

（四）钢材的选用

1.钢筋

（1）混凝土结构对钢筋性能的要求

在混凝土结构中，钢筋和混凝土共同工作，钢筋按一定的排列顺序和位置分布于混凝土中。钢筋和混凝土之所以能够共同工作，是因为混凝土结硬后，能与钢筋牢固地黏结，互相传递应力、共同变形，两者间的黏结力是钢筋和混凝土共同工作的基础；钢筋和混凝土具有相近的温度线膨胀系数：钢为1.2×10^{-5}/℃，混凝土为（1.0～1.5）$\times 10^{-5}$/℃。当温度变化时，混凝土和钢筋之间不致产生过大的相对变形和温度应力；混凝土提供的碱性环境可以保护钢筋免遭锈蚀。混凝土结构对钢筋性能的主要要求如下。

强度。强度是指钢筋的屈服强度和极限强度。如前所述，钢筋的屈服强度是混凝土结构构件计算的主要依据之一，采用较高强度的钢筋可以节省钢材，获得较好的经济效益。

塑性。要求钢筋在断裂前有足够的变形，能够在破坏前给人们预兆，因此应保证钢筋的伸长率和冷弯性能合格。

可焊性。在很多情形下，钢筋的接长和钢筋之间的连接（或钢筋与其他钢材的连接）需要通过焊接来完成，因此要求在一定工艺条件下钢筋焊接后不产生裂纹和过大的变形，保证焊接后的接头性能良好。

与混凝土的黏结力。为了保证钢筋和混凝土共同工作，要采取一定的措施保证钢筋与混凝土之间的黏结力。带肋钢筋与混凝土的黏结要优于光圆钢筋。在寒冷地区，对钢筋的低温性能尚有一定的要求。

（2）钢筋的选用原则

按照节省材料、减少能耗的原则，综合混凝土构件对强度、延性、连接方式、施工适应性的要求，规范强调淘汰低强度钢筋，应用高强高性能钢筋，并建议选用下列牌号的钢筋：

纵向受力普通钢筋宜采用HRB400、HRB500、HRBF400、HRBF500钢筋，也可采用HPB300、HRB335、HRB F335、RRB400钢筋；

梁、柱纵向受力普通钢筋应采用HRB400、HRB500、HRBF400、HRBF500钢筋；

箍筋宜采用HRB400、HRBF400、HPB300、HRB500、HRBF500钢筋，也可采用HRB335、HRBF335钢筋。

选用强度较高的钢筋能节省钢筋用量，从而取得良好的经济效果，同时由于减少配筋而方便施工。

余热处理钢筋（RRB-系列）是由轧制的钢筋经高温淬火，余热处理后制成的，目的是提高强度。其可焊性、机械连接性能及施工适应性均稍差，需控制其应用范围，不宜用作重要部位的受力钢筋，不得用于直接承受疲劳荷载的构件，不宜焊接；一般可在对延性及加工性能要求不高的构件中使用，如基础、大体积混凝土以及跨度及荷载不大的楼板、墙体中应用。

2.钢结构中的钢材

在选用钢材时，应根据结构的重要性、荷载特征、连接方法、工作温度等不同情况选择钢号和材质。

二、混凝土

混凝土是由水泥、水和骨料（包括粗骨料和细骨料，粗骨料有碎石、卵石等；细骨料有粗砂、中砂、细砂等）几种材料经混合搅拌、入模浇捣、养护硬化后形成的人工石材，“砼”字形象地表达了混凝土的特点。

混凝土各组成成分的比例，尤其是水灰比（水与水泥的重量比）对混凝土的强度和变形有重要影响；在很大程度上，混凝土性能还取决于搅拌程度、浇捣的密实性及混凝土的养护条件。

（一）混凝土的强度

混凝土的强度随时间而增长，初期增长速度快，后期增长速度变慢并趋于稳定；对于使用普通水泥的混凝土，若以龄期3天的抗压强度为1，则1周为2，4周为4，3个月为4.3，1年为5.2左右。龄期4周（28天）的强度大致稳定，可以作为混凝土早期强度的界限。混凝土强度在长时期内随时间而增长，这主要是因为水泥的水化反应过程需要长时间进行。混凝土在结构构件中主要承受压力，其抗压强度是最主要的性能指标。

1.立方体抗压强度和立方体抗压强度标准值

用边长 150mm 的立方体试块，在标准养护条件（温度 20 ± 3℃，相对湿度 ≥ 90% 的潮湿空气中）养护 28 天，用标准试验方法 [试块表面不涂润滑剂、全截面受压加荷速度

0.15 ~ 0.25N/（mm^2 · s）] 加压至试件破坏时测得的最大压应力作为混凝土的立方体抗压强度。

混凝土立方体抗压强度是用来确定混凝土强度等级的标准，也是决定混凝土其他力学性能的主要参数。混凝土立方体抗压强度也可用200mm的立方体或10mm的立方体测得，但需对试验值进行修正；对于边长200mm的试件，修正系数为1.0，500mm的试件，修正系数为0.95。

2.轴心抗压强度

在实际结构中，受压构件是棱柱体而不是立方体。用高宽比为3 ~ 4的棱柱体测得的抗压强度与以受压为主的混凝土构件中的混凝土抗压强度基本一致，因此棱柱体的抗压强度可作为以受压为主的混凝土结构构件的混凝土抗压强度，称为轴心抗压强度或棱柱强度。

轴心抗压强度是结构混凝土最基本的强度指标，但在工程中很少直接测定它，而是通过测定立方体的抗压强度进行换算。其原因是立方体试块具有节省材料、制作简单、便于试验加荷对中、试验数据离散性小等优点。

（二）混凝土的变形

1.混凝土短期加荷下的应力—应变关系

应力—应变曲线：混凝土棱柱体在一次短期加荷下（即从加荷至破坏的短期连续过程）的应力—应变曲线。

混凝土的变形模量：混凝土的应力与应变之间不存在完全的线性关系，虎克定律不适用。但在计算时，往往需要混凝土的弹性模量，故此仿照弹性材料力学方法，通过“变形模量”来表示混凝土的应力—应变关系。

2.混凝土在荷载长期作用下的变形——徐变

混凝土受压后除产生瞬时压应变外，在维持其应力不变的情况下（即荷载长期不变化），其应变随时间而增长，这种现象称为混凝土的徐变。徐变在开始时发展较快，而后逐渐减慢，当施加的初始应力较小时，徐变经较长时间后趋于稳定（2 ~ 4年）。相当部分的徐变变形在卸荷后是不可恢复的。

混凝土徐变对混凝土构件的受力性能有重要影响：它将使构件的变形增加（如长期荷载下受弯构件的挠度由于受压区混凝土的徐变可增加一倍）；在截面中引起应力重分布（如使轴心受压构件中的钢筋压应力增加，混凝土压应力减少）；在预应力混凝土构件中，混凝土的徐变引起相当大的预应力损失。

影响混凝土徐变大小的因素除初始应力的大小和时间的长短外，还与混凝土所处的环境条件和混凝土的组成有关：混凝土养护条件越好（如采用蒸汽养护）、周围环境越潮湿、受荷时的龄期越长，则徐变越小；水泥用量越多、水灰比越高、混凝土不密实、骨料级配越差、骨料刚度越小，则徐变越大。

3.混凝土的收缩

混凝土在空气中硬化时体积变小的现象称为混凝土的收缩。混凝土收缩的原因主要是混凝土的干燥失水和水泥胶体的碳化凝缩，是混凝土内水泥浆凝固硬化过程中的物理化学作用的结果，与力的作用无关。

混凝土的初期收缩变形发展快：2周可完成全部收缩量的25%，1个月约完成50%；整个收缩过程可延续两年以上。

混凝土的自由收缩只会引起构件体积的缩小而不会产生应力和裂缝。但当收缩受到约束时（如支承的约束、钢筋的存在等），混凝土将产生拉应力，甚至会开裂。

为了减轻收缩的影响，应在施工中加强养护、减少水泥用量和水灰比、采用坚硬的骨料和级配好的混凝土。此外，还可采取预留伸缩缝、分段浇捣混凝土等措施，以减少收缩的影响。

（三）混凝土强度等级的选用原则

如前所述，混凝土轴心抗压强度、抗拉强度等，都和混凝土立方体抗压强度有一定关系。因此，可以按混凝土立方体抗压强度的大小将混凝土的强度划分为不同的等级，以满足不同类型的结构构件对混凝土强度的要求。

承受重复荷载的钢筋混凝土构件，混凝土强度等级不应低于C30；预应力混凝土结构的混凝土强度等级不宜低于C40，且不应低于C30；素混凝土结构的强度等级不应低于C15；垫层、地面混凝土及填充用混凝土可采用C10。

三、钢筋与混凝土的相互作用——黏结力

（一）黏结力的概念

钢筋和混凝土共同工作的基础是黏结力。黏结力是存在于钢筋与混凝土界面上的作用力。黏结力主要由三部分组成：一是由于混凝土收缩将钢筋紧紧握固而产生的摩擦力，二是由于混凝土颗粒的化学作用而产生的胶合力，三是由于钢筋表面凹凸不平与混凝土之间产生的机械咬合力。其中机械咬合力约占总黏结力的一半以上，带肋钢筋的机械咬合力要大大高于光面钢筋的机械咬合力。此外，钢筋表面的轻微锈蚀也增加它与混凝土的黏结力。

黏结强度的测定通常采用拔出试验方法，将钢筋一端埋入混凝土中，在另一端施力将钢筋拔出。由拔出试验可以得知：最大黏结应力在离开端部的某一位置出现，且随拔出力的大小而变化，黏结应力沿钢筋长度是曲线分布的；钢筋埋入长度越长，拔出力越大；但

埋入长度过大时，则其尾部的黏结应力很小，基本不起作用；黏结强度随混凝土强度等级的提高而增大；带肋钢筋的黏结强度高于光面钢筋，而在光面钢筋末端做弯钩可以大大提高拔出力。

（二）保证钢筋和混凝土之间黏结力的措施

1.足够的锚固长度

受拉钢筋必须在支座内有足够的锚固长度，以便通过该长度上黏结应力的积累，使钢筋在靠近支座处能够充分发挥作用。

锚固长度修正系数按以下规定取用，当多于一项时，可按连乘计算。这些规定是：当钢筋的公称直径大于25mm时取1.1；对环氧树脂涂层钢筋取1.25；施工过程中易受扰动的钢筋取1.1；当纵向受力钢筋的实际配筋面积大于其设计计算面积时，取设计计算面积与实际配筋面积的比值，但对有抗震设防要求及直接承受动力荷载的结构构件不得考虑此项修正；锚固区混凝土配置箍筋且保护层厚度不小于3d（此处d为纵向受力钢筋直径。下文同）时，修正系数可取0.8；大于5d时，修正系数可取0.7。

当纵向受拉钢筋末端采用机械锚固措施时，包括附加锚固端头在内的锚固长度（投影长度）修正系数可取0.7。机械锚固形式有末端弯折、贴焊锚筋、末端与锚板穿孔塞焊及末端旋入螺栓锚头等。当末端90° 弯折时，弯后直段长度为12d；当两侧贴焊锚筋时，两侧贴焊长3d短钢筋；末端与锚板穿孔塞焊时，焊接锚板厚度不宜小于d，焊接应符合相关标准的要求，锚板或螺栓锚头的承压净面积应不小于锚固钢筋计算截面积的4倍；螺栓锚头和焊接锚板的间距不大于3d时，宜考虑群锚效应对锚固的不利影响。截面角部的弯折、弯钩和一侧贴焊锚筋方向宜向内偏置。

经修正的锚固长度不应小于基本锚固长度的0.6倍且不小于200mm。当计算中充分利用钢筋的抗压强度时，受压钢筋的锚固长度应不小于相应受拉锚固长度的0.7倍。

2.一定的搭接长度

受力钢筋搭接时，通过钢筋与混凝土间的黏结应力来传递钢筋与钢筋间的内力，因此必须有一定的搭接长度才能保证内力的传递和钢筋强度的充分利用。轴心受拉及小偏心受拉构件、双面配置受力钢筋的焊接骨架、需要进行疲劳验算的构件等，不得采用搭接接头；当受拉钢筋直径大于25mm及受压钢筋直径大于32mm时不宜采用搭接接头；对于其余情形下的受力钢筋可采用搭接接头。

同一构件各根钢筋的搭接接头宜相互错开：位于同一连接范围内的受拉钢筋接头百分率不超过25%，受压钢筋则不宜超过50%。钢筋绑扎搭接接头连接区段的长度为1.3倍搭接长度。所谓同一连接范围，是指搭接接头中点位于该连接区段长度内。位于同一连接范围的受压钢筋搭接接头百分率不宜超过50%，其搭接长度不应小于相应纵向受拉钢筋搭接长度的0.7倍；在任何情况下均不小于200mm。

3.混凝土应有足够的厚度

钢筋周围的混凝土应有足够厚度（包括混凝土保护层厚度和钢筋间的净距），以保证黏结力的传递；同时为了减小使用时的裂缝宽度，在同样钢筋截面面积的前提下，应选择直径较小的钢筋以及带肋钢筋。

当结构中受力钢筋在搭接区域内的间距大于较粗钢筋直径的10倍或当混凝土保护层厚度大于较粗钢筋的5倍时，搭接长度可比上述规定减小，取为相应锚固长度。

4.钢筋末端应做弯钩

光面钢筋的黏结性能较差，故除轴心受压构件中的光面钢筋及焊接网或焊接骨架中的光面钢筋外，其余光面钢筋的末端均应做180°标准弯钩。

5.配置箍筋

在锚固区或受力钢筋搭接长度范围内应配置箍筋以改善钢筋与混凝土的黏结性能。在锚固长度范围内，箍筋直径不宜小于锚固钢筋直径的1/4，间距不应大于单根锚固钢筋直径的10倍（采用机械锚固措施时不应大于5倍），在整个锚固长度范围内箍筋不应少于3个。在受力钢筋搭接长度范围内，箍筋直径不宜小于搭接钢筋直径的1/4；箍筋间距在钢筋受拉时不大于100mm且不大于搭接钢筋较小直径的5倍，在钢筋受压时不大于200mm且不大于搭接钢筋较小直径的10倍。当受压钢筋直径大于25mm时，应在搭接接头两个端面外50mm范围内各设两根箍筋。

6.注意浇注混凝土时的钢筋位置

黏结强度与浇注混凝土时的钢筋位置有关。在浇注深度超过300mm以上的上部水平钢筋底面，由于混凝土的泌水、骨料下沉和水分气泡的逸出，形成一层强度较低的混凝土层，它将削弱钢筋与混凝土的黏结作用。因此，对高度较大的梁应分层浇注和采用二次振捣。

为解决配筋密集引起设计施工的困难而采用并筋的配筋形式时（所谓并筋，是指2根或3根钢筋并在一起所形成的钢筋束），一般二并筋可在纵向或横向并列，而三并筋宜作品字形布置。直径28mm及以下的钢筋并筋数量不宜超过3根（三并筋）；直径32mm的钢筋并筋数量宜为2根（二并筋）；直径36mm及以上的钢筋不宜采用并筋。

并筋可按单根等效直径的钢筋进行设计，等效直径应按截面面积相等的原则经换算确定。并筋可视为计算截面积相等的单根等效钢筋，相同直径的二并筋等效直径为1.41d；三并筋等效直径为1.73d。并筋等效直径的概念可用于规范中钢筋间距、保护层厚度、裂缝宽度验算、钢筋锚固长度、搭接接头面积百分率及搭接长度等的计算中（规范所有条文中的直径，系指单筋的公称直径或并筋的等效直径）。

四、砌体材料及砌体的力学性能

（一）砌体材料种类

砌体的材料主要包括块材和砂浆。

1.块材

块材是砌体的主要组成部分，占砌体总体积的78%以上。我国目前的块材主要有以下几类。

（1）砖

烧结普通砖。烧结普通砖是由煤矸石、页岩、粉煤灰或黏土为主要原料，经过焙烧而成的实心或孔洞率不大于15%的砖。分烧结煤矸石砖、烧结页岩砖、烧结粉煤灰砖、烧结黏土砖等。为了保护土地资源，利用工业废料和改善环境，国家禁止使用黏土实心砖。推广和生产采用非黏土原材料制成的砖材，已成为我国墙体材料改革的发展方向。

烧结多孔砖。烧结多孔砖是以煤矸石、页岩、粉煤灰或黏土为主要原料，经焙烧而成，孔洞率不大于35%，孔的尺寸小而数量多，主要用于承重部位。

蒸压灰砂普通砖和蒸压粉煤灰普通砖。蒸压灰砂普通砖是以石灰等钙质材料和砂等硅质材料为主要原料，经坯料制备、压制排气成型、高压蒸汽养护而成的实心砖。蒸压粉煤灰普通砖是以石灰、消石灰（如电石渣）或水泥等钙质材料与粉煤灰等硅质材料及集料（砂等）为主要原料，掺加适量石膏，经坯料制备、压制排气成型、高压蒸汽养护而成的实心砖。

混凝土砖。混凝土砖是以水泥为胶结材料，以砂、石等为主要集料，加水搅拌、成型、养护制成的一种多孔的混凝土半盲孔砖或实心砖。

（2）砌块

砌块是指用普通混凝土或轻集料混凝土以及硅酸盐材料制作的实心和空心块材。砌块按尺寸大小和质量分为可手工砌筑的小型砌块和采用机械施工的中型和大型砌块，纳入砌体结构设计规范的砌块主要有普通混凝土砌块和轻骨料混凝土小型空心砌块。砌块的孔洞沿厚度方向只有一排孔的为单排孔小型砌块，有双排条形孔洞或多排条形孔洞的为双排孔小型砌块或多排孔小型砌块。

（3）石材

天然石材以重力密度大于或小于18kN/m^{3}分为重石（花岗岩、砂岩、石灰岩）和轻石（凝灰岩、贝壳灰岩）两类；按加工后的外形规则程度可分为细料石、半细料石、粗料石和毛料石，形状不规则、中部厚度不小于200mm的块石称为毛石。

2.砂浆

砂浆在砌体中的作用是将块材连成整体并使应力均匀分布，以保证砌体结构的整体性。此外，由于砂浆填满块材间的缝隙，减少了砌体的透气性，提高了砌体的隔热性及抗冻性。

砂浆按其组成材料的不同，分为以下几种。

水泥砂浆：具有强度高、耐久性好的特点，但保水性和流动性较差，适用于潮湿环境和地下砌体。

混合砂浆：具有保水性和流动性较好、强度较高、便于施工而且质量容易保证的特点，是砌体结构中常用的砂浆。

非水泥砂浆：有石灰砂浆、黏土砂浆、石膏砂浆。石灰砂浆具有保水性、流动性好的特点，但强度低、耐久性差，只适用于临时建筑或受力不大的简易建筑。

混凝土砌块砌筑砂浆：由水泥、砂、水及根据需要掺入的掺合料和外加剂等组成，按一定的比例，采用机械拌和制成，专门用于砌筑混凝土砌块的砂浆，简称砌块专用砂浆。

（二）砌体的力学性能

1.砌体的种类

砌体分为无筋砌体和配筋砌体两类。

（1）无筋砌体

无筋砌体不配置钢筋，仅由块材和砂浆组成，包括砖砌体、砌块砌体和石砌体。砖砌体由砖和砂浆砌筑而成，可用作内外墙、柱、基础等承重结构以及围护墙和隔墙等非承重结构。墙体厚度根据强度和稳定性要求确定，对于房屋的外墙还需考虑保温、隔热的性能要求。

砌块砌体由砌块和砂浆砌筑而成，是墙体改革的一项重要措施。采用砌块砌体可以减轻劳动强度，提高生产率，并具有较好的经济技术指标。

石砌体由天然石材和砂浆（或混凝土）砌筑而成，分为料石砌体、毛石砌体和毛石混凝土砌体三类。石砌体可用作建造一般民用建筑的承重墙、柱和基础，还可用作挡土墙、石拱桥、石坝和涵洞等构筑物。在石材产地可就地取材，比较经济，应用较广泛。无筋砌体抗震性能和抵抗地基不均匀沉降的能力较差。

（2）配筋砌体

为提高砌体强度，减少其截面尺寸，增加砌体结构（或构件）的整体性，可采用配筋砌体。配筋砌体可分为网状配筋砖砌体、组合砖砌体、砖砌体和钢筋混凝土构造柱组合墙及配筋砌块砌体。

网状配筋砖砌体又称横向配筋砌体，在砌体中每隔几皮砖在其水平灰缝设置一层钢筋网。钢筋网有方格网式和连弯式两种。方格网式一般采用直径为3～4mm的钢筋，连弯式采用直径为5～8mm的钢筋。

2.砌体的轴心受压性能

（1）砌体受压破坏过程

砌体轴心受压从加荷开始直到破坏，大致经历三个阶段。

当砌体加载达极限荷载的50%～70%时，单块砖内产生细小裂缝。此时若停止加载，裂缝亦停止扩展。

当加载达极限荷载的80%～90%时，砖内有些裂缝连通起来，沿竖向贯通若干皮砖。此时，即使不再加载，裂缝仍会继续扩展，砌体实际上已接近破坏。

当压力接近极限荷载时，砌体中裂缝迅速扩展和贯通，将砌体分成若干个小柱体，砌体最终因被压碎或丧失稳定而破坏。

（2）受压砌体的受力特点

根据上述砖、砂浆和砌体的受压试验结果：砖的抗压强度和弹性模量值均大大高于砌体；砌体的抗压强度和弹性模量可能高于、也可能低于砂浆相应的数值。

产生上述结果的原因如下。

砌体中的砖处于复合受力状态。由于砖的表面本身不平整，再加之铺设砂浆的厚度不是很均匀，水平灰缝也不很饱满，造成单块砖在砌体内并不是均匀受压，而是处于同时受压、受弯、受剪甚至受扭的复合受力状态。由于砖的抗拉强度很低，一旦拉应力超过砖的抗拉强度，就会引起砖的开裂。

砌体中的砖受附加水平拉应力。由于砖和砂浆的弹性模量及横向变形系数不同，砌体受压时要产生横向变形，当砂浆强度较低时，砖的横向变形比砂浆小，在砂浆黏结力与摩擦力的影响下，砖将阻止砂浆的横向变形，从而使砂浆受到横向压力，砖就受到横向拉力。由于砖内出现了附加拉应力，便加快了砖裂缝的出现。

竖向灰缝处存在应力集中。由于竖向灰缝往往不饱满以及砂浆收缩等原因，竖向灰缝内砂浆和砖的黏结力减弱，使砌体的整体性受到影响。因此，在位于竖向灰缝上、下端的砖内产生横向拉应力和剪应力的集中，加快砖的开裂。

（3）影响砌体抗压强度的主要因素

块材和砂浆的强度等级。块材和砂浆的强度是决定砌体抗压强度的最主要因素。块材的强度等级高，其抗弯、抗拉、抗剪强度也较高，相应的砌体抗压强度也高；砂浆强度等级越高，砂浆的横向变形越小，砌体抗压强度也有所提高。

砂浆的性能。砂浆的流动性和保水性越好，则砂浆容易铺砌均匀，灰缝的饱满程度就高，砌体强度也高；如果流动性过大，砂浆在硬化后的变形也大，也会降低砌体的强度。

块材的形状、尺寸及灰缝厚度。块材的外形越规则、平整，砌体强度相对较高。砌体灰缝厚度越厚，越难保证均匀与密实；灰缝过薄又会使块体不平整造成的弯、剪作用增大，降低砌体的抗压强度。因此，砖和小型砌块砌体灰缝厚度应控制在8～12mm。

砌筑质量。砌筑质量是影响砌体强度的主要因素之一。影响砌筑质量的因素有很多，如砂浆饱满度，砌筑时块体的含水率、组砌方式，砂浆搅拌方式，砌筑工人技术水平，现场质量管理水平等都会影响砌筑质量。

3.砌体的受拉、受弯及受剪性能

（1）砌体的受拉性能

与砌体的抗压强度相比，砌体的抗拉强度很低。按照力作用于砌体方向的不同，砌体可能发生破坏。当轴向拉力与砌体的水平灰缝平行时，砌体可能发生沿竖向及水平方向灰缝的齿缝截面破坏；或沿块体和竖向灰缝的截面破坏。

（2）砌体的受弯性能

与轴心受拉相似，砌体弯曲受拉时，也可能发生三种破坏形态：沿齿缝截面破坏；沿砌体与竖向灰缝截面破坏；沿通缝截面破坏。砌体的弯曲受拉破坏形态也与块体和砂浆的强度等级有关。

（3）砌体的受剪性能

砌体的受剪破坏有两种形式：一种是沿通缝截面破坏；另一种是沿阶梯形截面破坏，其抗剪强度由水平灰缝和竖向灰缝共同提供。

如上所述，由于竖向灰缝不饱满，抗剪能力很低，竖向灰缝强度可不予考虑。因此，可以认为这两种破坏形成的砌体抗剪强度相同。

第三节　结构方案优化设计

一、结构设计的目标

建筑结构设计的第一目标是安全。一个结构可以不美，可以不经济，但是绝对不能不安全。保证结构的安全是结构工程师最基本的责任，设计需要从多个方面来保证结构的安全性。

结构设计的首要任务是选用经济合理的结构方案，其次是结构整体分析、构件及节点设计，并要求设计值在规范规定的安全系数或可靠指标内，以保证结构的安全性。

建筑结构设计的第二目标是经济。所谓结构设计的经济性，就是指以最低的成本获得最大的效用，即“少费多用”的原则。此原则顺应目前的发展趋势，在建筑的可持续发展道路上，是一条重要的、有效的、节约型的设计方式。

在建筑结构设计中材料、工期、环境都是经济的要素。对于结构设计师来说，在保证安全的前提下，节约建筑材料是工程师所追求的目标，并且这种材料的节约与结构的安全度并无矛盾与冲突，不是提倡节约，而是提倡减少不必要的浪费，降低结构设计的不合理性。

二、结构优化设计的必要性

目前房地产行业发展迅猛，但是工程设计行业普遍存在质量参差不齐的情况，且大部分设计周期较短，赶时间出图，导致很多设计图纸存在优化的空间。原因如下。

建筑设计单位众多，恶性竞争状况严重，造成市场混乱、压价竞争，业余设计、挂靠设计大量存在。个别设计院承接项目是通过关系而不是靠技术和实力，各个单位之间的技术水平、管理水平差别较大。就算是同一个单位，由于设计人员本身的技术实力不同，对于同一栋建筑设计的产品质量也不一样。

设计周期短。随着国内经济的不断发展，城市建设速度越来越快，时间就是金钱。为争取利益最大化，开发商留给建筑设计师们的时间很少，为了完成设计任务，满足甲方的节点要求，设计人员经常熬夜加班。在这种情况下，设计人员的首要目标是在保证安全的前提下赶紧出图。经济性已经无暇顾及。

部分设计人员对结构的安全性存在一定的误区。部分设计师潜意识里认为基础越大，柱子越粗，剪力墙越厚，梁越高，板越厚，配筋越多就越安全，其实这是一种不正确的认识。如抗震设计时，需要“强柱弱梁”，这时梁配筋越多，越易形成柱铰机制，导致在地震发生时，柱子先于梁破坏，发生倒塌；楼板越厚、楼盖自重越大，增加墙、柱的受力荷载，同时也导致地震作用加大。

设计收费低，设计人员收入低。由于恶性竞争，部分设计院只有降低设计收费来承接建设项目。设计人员不得不超负荷地工作来完成数量较多的设计，从而保证收入。设计界中流传着“拿多少钱，干多少事”的说法，建筑设计劳动强度太大，曾有建筑设计人员猝死事件，所以设计师们不得不应付了事。

结构设计是工程设计中降本潜力相当大的一个环节。结构的优化设计，不是以牺牲结构安全度和抗震性能来求得经济效益的，而是以结构理论为基础，以工程经验为前提，以对结构设计规范内涵的理解和灵活运用为指导，以先进的结构分析方法为手段，对设计进行深入调整、改善与提高、对成本进行审核和监控，是对结构设计深化再加工的工程。

结构成本控制必须贯穿设计和策划的全过程，包括前期论证及策划阶段的地质情况调查、规划阶段的初勘、建筑方案阶段的结构介入、结构方案阶段的结构的优化、施工图阶段的构件设计的优化。

三、结构方案设计

（一）结构方案设计原则

在建筑结构的方案设计阶段，结构设计人员要特别注意结构概念设计。强调规范中有关结构概念设计的各条规定，可避免设计时陷入只注重计算的误区。如果结构不规则、整体性差，则仅凭目前的结构计算水平，是难以保证结构的抗震、抗风性能的。

中国是世界上地震灾害最严重的国家，中国以占世界7%的国土承受了全球33%的大陆地震，是大陆强震最多的国家，故结构抗震概念在结构设计中的重要性不言而喻。地震概念设计的目标是使整体结构能发挥耗散地震能量的作用，避免结构出现敏感的薄弱部位。如地震能量的耗散仅集中在极少数薄弱部位，将导致结构过早破坏。现有抗震设计方法的前提之一是假设整个结构能发挥耗散地震能量的作用，在此前提下，才能以多遇地震作用进行结构计算、构件设计并加以构造措施，或采用动力时程分析进行验算，达到大震不倒的目标。所以在结构设计初期，设计师要遵循以下基本原则。

结构传力途径简单。结构在地震作用下具有直接和明确的传力途径、结构的计算模型、内力和位移分析以及限制薄弱部位都易于把握，对结构抗震性能的估计比较可靠。

结构的规则和均匀性。合理的建筑形体和布置在抗震设计中是头等重要的。提倡平、立面简单对称。因为震害表明，简单对称的建筑在地震时较不容易破坏。“规则”包含了建筑平、立面外形尺寸，抗侧力构件布置，质量布置等诸多因素的综合要求。

合理选择结构体系。钢筋混凝土结构、框架结构、框架—剪力墙结构、剪力墙结构和筒体结构，其抗侧刚度依次增大，适用的建筑高度也依次增加，合理地选择结构体系是非常重要的。

在设计上和构造上实现多道防线。如框架结构采用“强柱弱梁”设计，梁屈服后柱仍能保持稳定，不至于倒塌：框架剪力墙结构设计成连梁首先屈服，然后是墙肢，框架作为第三道防线；剪力墙结构通过构造措施，保证连梁先屈服，并通过空间整体性形成高次超静定等。

（二）结构方案设计过程

结构设计方案是概念设计，尤其对于建筑的抗震设计，选取合适的方案显得尤为重要。一般来讲，方案的确定是专业负责人的工作，需依靠其技术功底和经验积累来完成。但对于普通设计人员，如果每做一个项目时，有意识地从总体上把握结构特点并给出自己的分析，站在负责人的角度看待项目的整体方案，会使自己的能力有质的提高。

1.根据建筑专业提供的初步方案，选择合理的结构体系

根据建筑要求，依据相关规范，按各种结构形式的不同特点及适用范围，确定不同的结构体系，如框架、剪力墙、框架—剪力墙、筒体以及其他复杂结构形式。多层与高层在结构体系上有明显的不同，多层基本上是砌体结构或框架结构，而高层一般选用剪力墙结构或者框架—剪力墙结构。这几种体系结构的不同之处在于框架体系的梁柱既承受竖向力，同时也承受水平力；而框架—剪力墙体系中，梁柱主要承受竖向力，水平力主要由剪力墙来承受；剪力墙体系和筒体体系均用于较高的高层建筑，尤其是筒体，其侧向刚度极大，在超高层中被广泛应用。

结构体系一旦确定，就需要合理布置抗侧力构件，避免应力集中的凹角和狭长的劲缩部位。避免在凹角和端部设置楼梯、电梯间，以减少地震作用下的扭转。竖向体型避免外挑，内收也不宜过多、过急。结构布置为超静定结构，避免因部分结构或构件破坏而导致整个结构丧失抗震能力或对重力荷载的承载能力。

2.确定基础形式

基础的结构安全是举足轻重的，基础一旦出事，破坏是灾难性的，而且很难进行加固。同时，地质情况复杂、变化多，很难用统一的方法解决。解决基础承受上部荷载的方法有很多，但效果和经济性差别大，如何选择合适的基础形式十分重要。

依据上部结构形式的不同，一般会采用不同的基础形式。如框架结构采用柱下独基较多，有地下室时可另加防水板。也可采用较薄的筏基，可进行初步的测算，选用适合的形式，以满足经济效益和工期的需求。带剪力墙的结构，有地下室时，采用筏形基础比较常见。筏形基础又分为梁式筏形基础和板式筏形基础，梁式筏形基础较节省材料，但工艺复杂，工期较长，板式筏形基础的特点刚好相反，综合算下来，两者相差不大。

四、结构方案优化设计原则

任何一个建筑结构方案设计，首先的设计原则是结构的安全性，结构的安全性是结构设计的第一要素。如果结构设计不安全，那么“再好”的结构方案也不行。因此，在保证结构安全的前提下，结构方案优化应遵照以下原则。

（一）选择合适的结构体系原则

结构设计的前提是选择一个合适的结构体系，目前常用的结构体系有以下几种。

1.砖混结构设计原则

砖混结构一般成本较低，适用于楼层在7层以下的建筑，多用于非抗震区的结构设计。一般有纯砖混结构和砖混底框结构。

2.钢筋混凝土框架结构设计原则

钢筋混凝土框架结构是目前用得最多的结构体系，纯钢筋混凝土框架结构一般不超过15层。钢筋混凝土框架结构是弹性结构，整体刚度较好，适用于抗震区的结构设计。

3.钢筋混凝土剪力墙结构设计原则

由于纯钢筋混凝土框架结构的设计高度受限，特别是抗震区的小高层和高层建筑，可采用钢筋混凝土剪力墙结构。钢筋混凝土剪力墙结构也称为全墙结构，整体刚度好。特别是抵抗水平荷载的能力强，抗震性能好，适用于小高层和高层建筑的结构设计。但其工程成本较高，在地震烈度8度以下或抗震等级3级以下时，不宜选用钢筋混凝土剪力墙结构。

4.钢筋混凝土框架—剪力墙结构设计原则

利用钢筋混凝土框架结构和钢筋混凝土剪力墙结构各自的优点，可以把两种结构进行组合，形成钢筋混凝土框架—剪力墙结构。其适用于小高层建筑的结构设计。

5.钢筋混凝土框架—核心筒结构

为适应小高层和高层建筑的结构设计，特别是高层建筑的结构设计，可以把剪力墙做成封闭的筒体，放置在建筑的中心部位，周边采用框架结构，组合成钢筋混凝土框架—核心筒结构。框架核心筒结构整体刚度较好，抗震性能好，适用于小高层和高层建筑的结构设计。

6.钢结构设计原则

选用钢材作为建筑的主要材料，结构总体体量较轻，弹性好，适用于跨度较大的工业建筑，也适用于建筑造型较特殊的建筑，特别是结构构件可以在工厂内生产，是建筑产业化发展的趋势。用于现在的建筑转型、升级发展的装配式建筑的结构设计是发展的需要，特别是轻钢结构作为装配式建筑的结构体系是目前建筑产业化发展的具体体现。

7.超高层组合结构（钢管混凝土+钢结构）设计原则

对于100m以上的超高层建筑，由于所需构件的截面较大，一般的混凝土结构、钢结构的单纯截面都不能满足设计要求，可以把混凝土和钢材结合组成新构件，使构件截面尺寸和强度都能满足要求，也就是现在所说的钢管混凝土。再把钢结构和钢管混凝土结构进行二次组合，即可组成超高层建筑的超高层组合结构。

根据工程项目的类别和要求来选择结构体系，从而确定结构方案。

（二）工程成本控制优化设计原则

结构方案优化的第一原则，应该是工程成本的控制。在保证结构安全的前提下，结构方案的优化，首先考虑的是工程成本。优化结构方案的目标是降低工程的成本，根据这个目标来选择结构体系，从而确定结构方案，再对结构方案进行优化设计。面对工程成本的控制，从建筑结构设计的角度来优化方案，主要有以下两大要素（针对钢筋混凝土结构）。

1.结构方案的体量优化

结构的体量是指整个结构总的质量，在结构安全的前提下，降低结构的总质量也就减小了结构的自重，为基础设计带来了方便。对钢筋混凝土结构而言，降低结构自重的主要因素是材料（混凝土、钢筋）的用量。混凝土和钢筋越多，结构自重就越大，总质量就越大，因此，结构方案体量优化的手段是减少混凝土和钢筋的用量。

2.结构方案的工程造价优化

一个工程的成本控制包括很多方面，从建筑结构设计开始就对工程造价进行优化，也就是在结构设计中尽量降低工程造价，从而节约工程成本。对钢筋混凝土结构而言，降低工程造价主要是减少对主要建筑材料的用量，也就是混凝土和钢材（钢筋在保证结构安全的前提下，一个结构工程，优化混凝土和钢筋的用量，也就是优化工程造价，因为一个建设工程项目中应用最多的建筑材料就是混凝土和钢筋）。因此，优化结构方案，就是减少混凝土和钢筋的用量。

一个工程的结构方案优化应遵守结构方案优化的原则，在诸多优化元素中找出主要优化元素，对其进行优化设计，再进行优化的综合评价，从而有效地控制工程的成本。

第四章 建筑结构层级思维与整合

第一节 建筑设计中的结构层级思维

一、平面结构系统中的层级化

结构的平面体系一般由楼盖或屋盖构成，楼盖是水平面构，而屋盖可以是多种形态的面构，其层级化组织方式要远多于楼盖结构。明确地拆分出平面系统的层级构成关系，是理解其传力方式和结构逻辑的关键。结构层级化既是解析平面构成、探究结构逻辑的一种角度，同时也作为一种建筑设计方法影响着建筑的界面秩序、空间形态和空间氛围。

（一）楼面结构系统楼面结构的层级构成

常规的楼面结构系统具有板、次梁、主梁等层次性构件，在竖向荷载下以平面外受力为主。各层楼面之间是互相独立的，受力上通常是非关联的，具有独立、完整的边界条件进行周边约束。

实现水平方向的跨越需要板具有一定的抗弯刚度以抵抗竖向荷载，跨度越大板中的内力也越大，变形也越大，因而就需要增加板厚，无梁楼盖就是通过增加板厚实现跨越能力。然而板越厚，自重越大且造成材料浪费，于是便需要梁的出现来有效地减小板的应力负担和自重。梁板结构是常见的一种体现楼面结构系统层级化的形式。梁作为比板更高的层级，承担来自楼板的荷载并将它传递给柱子。梁板结构中通常包括主次梁楼板、井字楼板、密肋楼板等。

楼面结构系统按材料可以分为混凝土梁板结构、钢梁板结构、木梁板结构和钢—混凝土组合梁板结构、钢—木组合梁板结构。面构的表现形式与材料的选择密不可分，采用混凝土梁板时，按施工方法可分为现浇楼面、装配式楼面和装配整体式楼面，主次梁的顶界面通常是齐平的。钢楼板中主次梁的连接按相对位置不同，可以分为次梁搁置在主梁顶面的叠接和次梁与主梁上翼缘平齐的平接。木楼板的主次梁大多是叠接的形式，可以采用榫卯连接或榫卯结合销钉连接，而平接时需要钢板、螺栓辅助连接。木材和钢材是以线构为主，分离、分层是最大的表现特征，而混凝土更倾向于塑造流动整合的不易区分层级的界面。

结构的层级化不仅是构成水平界面的物质组合方式，同样也对界面和空间有影响。结构常被认为只是为了实现跨越和围合的支撑手段，它们的存在常被认为对空间的视线和通透性造成了干扰，于是被吊顶遮挡起来。然而楼盖也可以具有建筑造型艺术上的潜力，如果能处理好结构的组织方式、结构和设备管线的关系，那么结构也可以成为一种界面造型的元素。适当的暴露，可以表达清晰的传力逻辑，同时使建筑的顶界面产生丰富的视觉形态和界面秩序。

基于楼盖本就具有的结构层级的形式，可以从改变梁板的位置关系、改变梁的组织关系等方面达到塑造界面秩序的目的。例如，奈尔维设计的罗马加蒂羊毛厂的楼板肋真实地反映了板的应力状态，通过改变梁在平面中的组织关系而形成具有韵律感的水平界面，并且有效地表现了屋面的应力状态和力流的汇聚过程，使结构的力学逻辑与建造逻辑和建筑的形式逻辑达成统一。

结构有自身固有的主次高低的层级关系，通过在空间位置关系上或尺度形态上对构件进行调整，可以更清晰地将层级关系展现出来，凸显明确清晰的传力路径和主次分明的构件组织关系，使构件各有明确的分工，并且在视觉上得到强化。由德国Huf Haus公司设计生产的预制房屋是以上漆的木构件为梁结构。承重梁主要负责承担来自楼板的荷载，连系梁用来维持各承重梁的稳定；承重梁和连系梁具有明显的空间位置差异及尺度差异，建筑以夸大构件差异的方式清晰地表达了各构件的不同作用。通过将原本可以置于同一平面的构件在竖向上拉开距离，在视觉上直接表明了构件层级的不同。虽然当两种构件置于同一平面形成空间结构体系时会更有利于受力，然而如此一来便失去了对结构作用的感知能力，同时也削弱了分层的结构在空间中的视觉表现力。

（二）屋面结构系统

与楼面的不同之处在于，屋面形态是多种多样的，其形态不仅对城市的天际线有影响，也展现出建筑的性格和空间的特质，具有各自的象征意义。如果没有结构受力合理的内在规律支配，独特的建筑形象也只是徒有其表。可取的做法是在屋顶的建筑形态和结构形态之间建立一种和谐统一的关系，而不是为了生成某种屋顶形态而完全被动地接受建筑形态的支配。屋面系统的层级化组织方式需要与屋面的整体形态、界面秩序及采光、排水等围护功能协同考虑。

在中小型建筑中，形成屋面形态的方式之一是通过主结构形成支架，以次结构塑造屋顶形态。次结构本身的力学形态与屋顶形态相契合。层级之间的空间位置及层级自身的几何形态是塑造屋盖形式的关键。

常见的做法是以梁作为主结构，为不同受力方式及不同形态的面构提供支撑，共同形成屋面结构系统。此处的梁不单指受弯剪作用的直梁单元，还包括能够为其他面构和线构提供支撑作用并能实现跨越能力的刚性线构单元，其自身形态也可以随着屋面形态而变化为曲梁、折梁等，可以是经过材料削减的空腹梁、桁架梁或是拉力显现的张弦梁，可以是直梁或根据各点的内力大小采用变截面梁，根据支撑条件的不同，拱形梁也可能成为合理的梁的形式。屋盖的结构对屋面形态的塑造和对力的抵抗是并行发生的过程，屋盖的组合方式有很多，但总体来说其基本组合方式可以归结为三种：梁支撑受弯构件、梁支撑受压构件、梁支撑受拉构件。很多形式的屋面组合都可以在这几种基本原型的基础上通过各种变形获得。

二、层级化的建筑意义

（一）肌理生成、秩序建立

结构具有“承载与空间”的双重属性，结构在建筑创作中的作用不仅限于承载作用，也是塑造建筑造型的主要元素，形成建筑空间的物质基础，表达建筑思想的主要方式。

结构层级化的思维和设计方式影响着建筑秩序的生成。结构层面的秩序在于反映材料选择的合理性和结构组织方式的科学性，建筑层面的秩序有三层含义：其一是空间形态的秩序，可以表达为建筑空间与结构形式的匹配关系；其二是建筑界面的秩序，即通过有规律地组织排列结构构件，关注材料的运用和尺度的表达，结合虚实、明暗、粗细、轻重、色彩等对比手法，可以使建筑造型获得层次感与韵律感，妥善处理结构隐藏与暴露的关系，结构层级的显现、隐现、隐藏将对建筑造型造成不同的影响；其三是构件在空间中的秩序，构件的层级秩序有助于对空间特质的塑造。

（二）本体设计思维

建筑创作需要关注的基本问题是如何创造并实现符合建筑本体规律的物化形态，正是借由材料、结构、构造、设备、施工、建造等建筑赖以建立的基本要素方能获得建筑本体的表现性。其中结构对建筑本体设计的影响最为显著，结构以服从力学规律为前提，其整体形态、构件尺度、适用范围无不体现着建筑本体的内在规律。结构的物质实体及其组织关系共同构成了建筑实体的本体存在，设计结构的过程即为设计建筑的过程。结构层级化思维即为建筑本体设计思维的体现，并且可以作为建筑本体设计的一种创作思路，从结构层级化的角度发掘和释放结构的表现潜质，并创造性地呈现出来。

建筑设计要回归本体，关注建造问题，对于形式的创造基于合理的结构逻辑和建造规律之上，而不应当一味追求形式和表象。若执着于对表象的呈现或肤浅地表达建筑概念，最终很可能会难以达到预期的效果，造成材料的浪费，甚至惹来争议。例如，上海世博会的中国馆，其形似鼎，屋顶类九宫格，层层出挑的构架如同斗拱铺作，这些无不是中国元素的形象再现。但偌大的建筑毕竟不是斗拱，中国古代建筑中的斗拱，既完成了柱与架之间力的转换，同时又与整个建筑结为一体，成为表达中国古建筑之美的不可或缺的一部分，是一种精美的构造。而中国馆尺度巨大的出挑构件虽状似斗拱，但与斗烘的本体意义又相去甚远。楼板实际上是由斜柱支撑，荷载传递到四个巨大的核心筒上，外露的类似斗拱的构件由钢板架构成但不起支撑作用，毫无结构意义，仅仅是为了实现建筑的表象而存在。这类建筑呈现的不是本体的状态，而只是一个符号，材料意志和结构逻辑均被忽视。

同样是表达了斗拱的意向，由安藤忠雄设计的塞维利亚世博会日本馆则是建筑本体设计思维的表现。整个结构由两个斗拱式的结构单元组成，每个单元都是由小型胶合木构件在垂直的两个方向上层叠出挑。该项目需要在短时间内建造，采用规格化材料进行装配式生产，体现着建造过程的合理性。木质的纹理与柔和的光线让人感到柔和亲切，烘托出日式的空间氛围。安藤用现代技术诠释与演绎着日本传统古建的木构文化，巧妙地将装置性、临时性与对东方木结构的隐喻融合在一起。

（三）建造与建筑现象

建筑的建造过程是实现建筑本体的基础，建造使建筑得以真实存在，正是建造的过程赋予了建筑本体的生命力。建造是按照某种方式把各个要素及部分组成一个整体的过程，建造方式的确立、材料的选择、对建筑构件的处理和连接都是建造活动的重要内容，其目标是实现建筑的物理性能、空间围合及情感表达与体验。弗兰姆普敦在《建构文化研究：19世纪和20世纪的建造美学》一书中指出，“建筑的根本在于建造，在于建筑师应用材料并以之构筑成建筑物的创作过程和方法”。由此可见懂得建造是做好设计的基础，只有通过建筑师的理性思考将建筑的空间、结构与材料完美地组合在一起，才能创作出好的作品。建造的过程注重材料本身的意志和结构的逻辑性与真实性，影响着每一个使用空间的质量，通过合理的建造而形成的空间是一种有秩序的空间。只有这样才能打破建造方式与空间的对立，达到形式与建造的和谐，使之成为完整的统一体。

建造一边联系结构，另一边关联建筑现象。结构不仅是基于建造的形态呈现，更多的是通过技术逻辑的结构表达参与到建筑与空间的营造之中。结构层级化的构成方式表达了建造的过程和痕迹，并且形成一种全新的建筑现象。

建筑学关注的空间需求、人的感知、场所精神等问题与结构学关注的力流的传递、形态的稳定、系统的效率等问题在交互触发的过程中需要以恰当的方式得以兼顾。结构层级化是使建筑设计及建造过程的逻辑相协同的一种思维方式和技术策略。

三、建筑空间中的层级表现

（一）层级组织的显性表达

1.隐喻的建构

隐喻的建构是借助于象征传达建筑主体和个人思想的方式，结构的组织不仅在于物质的呈现，而是注入地域的文化隐喻和精神意义，形成引起人们情感共鸣的建构表达。结构不仅作为建筑物质的技术要素，同时也成了艺术的载体而被赋予精神价值。结构的形态可以取材于某种事物的具体形态而又具有超越其本身的内涵，在特定场所中，恰到好处的形象象征能带给观者心理暗示，使人们感知到建筑所表达的文化内涵和精神气质。

2.文脉与场所

建筑的目的应该是满足人们物质和精神的双重需要。基于自身对文化与传统的深刻理解，借鉴那些在历史中形成的、能包容这些意义的隐喻形象，使传统文化通过当代的处理手法和技术手段得以重生；通过最深刻的场所营造带给人知觉的碰撞。

3.结构消解

结构消解是指通过多个同种类型或不同类型的结构在空间上竖向叠置，是以小体量的构件形成大体量支撑或跨越的一种方式，外力分散到各个层级中，每个层级构件的体量得以削减，从而呈现出结构的“空间性”，结构实体与之间的空隙形成虚实相生的界面，增添了空间的丰富性。

（二）层级组织的隐性表达

结构艺术与建筑创作的互动关系不仅在于显性的视觉表达方式，而且也会基于空间纯粹、形象表达等不同方面的考量，而对结构进行隐藏。结构已经超越了视觉层面的意义，而是以一种不露锋芒的姿态实现建筑空间的塑造。

（三）层级组织协同于空间

随着结构技术趋向成熟并成为模式得到推广，结构在建筑系统中的制约力越来越小，对建筑空间、形式所具有的积极意义逐渐退化。比如框架结构在应用初期对于建筑的更新具有革命性先导的意义。然而当同样的结构形式被反复地复制于各种类型的建筑时，模式化生产与设计的结果便使这种结构形式失去了艺术价值。最终可能会导致结构仅剩纯粹的技术作用，与建筑空间、形式没有必然联系，甚至相互矛盾。然而我们需要意识到结构的空间价值，通过实体结构可以直接定义空间，同时结构形态也源于内部空间的组织逻辑，空间布局和结构组织具有逻辑的一致性。

叠架作为一种结构层级化的方式，反映了空间组织与结构组织关系的相互推进、和谐统一。洛伊申巴赫学校通过桁架的堆叠创造了力流的传递路径，并形成了空间和界面。克雷兹认为结构具有丰富的意义及高度集成的能力，只有跳出固化的设计模式才能产生创新的设计思路，“如果设计的基础只是重复的平面，无论建筑物多么高，那你得到的永远是平坦的空间”。他在设计理念的引导下充分挖掘结构的拓展功能和表现潜力，并最终完成了融合建筑空间、形式和结构于一体的整合型设计。在克雷兹的设计过程中，空间操作和结构构思一般是通过模型试验同步展开的，从建成的形态中，也可以看出空间与结构的互动关系。建筑以功能分区在空间中的堆叠作为设计的指导思想，结构的组织方式与空间的形态相契合，最终形成从上至下逐渐内收、相互堆叠的三层桁架结构。桁架不仅是形成整体架构的受力构件，同时也是围合或分隔空间的界面。顶层的四个桁架在体育馆的外围，五层的桁架是分隔报告厅、阅览室与公共空间的界面，贯通二至四层的桁架是分隔教室与活动空间的界面。底层的六个支座和U形玻璃分隔了中央区域较为私密的空间和外围的休闲活动空间。空间和结构都是以堆叠的形式组织的，空间界面与结构构件完美地一一对应着。

第二节 建筑与结构的整合设计

一、建筑的整合设计：思维、平台和操作

（一）整合设计思维

建筑学和城市规划学引入系统思想的时间尚未考证，但现代学者接受和运用系统思想却是显而易见的。除了系统思想外，自然观、共生论、结构主义、宇宙源建筑等思潮都对建筑整合思想有一定影响。

自然的观念、机体论的概念是系统思想、整合思想的雏形和源泉，也是现代建筑理论中的基本概念。现代自然观认为，“自然界中的所有事物都努力保持其存在：事物的‘存在’即是它的‘流变’；结构是功能的先决条件”。这个观念具有明确的哲学意义，构成了“最优法则”问题。机体论则认为“整体不能分解为孤立的要素的行为”。亚历山大认

为“完整的建筑也必然总是具有自然的特征；模式的重复以及各部件的独特性，导致了有生气的建筑在其几何形上是流动和松弛的”“一个自然的建筑，需要每个窗台以及每个柱子都必须由容许它正确适应整体的自主的过程形成”。自主形成，即包含了要素的自性整合、个性整合，反对妥协与强加，反对简化与标准。基于对自然的观察和描述，要素的对立面才是整合的动力，必须得以保留。

“新陈代谢（Metabolism）是不同时间和空间的共生。部分与整体共生，内部与外部共生，建筑与环境共生，不同文化共生，历史与现在共生，技术与人类共生。”共生论强调了要素的差异性与多样性，反对绝对和唯一的标准，不应表达单一的价值体系，共生的目标是要素的自我表现。从这些方面看，共生论和前述的“个性整合”“自性整合”的意义初衷一致。但是，建筑作为系统，其最终目标是达到综合，实现最优，共生应当理解为要素和系统的阶段性关系。

结构主义（Structuralism）的特征在于强调对对象的整体性研究。“变化、生长与共存是结构主义理论核心；结构主义是对功能理性的取代。”结构主义认为“结构是一个包容着各种关系的总体，这些关系由可以变化的元素构成。元素的改变需要依赖于整体结构，但可以保持自身的意义。元素的互换，不改变整体结构，而元素间的关系更改则会使结构系统发生变化；任何领域中问题的解决关键在于它们内部的组织关系，这种关系可用数学模式来描述”。功能理性主义强化了要素的功能独立性，而忽视了要素间关联性，类似于模块化理论，而结构主义关注要素间的关系，寻求系统秩序性和整体性的建立。要素只能通过结构来发挥作用，如单词只有按照语言排列才能表达意义，如有限的音符可以形成各种美妙的乐曲。因此可以推断，决定形式的是构成方式而不是构成元素。结构主义部分具有了系统思想的特点。如果说结构主义更注重的是对于系统的结构划分，那么，整合思想则是注重了划分后的重组与优化。

柯布西耶在走向新建筑中指出：“建筑是创造着世界的人类的第一表现，人们按自然的形象来创造世界，符合于自然法则，符合于统治着我们的自然和我们的世界的法则。重力、静力、动力的法则是以归谬法使人服从的，不挺住就倒塌。”查尔斯·詹克斯提出的“宇宙源建筑”认为“建筑应尽量接近自然；自组织、涌现和向更高（或更低）层次的跃迁；保持最大程度的差异性”。

伦纳德&贝奇曼较为明确地论述了整合建筑，“整合是指把全部的建筑组成成分以综合的方式协调在一起，并且强调在不妥协局部个性的前提下，使局部协调在一起”。建筑子系统包括用地、结构、围护、机械及室内五大类。建筑系统硬件间整合是通过三个不同的目标来实现的：物理的整合，视觉的整合，性能的整合。人类的建筑实践经历着从以结构为主导的思维，向更注重性能，和以系统思想为基础的转变。在建筑学中通过设计和技术整合，可以实现不同的系统组织层次。

“整合的建筑设计依赖于一个多专业组成且紧密合作的团队，所有的决定建立在有着共同的价值观，为取得成功而遵守共同的约定，共同承担着项目确定的使命。”“整合设计是建筑设计中注重整体性的方法，与传统设计比主要在于目标与侧重点的不同。主要区别是建筑师不只是形式设计者，还积极参与探索各种想法，是起到积极作用的专家团队中的一分子。”“建筑整合设计要求专业交叉及综合的设计方法，设计是非线性的过程，要求分析、评估、综合，并作出决定，在设计初期就对设计结果予以分析，都是很关键的。分析设计结果，理清构件、部分与整体间关系，材料与性能，建造，环境设计，数字技术的运用是必不可少的。”因此，除了团队的整合，一个合适的技术平台也是整合设计中必不可少的。

显然，建筑整合设计思维主要源于系统思想，以达到建筑系统的整体最优为目标，其主要的思维方法是把建筑分解为若干个相对独立的子系统（要素），首先对各子系统予以自身性能的优化，进而重组、协调各子系统间的结构关系，建立相互协同的反应机制，最终诱导、激发系统性能的提升，是由串行分工设计到协同合作设计的转变。

（二）技术平台与BIM

建筑整合设计是优化各子系统及其之间的关系，这就意味着获取全面、准确的各子系统（要素）信息变得极为重要，建筑整合设计思想需要技术手段和方法予以操作和实现，如同飞机设计制造的全过程对于数字化平台CATIA的依赖，建筑设计中也诞生了BIM（Building Information Modeling），即建筑信息模型，以数字代替实物模型，以数字仿真的形式提供了可视化的共享交流平台，各子系统的信息实时交换，把可能的冲突与矛盾及时化解，并且能够进行性能分析与优化，最终的生成数据用于设计、建造、维护全生命周期。

整合设计的技术平台的构建关乎多学科介入和多要素的协同和控制，以BIM为例，它提供了一个信息共享和交互的平台，同时对不同的专业操作对象设定了一个共同遵守的目标任务，只有在统一的平台上，执行共同的目标才能使设计具有整合性方向。因此，信息共享、目标设定和对象选取，以及多学科介入就构成了运用BIM平台实现整合设计的关键。

1.信息共享与交互

BIM把建筑各子系统（要素）的信息综合在共享模型之中，整合设计的过程可以从以下四方面进行修改、共享模型信息。

首先，几何可视的“形态优化”，BIM模型是三维的数字化构件，并以仿真、可视的几何模型直观表现，调整优化几何信息，比如构件的几何尺寸大小及类型，构件形态即可以被实时观察、评估、对比、再修改，构件信息从量变到质变，构件（要素）的差异性和个性被保留，最终可以得到符合设计意图的构件形态。在结构整合设计操作中，依据结构分析数据反复调整结构构件的截面类型、几何尺寸，能够得到受力合理、效能提升的结构构件形态，是结构自性整合的一部分。

其次，物理整合的“碰撞检测”，结构、围护、设备等构件都被纳入模型之中，并共处在建筑空间之中，构件之间的定位关系是否恰当，甚至冲突能够以数据的方式显示出来，为整合设计的进一步操作，重组构件之间的关系，提供了可靠依据。“各数字化构件实体之间可以实现关联显示、智能互动”。比如，在整合设计中如果发现结构构件与设备管线相互碰撞，则可以对二者做出修改与调整，使结构（或管线）构件的形态更加适应对立面的需求，降低构件之间的矛盾性，在不丧失构件属性的前提下使其协调在空间之中，可以有效理顺、提升建筑的功能，是建筑系统功能整合必不可少的步骤。

再次，视觉整合的“形式美观”，各构件在自身形态优化、空间共处之后还必然地反映在建筑的界面之中，构件之间的几何关系是否符合形式美规律应当被进一步考量。运用BIM构件信息的反复修改，可以调整构件间的尺度对比、比例划分、空间定位、构造逻辑，提取并表达出各要素在形式层面的共性，强化某些构件的形式特征，使其易于知觉、辨析，而弱化某些构件在形式中表达，使建筑的整体形式反映出自身的品格，或能够响应某种环境文脉。比如，建筑立面中的结构表达运用BIM进行优化，可以反映出结构的传力属性，强化对于结构的认知，并且可以透射出建筑的真实品格，使建筑的外在形式与内在功能取得一致，达到或接近完形整合的状态。

最后，设计建造的“全程交换”，BIM的信息共享不仅仅有力支撑了整合设计过程，还可以把数据准确地传输到设计后的加工建造阶段，这种信息数据“全程交换”的重要性在于：一些运用参数化设计较易实现的复杂造型，能够运用数字化建造技术，更准确地被建造起来。因此，对于整合设计的最终实现，参数化设计与数字化建造是不可分割的两个阶段。运用BIM对于构件的形态优化，可以轻松地产生“连续差异性”的形态变化，其中包含了大量相似却又不同的构件数据，运用人工方法建造几乎无法区别，但如果把这些数据传输给机器人则可以被准确地读取之后用于建造。举例而言，“工业机器人能完成参数化砖墙的砌筑，在程序指令下，它可以按照准确的间隔、角度把砖放在准确的位置。机器人在不增加额外的时间和体力的情况下轻松找准了每块砖的位置，而人工是不可能的”。因此可以说，BIM的信息全程交换，确保了数字化建造是参数化平台下整合设计的建造实现。

2.目标设定和对象选取

运用BIM作为整合设计的技术平台，能够提供参数化设计及数字化建造的良好技术支撑，但是需要清楚的是，最终的设计成果是否具有整合性仍取决于设计思维本身，其中整合目标设定和整合对象选取尤为重要。

以“性能整合”为目标，才能够确保建筑系统性能的提升。BIM设计的优势在于协同设计、算法设计、性能分析，各子系统都可以运用BIM实现自身的性能优化，这是系统性能整合的基础与准备。如果BIM的运用仅停留在“碰撞检测”的空间共处，“形态优化”的构件修正，以及“形式美观”的比例及尺度推敲等初级层面，则很难保证建筑系统性能的整体提升。比如，结构子系统若以低劣的性能参与到建筑系统的整合，则决定了建筑性能的先天不足，因为性能整合是功能整合的基础。遗憾的是，设计行业中运用BIM平台主要作为绘图工具，对结构的性能分析还是基于传统思维和操作。

“整合对象”的选取，决定了整合目标的实现程度。BIM选取不同构件作为信息处理对象，得到的是不同构件的整合。简言之，仅选取幕墙构件进行能耗分析、构造设计，只能决定建筑的幕墙子系统是整合设计的，而无法涉及结构、设备等系统。正因参数化设计中选取结构作为整合对象，才有了“数字建构”的概念。结构与建筑参数化整合设计的方法，其核心是选取结构子系统作为整合对象的参数化设计。正是参数化对象的不同决定了整合结果的差异性。

3.多学科介入

如同飞机设计的多学科设计优化，充分利用了各个学科（子系统）之间的相互作用所产生的协同效应，建筑整合设计也必须依赖于多学科的介入，“建筑整合设计依赖于一个多专业组成且紧密合作的团队。……建筑中除了传统的建筑与工程设计资料，还需要其他一些专门设计……”需要强化的是，建筑整合设计不仅仅需要建筑相关专业的紧密配合，建筑以外的其他学科的介入也是实现整合的有效技术手段和渠道。哈迪德为了实现其作品的复杂性，建立了“300多人的团队”，充分运用数学、几何、拓扑优化的设计方法，其中“拓扑几何和拓扑优化正在建筑和结构的整合设计中发挥意想不到的作用”。

综上所述，整合设计技术平台构建逻辑可以归纳为：以建立整合思维为前提，由多学科介入，明确制定出整合设计的目标、原则、层次及操作路径等，借助于合适的技术设计工具，对设计与建造的全过程全周期的控制。

二、建筑·结构的功能整合设计

结构的自性整合设计是结构子系统自身的性能优化，是参与建筑系统整合的准备，是结构“承载属性”的整合，而结构“功能属性”的整合则是紧随其后的第二个层次，是结构对建筑系统的贡献与价值体现，只有与建筑实现功能属性（空间、界面）的整合才是对于结构整合问题的更全面认识。

功能整合是在实现结构性能整合的前提下，实现结构与建筑空间、界面的整合，是结构能动地作用于建筑的过程，也是结构的个性整合与自性整合的功能拓展和形式表达。建筑具有空间性，结构也具有空间性，空间通过界面来实现自我，它们需要依赖彼此获得

"存在"，这即构成了结构—空间—界面的"三位一体"。

（一）功能整合的演进

1.整合—分离—再整合

砖石建筑时期，结构尚扮演着让建筑站起来的崇高角色，结构与建筑的概念没有严格界限，结构与空间、界面是自然的整合关系。但此时的结构是厚重的巨梁巨柱，并不能很好地满足人类对于自然光的渴望，"建筑的历史显示了穿过由重力所产生的自重的结构获得光线的不懈的斗争。这一斗争就是窗的历史。这获取光线的斗争以一种特殊的形式运用于建筑中"。因此，结构的约减和空间的开敞一直伴随着人类对于结构的认识在逐步发展。

维特鲁威的建筑三原则"实用、坚固、美观"统治了西方建筑界至少千年的时间，结构的主角一直没有被撼动过，结构始终是建筑评价不可或缺的要素。罗马弯顶展示了结构创造空间的能力，奥古斯特·佩雷、维奥莱特·勒·迪克等理性主义者们则坚定地宣扬了结构的崇高地位，所有这些认识及言论都是建立在结构与建筑的整合阶段。

空间概念的出现远远晚于结构概念，正如彼得·柯林斯所言，"作为建筑的一个基本要素的概念，在人类第一次建造栖身之所或对其洞穴进行构造上的改进之时，一定已经初具雏形了。但是直到18世纪以前，就没有在建筑论文中用过空间这个词，而将空间作为建筑构图的首要品质的观念，直到不多年以前还没有充分发展""从19世纪开始，就有许多德国的美术家在现代建筑的意义上来使用'空间'这个术语"。

当空间取代结构成为建筑的核心后，直接结果是结构与建筑开始走向分离。从此以后，在建筑构图的创作上，空间被看成是结构的孪生伙伴，而从连续的视点产生的空间关系的感觉，成了被追求的主要美学体验。在分离时期，空间体验几乎是设计关注的全部，结构的感知已被极大弱化，结构空间和形态处于"隐"的状态，结构仅作为一种技术手段来尽量满足建筑的需求，空间和界面与结构也没有了对应关系，结构的功能整合也就丧失了。

然而，结构作为建筑系统中的不可或缺的要素，特别是担负着保证建筑"坚固"的重任，最有理由成为建筑中的主角，于是在某些当代建筑中，特别是系统思维和可持续性理念兴起后，结构在建筑的空间和界面中又走向了整合，不妨称之为"再整合"时期。结构作为视觉要素和空间要素的作用被刻意放大，有时甚至是"努力为表现而表现的夸张结构技巧"，结构自性整合得到凸显，经常作为独立要素被评价和感知，而不同于砖石建筑时期的自然流露。此时结构和表现的概念常联系在一起，结构在空间和界面中的整合经常被冠以"高技术"的含义，如高技派建筑中的结构表现、技术表现。然而，结构表现的概念具有双重语义：一方面肯定了结构对于视觉感知的重要性，另一方面又暗指这种表现是刻

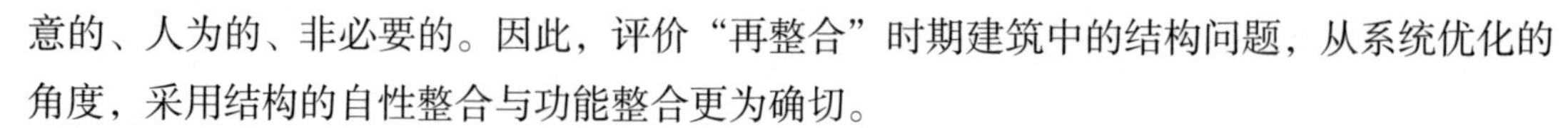

意的、人为的、非必要的。因此，评价“再整合”时期建筑中的结构问题，从系统优化的角度，采用结构的自性整合与功能整合更为确切。

2.由厚重到轻薄

伴随着结构与建筑的“整合—分离—或整合”的关系演变，结构自身的发展也是明确的，呈现出“由重到轻，由厚到薄”的渐变特点，是结构效能由低到高、由隐到显的过程，是结构性能整合的逐渐实现。这和人类对自然的认识和探索有关，重力的克服，光线的获得，精确性的追求，特别是当今艺术与建筑思潮“极少主义”的盛行，都促使结构向更高的效能迈进。

S.吉迪恩提出了三种空间基本概念：“最初的建筑空间概念是同产生自各种体量的力、体量间的各种关系以及相互作用有关，它是和埃及与希腊的发达联系在一起的，它们都是从体量产生的现象。2世纪建造的罗马万神庙弯顶，标志着打开了第二种空间概念的突破口，从此之后建筑的空间概念基本上同挖空的内部空间是一视同仁的。第三种空间概念尚在摇篮时期，它主要是和建筑空间的内侧与外侧相互作用问题有关。实际上，第三种空间概念产生于1929年，密斯的巴塞罗那国际博览会德国展览馆，千年来的内部空间的分隔被一笔勾销，而只通过一幅大面积的玻璃墙来表示。空间从如紧身衣一样的封闭墙体中解放了出来，并开始流动。”显然，吉迪恩的空间概念是建立在结构进步的基础之上，建筑空间由封闭到开敞再到流动，基本上也是结构由重到轻、由厚到薄的过程，也是结构逐渐约减的过程。

密斯为了实现空间的流动性，尽量减少了承重墙体的使用，结构体系的设计，特别是竖向承重柱的设计显得非常关键。因为柱决定了梁和楼板的跨度，也就决定了空间的尺度。不可否认，密斯对于结构、材料和建造的关注已经极大地影响了现代建筑的发展，密斯对于框架结构的热爱已经超越了迪克、佩雷等前辈，并且发展了以皮肤与骨头的关系来比喻围护结构与支撑结构的关系的“皮包骨”理论。但是，我们应该看到，“皮包骨”理论在很大程度上是基于结构与建筑处于分离状态，并不符合建筑系统优化的概念，理想状态是支撑结构同时具有围护结构的功能。但有一点可以肯定，密斯是从结构入手的，并挖掘了结构的表现力，充分体现了结构的秩序、空间、比例，其建筑形式的来源是结构。“密斯曾提到结构是哲学性的，结构是一个整体，从上到下，直至最后一个细节都贯穿着同样的观念……维纳·伯拉塞说道，“在密斯看来，人们乐此不疲地追求毫无根据的形式，这实在是荒唐不经和不足挂齿的了”。

“对许多建筑而言，表现结构已经是生成空间与造型的主要元素。实际上，建筑历史学家区分了两种主要的方法：一是空间的限定通过表现结构实现（理性主义建筑师），二是空间的生成是脱离结构的形态塑造（形式主义建筑师）。但是，更多情况下建筑师认为结构是脱离建筑的核心价值的，结构设计被看作仅仅是安全的保证，不是丰富空间的表达。……维奥莱·勒·迪克的理论对于今天的建筑仍非常可行，因为其理论的支点是呼吁新材料与新技术的整合。结构能够确立并且表达建筑的空间与形式秩序。”

结构性能的极大发展，必然是精确的、去除多余元素的结果，是对结构本质属性承载的反映，这种趋势恰恰是“极少主义”的追求目标。约翰·帕森曾经给极少主义下过这样的定义：“当一件作品的内容被减至最低限度时它所散发出来的完美感觉，当物体的所有组成部分、所有细节及所有的连接都被减少或压缩至精华时，它就会拥有这种特性，这就是去掉非本质元素的结果。”自然界正如牛顿所说“不做任何多余的事”，因此自然界对简单的偏爱也反映在人类的建造活动中，一个肥皂泡总是以表面积最小的形式——半球形存在。（穹窿顶的极少内涵）……柯布西耶认为人越有修养，对装饰的追求就越少，卢斯认为“装饰是罪恶”，密斯认为“少就是多”。受极少主义的影响，建筑中的非本质元素应尽量地剔除，结构作为建筑中最本质元素将会得到凸显，结构性能整合及功能整合是必然趋势。

（二）空间的整合：结构的存在

1.整合中的空间与结构

（1）空间属性的本质

海德格尔把建筑的本质理解为人的栖居，把栖居理解为人在大地上“是”的方式，归属于栖居的建筑以场所的方式聚集天、地、神、人四重整体。海德格尔从人之所是的活动中（而不是笛卡儿式的静观中），揭示了空间的发生与来源。

在建筑实践中，密斯的模数空间、中性流动空间，赖特内外结合的空间，柯布西耶的柱支撑结构形成的开放空间等，都把建筑空间看成是欧几里得几何空间的机械组合。传统建筑“空间”的本质就是场所，它与现代建筑空间存在本质的区别。场所不是虚空，是物与物之间的关系。而这种“关系”空间观已被现代建筑的“实体”空间观所遮蔽；既然空间的获得需要被设置，并从边界开始其本质，那么可以认为，当结构开始被建造的那一刻，空间就发生了。因此，结构在实现承载的同时获得了空间性。

（2）空间与承载：结构的双重属性

人类建造结构的目的是什么？是空间的获取。与结构实体性的存在相比，空间却是其下的虚空部分，是“无中生有”的辩证关系。从海德格尔的存在哲学看，结构的建造本身创造了边界，即获得了空间性；从老子的“无中生有”哲学和森佩尔的“动机—要素”说看，结构的功能性也是空间性的获取。这样一来，结构就具有了“空间与承载”的双重属性，也构成了结构的“功能整合与性能整合”的两个基本依据。

正是结构的“空间与承载”的双重属性，使得结构与建筑的整合显得意义非凡。建筑中的结构不同于其他语境中的结构，是被精心设计的，并可以被感知到，因此，建筑结构应该以不同的方式来考量。建筑结构区别于其他结构，在于结构与建筑的空间、形态、概念、表皮间存在着整合关系。……从概念上讲，正是结构与建筑空间、形式表现间的整合关系才能描述和刻画结构的特点，而仅仅依靠承载功能是不够的。从技术与科学的角度看，结构具有承载功能，结构形态提供了强度、刚度和稳定；另一方面，结构参与了组织建筑空间及建筑表现。结构的这种“空间与承载”双重属性由于逐渐混合的发展趋势，使自身的功能性得以强化。结构的形态特点需要从力学性能和空间功能两方面来解释，因此，若要对建筑语境下的结构有个全面的理解，空间功能和力学性能是两个基本点。

总之，空间是某种被设置的东西，并从边界开始其本质，结构一旦建造就成为空间的边界。空间即刻发生，但通常情况下，建筑空间是区分内外的，这就产生了两种不同意义的结构空间：一种是结构覆盖的建筑内部空间（内部模式），这是通常意义的结构空间整合的模式，结构构形的每一点变化都与建筑空间的体验与使用有密切联系，结构空间整合需处理与其他子系统间的物理、性能、视觉等层面的关系；另一种是结构之外限定的空间（外部模式），与外部环境密切有关，这主要是感知意义的结构空间与结构的内部空间并不密切，主要是对结构行为的判断，对结构内在传力方式的一种感知，如架空、悬挑、桥梁及构筑物等。

（3）整合空间中结构存在的强化

虽然结构的空间性已言甚详明，但在很多情况下这种空间性可能完全淹没在建筑之中，结构的存在让人无法感知。在功能整合设计思维中，如果通过调整结构与建筑的空间整合关系（空间属性>承载属性），结构的存在感会得到大大强化，其结果可能大相径庭或焕然一新。在建筑空间里，首先，有一个结构问题和它密切相关，即平面柱网配置，从柱网的正交布置到异化，空间呈现非常大的变化，这可以归纳为柱网平面操作（柱网→空间）。其次，结构构形与空间密切相关，构形的异化导致空间形态的改变，这可以归纳为几何构形操作（构形→空间）。

2.高级几何构形操作

如果说柱网平面操作局限于二维、三维间的简单切换，是结构的空间属性的简单几何描述，具有规则性和标准性，是传统知识可以轻松驾驭的，那么，复杂的建筑空间与复杂的结构构形间的整合就要借助于高级几何，以解决连续不规则的非标准构形问题。欧氏几何之后的代数几何、微分几何、拓扑几何、分形几何、计算几何等。为建筑形态的生成提供了合理的依据，并且为建造过程中的分析及优化提供了支持。

对于结构整合而言，高级几何不仅体现在作为建筑参数化设计的工具意义，还主要体现在高级几何数学思维下的结构构形及空间整合模式受到的启发与影响。高级几何更多的是描述自然界的形式，可以最贴切地用来阐释自然结构的自主构形原理，从而可以作为设计工具帮助人工结构的几何构形逐渐靠近（拟形）自然结构。

塞西尔·巴尔蒙德的异规结构哲学阐释了传统结构知识之外仍具有极大的结构潜力。异规中没有清晰的规则、固定的模式，也不存在盲目的复制，是一种强调表面而非线条、区域而非点、散布而非等分、运动轨迹而非固定中心的非线性思维方式，追求一种趋于生物形态和自由的结构和形式。一方面异规结构阐释了结构构形具有的广阔前景，不需要拘泥于规则均衡的柱网，可以是动态、自由、混合的体系；另一方面异规结构关注的是结构，认同了结构对于建筑的控制力，也正是结构的异规让建筑在某种程度上要"屈服于"结构，结构的空间整合成为理所当然的事。巴尔蒙德认为"结构就是建筑"，倡导一种由内而外的建构方式，异规思想并非把直接克服重力荷载竖向传递方式作为首要问题，而是探寻一种整体性的解决策略。这种策略既能与外部形式共鸣又能在内部空间塑造上拥有丰富的细节。从而结构、表皮、空间不是各自分离的体系，而是成为一个彼此关联的相辅相成的反应"回路"。

如果高级几何仅用于建筑外在形体的设计工具，而不是运用结构构形设计，必将导致建筑的复杂与结构的简单之间的矛盾，使失去了结构逻辑的建筑外形言之无物，高级几何的价值应当体现在促成复杂建筑空间与结构构形逻辑的整合上。

高级几何至少在三个层面作用于结构构形设计：一是单元构件的形式或截面形式运用高级几何构形，拟形于内力变化或逼近材料的自主构形（内力层面）；二是单元构件的组合关系运用高级几何构形，结构体系呈现高级几何的特点，单元构件构形不一定拟形于内力变化（几何层面）；三是结构体系限定或围合的空间形态由高级几何控制，并且在高级几何的规则下结构与建筑实现空间整合（空间层面）。显然，目前运用高级几何的结构构形大多处于第二层面（几何层面），因为结构体系呈现高级几何的特点最容易在建筑界面中表达，能够最直接地反映出设计意图。

结构的高级几何构形操作可有以下途径。无柱网：匀质、规则的柱网被取消，代之以高级几何特点（如分形、拓扑）的构件排布方式，结构排布呈现渐变、放射、分形、嵌套等连续差异性的变化；无等级：等级分明的主次梁结构、板梁、柱的逐级荷载传递路径，被弱化或消解，构件的无差别化凸显；无均衡：平衡、稳定、对称、平直的结构构形被动态、失衡、弯曲的结构构形取代，结构的离散化凸显；无中心：建筑的空间与界面形态呈现流动、交叉、渗透，突变、跳跃，传统的几何中心被削弱，结构的空间性被凸显。

如果要从内力、几何、空间三大层面衡量高级几何对于结构构形与空间整合的作用，可能非线性的曲面结构才具有代表性，非线性的壳结构就具有这三方面的优势，壳结构是形效结构，先天具有优良的结构效能，壳结构也是最具有空间性的覆盖结构，最易于和建筑取得空间整合。结构不但支撑建筑，而且定义了空间。

第五章　建筑钢结构设计

第一节　钢结构设计概论

一、钢结构的特点和应用

钢结构具有强度高、自重轻、抗震性能好、施工速度快、地基费用省、占用面积小、工业化程度高、外形美观等一系列优点，同时能够实现材料的循环利用，降低能耗、不可再生资源消耗量以及碳排放量，符合我国可持续发展战略以及创建节能环保型社会的理念，属于绿色环保建筑体系，在房屋建筑领域被广泛采用。由于钢结构已经成为国内外建筑业发展的主流和趋势，预计未来几年钢结构行业将快速扩张。

（一）钢结构的特点

钢结构在工程中得到广泛应用和发展，是由于钢结构与其他结构相比有下列特点。

1.材料强度高

钢的容重虽然较大，但强度却高得更多，与其他建筑材料相比，钢材的容重与屈服点的比值最小。在相同的荷载和约束条件下，采用钢结构时，结构的自重通常较小。当跨度和荷载相同时，钢屋架的质量只有钢筋混凝土屋架质量的1/4 ~ 1/3，若用薄壁型钢屋架或空间结构则更轻。由于质量较轻，便于运输和安装，因此钢结构特别适用于跨度大、高度高、荷载大的结构，也适用于可移动、有装拆要求的结构。

2.钢材的塑性和韧性好

钢材质地均匀，有良好的塑性和韧性。由于钢材的塑性好，钢结构在一般情况下不会因偶然超载或局部超载而突然断裂破坏；钢材的韧性好，使钢结构对动荷载的适应性较强。钢材的这些性能为钢结构的安全可靠提供了充分的保证。

3.钢材更接近均质等向体，计算可靠

钢材的内部组织比较均匀，非常接近均质体，其各个方向的物理力学性能基本相同，接近各向同性体。在使用应力阶段，钢材处于理想弹性工作状态，弹性模量高达206 GPa，因而非线性效应较小。上述性能与力学计算假定较为符合。因此，钢结构计算准确、可靠性较高，适用于有特殊重要意义的建筑物。

4.建筑用钢材的焊接性良好

建筑用钢材的焊接性好，使钢结构的连接大为简化，可满足制造各种复杂形状结构的需要。但焊接时温度很高，且分布很不均匀，结构各部位的冷却速度也不同，因此，在高温区（焊缝附近）材料性质有退化的可能，且会产生明显的焊接残余应力，使结构中的应力状态复杂化。

5.钢结构制造简便，施工方便，具有良好的装配性

钢结构由各种型材组成，都采用机械加工，在专业化的金属结构厂制造，制造简便，成品的精确度高。制成的构件可运到现场拼装，采用螺栓连接。因结构较轻，故施工方便，建成的钢结构也易于拆卸、加固或改建。

钢结构的制造虽需较复杂的机械设备和严格的工艺要求，但与其他建筑结构比较，钢结构的工业化生产程度最高，能成批大量生产，制造精确度高。采用工厂制造、工地安装的施工方法，可缩短周期、降低造价、提高经济效益。

6.钢材的不渗漏性良好

钢材的组织非常致密，当采用焊接连接，甚至铆钉或螺栓连接时，都易做到不渗漏，因此钢材是制造容器，特别是高压容器、大型油库、气柜、输油管道的良好材料。

7.钢材易锈蚀，应采取防护措施

钢材在潮湿环境中，特别是在有腐蚀性介质的环境中容易锈蚀，必须涂油漆或镀锌加以保护，而且在使用期间还应定期维护。这就使钢结构的维护费用比钢筋混凝土结构高。我国已研制出一些高效能的防护漆，其防锈效能和镀锌相同，但费用却低得多。

8.钢结构的耐热性好，但防火性差

钢材耐热而不防火，随着温度升高，强度明显降低。温度在250℃以内时，钢的性能变化很小；温度达到300℃以上，强度逐渐下降；达到450～650℃时，强度几乎完全丧失。因此，钢结构的耐火性能较钢筋混凝土差。为了提高钢结构的耐火等级，通常采用包裹的方法。但这样处理既提高了造价，又增加了结构所占的空间。我国成功研制了多种防火涂料，当涂层厚度达15mm时，可使钢结构的耐火极限达到1.5h，通过增减涂层厚度，可满足钢结构不同耐火极限的要求。

（二）钢结构的应用

在工程结构中，钢结构是应用比较广泛的一种建筑结构。一些高度较高或跨度较大的结构、荷载或吊车起重量很大的结构、有较大振动荷载的结构、高温车间的结构、密封要求很高的结构、要求能活动或经常装拆的结构等，可考虑采用钢结构。按其应用的钢结构形式，可分为以下十一类。

1.单层厂房钢结构

单层厂房钢结构一般用于重型车间的承重骨架，例如冶金工厂的平炉车间、初轧车间、混铁炉车间，重型机械厂的铸钢车间、水压机车间、锻压车间，造船厂的船体车间，电厂的锅炉框架，飞机制造厂的装配车间以及其他工厂跨度较大车间的屋架、吊车梁等。我国鞍钢、武钢、包钢和上海宝钢等几个著名的冶金联合企业的许多车间都采用了各种规模的钢结构厂房，上海重型机器厂、上海江南造船厂中都有高大的钢结构厂房。

以上提到的冶金工业、重型机器制造工业以及大型动力设备制造工业等的很多厂房都属于重型厂房。厂房中备有100t以上的重级或中级工作制吊车，厂房高度达20～30m，其主要承重结构（屋架、托架、吊车架、柱等）常全部或部分采用钢结构。有强烈热辐射的车间也经常采用钢结构。

2.大跨钢结构

大跨钢结构在民用建筑中主要用于体育场馆、会展中心、火车站候车室、机场航站楼、展览馆、影剧院等。其结构体系主要采用桁架结构、网架结构、网壳结构、悬索结构、索膜结构、开合结构、索穹顶结构、张弦结构等。

在各类大跨度结构体系中，网架结构由于平面布置灵活、结构空间工作性能好、用钢量省、设计施工技术成熟等优点，自20世纪80年代以来得到迅速发展，目前我国网架结构的覆盖面积达到世界第一。

3.多层、高层钢结构

钢结构具有自重小、强度高、施工快捷等突出的优点，多层、高层尤其是超高层建筑，采用钢结构尤为理想。因而自1885年美国芝加哥建起第一座高55m的钢结构大楼以来，一幢幢高层、超高层钢结构建筑如雨后春笋般拔地而起。如巴黎的埃菲尔铁塔、东京的东京塔、芝加哥的西尔斯大厦、纽约的帝国大厦，国内的天津高银117大厦、天津津湾广场9号楼、香港中银大厦等，它们既是大都市的标志性建筑，又是建筑钢结构应用的代表性实例。

4.塔桅结构

钢结构还用于高度较高的无线电桅杆、微波塔、广播和电视发射塔架、高压输电线路塔架、化工排气塔、石油钻井架、大气监测塔、旅游瞭望塔、火箭发射塔等。这些结构除了自重较小、便于组装外，还因构件截面小而大大减小了风荷载，取得了更好的经济效益。

5.板壳结构的密闭压力容器

钢结构常用于要求密闭的容器，如大型储液库、煤气库炉壳等要求能承受很大内力的容器，另外，温度急剧变化的高炉结构、大直径高压输油管和煤气管道等也采用钢结构。一些容器、管道、锅炉、油罐等的支架也采用钢结构。

6.桥梁结构

由于钢桥建造简便、迅速，易于修复，因此钢结构广泛用于中等跨度和大跨度桥梁中。我国著名的杭州钱塘江大桥是最早自己设计的钢桥，此后的武汉长江大桥、南京长江大桥均为钢结构桥梁，其规模和难度都举世闻名，这标志着我国的桥梁事业已步入世界先进行列。上海市政建设重大工程之一黄浦江大桥也采用钢结构。

7.移动结构

钢结构可用于装配式活动房屋、水工闸门、升船机、桥式吊车和各种塔式起重机、龙门起重机、缆索起重机等。这类结构随处可见，这些年高层建筑的发展促使塔式起重机像雨后春笋般矗立在街头。我国制定了各种起重机系列标准，这促进了建筑机械的大发展。

需要搬迁或拆卸的结构，如流动式展览馆和活动房屋等，采用钢结构最适宜，不但重量轻，便于搬迁，而且由于采用螺栓连接，便于装配和拆卸。

8.轻钢结构

在中小型房屋建筑中，弯曲薄壁型钢结构、圆钢结构及钢管结构多用在轻型屋盖中。此外，还有用薄钢板做成折板结构，把屋面结构和屋盖的主要承重结构结合起来，使其成为一体的轻钢屋盖结构体系。

荷载特别小的小跨度结构及高度不大的轻型支架结构等也常采用钢结构，因为对于这类结构，结构自重起重要作用。例如，采用轻屋面的轻钢屋盖结构，耗钢量比普通钢结构省25%～50%，自重减小20%～50%。与钢筋混凝土结构相比，用钢指标接近，但结构自重却减小了70%～80%。

9.受动力荷载作用的结构

由于钢材具有良好的韧性，直接承受较大起重量或跨度较大的桥式吊车的吊车梁，常采用钢结构。此外，设有较大锻锤或动力设备的厂房，以及对抗震性能要求高的结构，也常采用钢结构。

10.其他构筑物

运输通廊、栈桥，各种管道支架以及高炉、锅炉构架等也常采用钢结构。如宁夏大武口电厂采用了长度为60m的预应力输煤钢栈桥，已于1986年建成使用。近年来，某些电厂的桥架也采用钢网架结构等。

11.住宅钢结构

面对黏土砖生产破坏耕地、水泥生产破坏植被，将造成严重的大气污染，而我国的人均耕地面积和人均植被面积均位居世界榜尾、钢材生产过剩等现实，国务院提出了要发展钢结构住宅产业，在沿海大城市限期停止使用黏土砖。这无疑是一项十分必要和适时的重大决策，对促进我国国民经济的持续发展，推动住宅产业的技术进步，改善居住质量和保护环境都产生了积极影响。

二、钢结构设计的思想和技术措施

（一）设计思想

钢结构设计应在以下设计思想的基础上进行。

（1）钢结构在运输、安装和使用过程中必须有足够的强度、刚度和稳定性，整个结构必须安全可靠。

（2）合理选用材料、结构方案和构造措施，应符合建筑物的使用要求，具有良好的耐久性。

（3）尽可能节约钢材，减小钢结构重量。

（4）尽可能缩短制造、安装时间，节约劳动工日。

（5）结构要便于运输、便于维护。

（6）在可能的条件下，尽量注意美观，特别是外露结构，有一定的建筑美学要求。

根据以上各项要求，钢结构设计应该重视、贯彻和研究充分发挥钢结构特点的设计思想和降低造价的各种措施，做到技术先进、经济合理、安全适用、确保质量。

（二）技术措施

为了体现钢结构的设计思想，可以采取以下技术措施。

（1）尽量在规划结构时做到尺寸模数化、构件标准化、构造简洁化，以便于钢结构制造、运输和安装。

（2）尽量采用新的结构体系，例如用空间结构体系代替平面结构体系，结构形式要简化、明确、合理。

（3）尽量采用新的计算理论和设计方法，推广适当的线性和非线性有限元方法，研究薄壁结构理论和结构稳定理论。

（4）尽量采用焊缝和高强螺栓连接，研究和推广新型钢结构连接方式。

（5）尽量采用具有较好经济指标的优质钢材、合金钢或其他轻金属，尽量使用薄壁型钢。

（6）尽量采用组合结构或复合结构，例如钢与钢筋混凝土组合梁、钢管混凝土构件及由索组成的复合结构等。

钢结构设计应因地制宜、量材使用，切勿生搬硬套。上述措施不是在任何场合都行得通的，应结合具体条件进行方案比较，采用技术、经济指标都好的方案。此外，还要总结、创造和推广先进的制造工艺和安装技术，任何脱离施工的设计都不是成功的设计。

第二节　单层厂房钢结构设计

一、单层厂房钢结构的组成和设计程序

（一）单层厂房钢结构的组成

单层厂房结构必须具有足够的强度、刚度和稳定性，以抵抗来自屋面、墙面、吊车设备等的各种竖向及水平荷载的作用。

单层厂房钢结构一般是由屋架、托架、柱、吊车梁、制动梁（或桁架）、各种支撑及墙架等构件组成的空间骨架。

（1）横向平面框架：厂房的基本承重结构，由框架柱和横梁（或屋架）构成，承受作用于厂房的横向水平荷载和竖向荷载并将其传递到基础。

（2）纵向平面框架：由柱、托架、吊车梁及柱间支撑等构成。其作用是保证厂房骨架的纵向不可变性和刚度，承受纵向水平荷载（吊车的纵向制动力、纵向风力等）并将其传递到基础。

（3）屋盖结构：由天窗架、屋架、托架、屋盖支撑及檩条等构成。

（4）吊车梁及制动梁：主要承受吊车的竖向荷载及水平荷载，并将其传到横向框架和纵向框架。

（5）支撑：包括屋盖支撑、柱间支撑及其他附加支撑。其作用是将单独的平面框架连成空间体系，以保证结构具有必要的刚度和稳定性，也有承受风力及吊车制动力的作用。

（6）墙架：承受墙体的重量和风力。

此外，还有一些次要的构件，如梯子、门窗等。在某些厂房中，由于工艺操作上的要求，还设有工作平台。

（二）单层厂房钢结构的设计程序

厂房结构设计一般分为三个阶段。

1.结构选型及整体布置

该阶段主要包括柱网布置，确定横向框架形式及主要尺寸，布置屋盖结构、吊车梁系统及墙架、支撑体系，选择各部分结构采用的钢材标号。这时应充分了解生产工艺和使用要求，建厂地区的自然地质资料、交通运输、材料供应等情况，密切与建筑、工艺设计人员的配合，进行多方案的分析比较，以确定出最合理的结构方案。

2.技术设计

根据已确定的结构方案进行荷载计算、结构内力分析，计算（或验算）各构件所需要的截面尺寸并设计各构件间的连接。

3.结构施工图绘制

根据技术设计确定的构件尺寸和连接，绘制施工图纸。同时应了解钢材供应情况、钢结构制造厂的生产技术条件和安装设备等条件。

二、单层厂房钢结构的布置

（一）柱网

横向框架和纵向框架的柱形成一个柱网，柱网的布置不仅要考虑上部结构，而且应考虑下部结构，诸如基础和设备（地下管道、烟道、地坑等设施）等。柱网主要根据工艺、结构与经济的要求布置。

从工艺要求方面考虑，柱的位置应和车间的地上设备、机械及起重运输设备等协调。柱下基础应和地下设备（如设备基础、地坑、地下管道、烟道等）相配合。此外，柱网布置还要适当考虑生产过程的可能变动。

从结构要求方面考虑，所有柱列的柱间距均相等的布置方式最为合理。这种布置方式的优点为厂房横向刚度最大，屋盖和支撑系统布置最为简单合理，全部吊车梁的跨度均相同。这种情况下，厂房构件的重复性较大，从而可使结构构件达到最大限度的定型化和标准化。

但结构的理想状态有时得不到满足。例如，一个双跨钢结构制造车间，其生产流程是零件加工—中间仓库—拼焊连接，顺着厂房纵向进行，但横向需要联系，中部要有横向通道，因此中列柱中部柱距较大，部分中列纵向框架有托架，柱距变为边柱距的2倍。

从经济性来看，柱的纵向间距的大小对结构重量影响较大。柱距越大，柱及柱基础所用的材料越少，但屋盖结构和吊车梁的重量将随之增加。在柱子较高、吊车起重量较小的车间中，放大柱距可能影响经济效果。最经济柱距虽然可通过理论分析确定，但最好还是通过具体方案比较来确定。

在一般车间中，边列柱的间距采用6m较经济。各列柱距相等且接近最经济柱距的柱网布置最为合理。但是，在某些场合，由于工艺条件的限制或为了增加厂房的有效面积、考虑到将来工艺过程可能改变等情况，往往需要采用不相等的柱距。

增大柱距时，沿厂房纵向布置的构件，如吊车梁、托架等由于跨度增大而用钢量增加；但柱和柱基础由于数量减少而用钢量降低。经济的柱距应使总用钢量最少。

综上所述，一般当厂房内吊车起重量Q≤100t、轨顶标高H≤14m时，边列柱采用6m、中列柱采用12m的柱距；当吊车起重量Q≤150t、轨顶标高H≤16m时，或当地基条件较差、处理较困难时，边列柱与中列柱均宜采用12m的柱距。当生产工艺有特殊要求时，也可局部或全部采用更大的柱距。

近来有扩大柱网尺寸的趋势（特别是轻型和中型车间），设计成适用于多种生产条件的灵活车间，以适应工艺过程的可能变化，同时节约车间面积和减少安装劳动量。

（二）温度缝

温度变化时厂房结构将产生温度变形及温度应力。温度变形的大小与柱子的刚度、吊车梁轨顶标高和温度变形等有关。

当厂房平面尺寸很大时，为避免产生过大的温度应力，应在厂房的横向或纵向设置温度缝。

当厂房宽较大时，横向刚度可能比纵向刚度大，此时应设置纵向温度缝。但若纵向温度缝附近也设置双柱，不仅柱数增多，而且在纵向和横向温度缝相交处有4个柱子，使构造变得复杂。因此，一般仅在车间宽度大于100m（热车间和采暖地区的非采暖厂房）或120m（采暖厂房和非采暖地区的厂房）时才考虑设置纵向温度缝，否则可根据计算适当加强结构构件。

为了节约材料，简化构造，纵向温度缝有时也采用板铰或活动支座的办法。但这种做法只适宜对横向刚度要求不大的车间。

（三）横向框架

厂房的基本承重结构通常采用框架体系。这种体系能够保证必要的横向刚度，同时其净空又能满足使用上的要求。

横向框架按其静力图来分，主要有横梁与柱铰接和横梁与柱刚接两种。如按跨数来分，则有单跨的、双跨的和多跨的。

凡框架横梁与柱的连接构造不能抵抗弯矩者称为铰接框架，能抵抗弯矩者称为刚接框架。在某些情况下，刚接框架又可派生出一种上刚接下悬臂式框架，即将框架柱的上段柱在吊车梁顶面标高处设计成铰接，而下段柱则像露天栈桥柱那样按悬臂柱考虑。

在具有重屋盖的多跨刚接框架中，为了简化计算特别是改善中列柱与屋架的连接构造，曾将屋架与柱的连接在竖直荷载作用下设计成塑性铰（即在中列柱顶使屋架上弦与柱的连接在拉力作用下发生塑性变形，但仍然可以传递压力），在水平荷载作用下，屋架一端为铰接，另一端为刚接。这种方式可以简化计算和构造，而且不影响框架的横向刚度，在采用重屋盖时比较有利。现在多跨厂房绝大部分已采用铰接框架，故目前较少采用塑性铰。

上刚接下悬臂式框架的下段柱弯矩最大，往往因加大下段柱截面高度而导致增大厂房建筑面积，这是它的主要缺点。但上段柱和屋架组成的刚架可以不考虑吊车荷载的作用，故有利于在屋盖结构中采用新的结构体系而不受吊车动力作用的影响，且计算简单，有时亦可利用上段柱中的塑性铰释放多跨厂房中的横向温度应力，从而避免设置纵向温度缝，使结构有檩两种布置方案。

无檩方案多用于对刚度要求较高的中型以上厂房，有檩方案则多用于对刚度要求不高的中、小型厂房，但近年来修建的宝钢、武钢等的大量冶金厂房也采用了有檩方案。因此，到底选择哪种方案，应综合考虑厂房规模、受力特点、使用要求、材料供应及运输、安装等条件。

三、支撑体系和墙架

当平面框架只靠屋面构件、吊车梁和墙梁等纵向构件相连时，厂房结构的整体刚度较差，在受到水平荷载作用后，往往由于刚度不足，沿厂房的纵向产生较大的变形，影响厂房的正常使用，有时甚至可能导致破坏。因而必须把厂房结构组成一个具有足够强度、刚度和稳定性的空间整体结构，可靠而又经济合理的方法是在平面框架之间有效地设置支撑，将厂房结构组成几何不变体系。

厂房支撑体系主要有屋盖支撑和柱间支撑两部分。

（一）支撑体系的作用

（1）屋架上弦出平面（垂直于屋架平面）的计算长度等于屋架的跨度。按这样大的计算长度设计上弦受压杆件，不但极不合理，而且实际实施也有困难。平行铺设的檩条对弦杆不能起侧向固定支撑的作用，因为当弦杆以半波的形式侧向鼓凸时，所有檩条都将随之平移而不起支撑作用。同样，屋架下弦受拉杆件平面外的计算长度也太大，特别是端节间的下弦杆受压时，问题更为严重。

（2）作用在端墙上的水平风力，一部分将由墙架柱传递至端部屋架的下弦（或上弦）节点。如屋架的弦杆不与相邻屋架的相应弦杆利用支撑组成水平桁架，则它在风力作用下将发生水平弯曲，这是一般屋架的弦杆所不能承受的。此外，由于柱沿厂房纵向的刚度很小，它与基础的连接在这个方向一般接近铰接，吊车梁又都简支于柱上，因此，由柱及吊车梁等构件组成的纵向框架，在上述风力及吊车的纵向制动力等的作用下，将产生很大的纵向变形或振动。在严重情况下，甚至有使厂房倾倒的危险。

（3）当某一横向框架受到横向荷载（如吊车的横向制动力）作用时，由于各个横向框架之间没有用在水平面中具有较大刚度的结构联系起来，不能将荷载分布到邻近的横向框架上，因而需由这个横向框架独立承担。这样，结构的横向刚度将显得不足，侧移和横向振动较大，影响结构的使用性能和寿命。

（4）由于托架在水平方向的刚度极小，所以支撑在托架上的中间屋架不很稳定，容易横向动摇和振荡。

（5）当横向框架的间隔较大时，需在框架柱之间设立墙架柱以承担作用在纵向墙上的水平风载，墙架柱的上端无法设支撑点。

（6）在安装过程中，由于屋架的跨度较大，而它的侧向刚度又很小，故很容易倾倒。

（7）由于各个横向框架之间缺乏联系，因此除了结构的横向和纵向刚度不足外，如果厂房受到斜向或水平扭力，则在局部或整个结构中将产生较大的歪斜和扭动。

由此可见，支撑体系是厂房结构的重要部分。适当而有效地布置支撑体系可将各个平面结构连成整体，提高骨架的空间刚度，保证厂房结构具有足够的强度、刚度和稳定性。

（二）屋盖支撑

1.屋盖支撑的作用

屋盖支撑的作用主要有以下四点。

（1）保证结构的空间作用；

（2）增强屋架的侧向稳定性；

（3）传递屋盖的水平荷载；

（4）便于屋盖的安全施工。

因此，支撑是屋盖结构的必需组成部分。

屋架是组成屋盖结构的主要构件，其平面外的刚度较小。仅由平面屋架、檩条及屋面板组成的屋盖结构是不稳定的空间体系，所有屋架可能向一侧倾倒，屋盖支撑则可起到稳定的作用。一般的做法：将屋盖两端的两榀相邻屋架用支撑连成稳定体系，其余中间屋架用系杆或檩条与这个端屋架稳定体系连接，以保证整个屋盖结构的空间稳定。如果屋盖结构长度较大，除了两端外，中间还要设置1～2道横向支撑。

屋架侧向有支撑作用，对受压的上弦杆，增加了侧向支撑点，以减小上弦杆在平面外的计算长度，增强其侧向稳定性；对受拉的下弦杆，也可减小平面外的自由长度，并可避免在动力荷载下发生过大的振动。

屋盖结构在风荷载、地震作用或吊车水平荷载作用下，其水平力可通过支撑体系传给柱和基础。

在安装屋架时，首先吊装有横向支撑的两榀屋架，并将支撑和檩条联系好形成稳定体系；然后吊装其他屋架并与之相连，以保证安全施工。

支撑体系在屋盖结构中有着重要作用，是传递荷载、增强稳定性、保证安全不可缺少的一部分。

2.屋盖支撑的布置

（1）上弦横向支撑以两榀屋架的上弦杆作为支撑桁架的弦杆，檩条为竖杆，另加交叉斜杆共同组成水平桁架。上弦横向支撑将两榀屋架在水平方向联系起来，以保证屋架的侧向刚度。上弦杆在平面外的计算长度因上弦横向支撑而缩短，没有横向支撑的屋架则用上弦系杆或檩条与之相联系，由此增大屋盖结构的整体空间刚度。

（2）下弦横向支撑是以屋架下弦杆为支撑桁架的弦杆，以系杆和交叉斜杆为腹杆，共同组成水平桁架。

（3）下弦纵向支撑以系杆为弦杆，以屋架下弦为竖杆。下弦水平支撑在横向与纵向共同形成封闭体系，以增大屋盖结构的空间刚度。下弦横向支撑承受端墙的风荷载，减小弦杆的计算长度和受动力荷载时的振动。下弦纵向支撑传递水平力，在有托架时还可保证托架平面外的刚度。

（4）竖向支撑使两榀相邻屋架形成空间几何不变体系，以保证屋架的侧向稳定。

（5）系杆充当屋架上下弦的侧向支撑点，以保证无横向支撑的其他屋架的侧向稳定。

带天窗的屋架也需布置支撑，其上弦水平支撑一般布置在天窗架的上弦，仍保留天窗架下的屋架上弦水平支撑，天窗支撑与屋架支撑共同形成一个封闭空间。

支撑布置原则：房屋两端必须布置上下弦横向支撑和竖向支撑，屋架两边布置下弦纵向支撑，下弦横向支撑与下弦纵向支撑必须形成封闭体系；横向支撑的间距不应超过60m，当房屋较长时，可在中间增设上下弦横向支撑和相应的竖向支撑；竖向支撑一般布置在屋架跨中和端竖杆平面内，当屋架跨度大于30m时，在跨中1/3处再布置两道竖向支撑；系杆的作用是增强屋架的侧向稳定性，减小弦杆的计算长度，传递水平荷载。

根据上述原则，也可布置其他形状屋架的支撑体系。三角形屋架上弦横向支撑布置在屋盖两端，一般多用轻型屋面材料，因此上弦布置有檩条，檩条与上弦横向支撑共同组成刚性体系。在有上弦横向支撑处，布置相应的下弦横向支撑和竖向支撑。竖向支撑布置在三角形屋架的两边中间系杆上，与屋架的上下弦横向支撑组成刚度较大的稳定体系。在三角形屋架中可不布置下弦纵向支撑，因为风荷载可通过刚度较大的上弦支撑和檩条传递，受拉的屋架下弦仅用系杆相互联系就能满足减小计算长度和保证整体空间稳定性的要求。

（三）柱间支撑

1.柱间支撑的作用

（1）与框架柱组成刚性纵向框架，保证厂房的纵向刚度。因为柱在框架平面外的刚度远小于在框架平面内的刚度，而柱间支撑的抗侧移刚度比单柱平面外的刚度约大20倍，因此设置柱间支撑对加强厂房的纵向刚度十分有效。

（2）承受厂房的纵向力，把吊车的纵向制动力、山墙风荷载、纵向温度力、地震力等传至基础。

（3）为框架柱在框架平面外提供可靠的支撑，减小柱在框架平面外的计算长度。

2.柱间支撑的设置

柱间支撑在吊车梁以上的部分称为上柱支撑，以下的部分称为下柱支撑。当温度区段不很长时，一般设置在温度区段中部，这样可使吊车梁等纵向构件随温度变化比较自由地伸缩，以免产生过大的温度应力。当温度区段很长，或采用双层吊车起重量很大时，为确保厂房的纵向刚度，应在温度区段中间1/3的范围内布置两道柱间支撑；为避免产生过大的温度应力，两道支撑间的距离不宜大于60m。在温度区段的两端还要布置上柱支撑，以直接承受屋盖的横向水平支撑传来的山墙风荷载，然后经吊车梁传给下柱支撑，最后传给基础。

（四）支撑的计算和构造

屋盖支撑都是平行弦桁架，其弦杆是屋架的上下弦杆或者刚性系杆，腹杆多用单角钢组成十字交叉形式，斜杆与弦杆的夹角为30° ~ 60° 。通常横向水平支撑节点间的距离为屋架上弦节间距离的2 ~ 4倍。纵向水平支撑的宽度取屋架下弦端节间的长度，为3 ~ 6m。

屋架竖向支撑也是平行弦桁架，其腹杆体系可根据长宽比例确定，当长宽相差不大时采用交叉式，相差较大时宜用单斜杆式。

屋盖支撑受力较小，截面尺寸一般由杆件的容许长细比和构造要求确定。承受端墙传来的水平风荷载的屋架下弦横向支撑，可根据水平桁架节点上的集中风力进行分析，此时可假定交叉腹杆中的压杆不起作用，仅拉杆受力，使超静定体系简化为静定体系。

支撑与屋架的连接构造应尽可能简单方便，支撑斜杆有刚性杆与柔性杆之分，刚性杆采用单角钢，柔性杆采用圆钢，采用圆钢柔性杆时，最好用花篮螺栓预加应力，以增大支撑的刚度。为了便于安装，支撑节点板应事先焊好，然后与屋架用螺栓连接，一般采用C

级螺栓，M20，每块节点板至少用两个螺栓。

（五）墙架结构

墙架结构一般由墙架梁和墙架柱组成。在非承重墙中，墙架构件除了传递作用在墙面上的风力外，尚须承受墙身的自重，并将其传至墙架柱及主要的横向框架，然后传给基础。

当柱的间距在8m（采用预应力钢筋混凝土大型墙板时可放宽到12m）以内时，纵墙可不设墙架柱。

端墙墙架中有柱与横梁，柱的位置应与门架和屋架下弦横向水平支撑的节点相配合，墙架柱最后与水平支撑联系，以传递风荷载。当厂房高度较大时，可在适当高度设置水平抗风桁架，以减小墙架柱的计算跨度和屋架水平支撑的风荷载，这些桁架支撑在横向框架柱上。

墙架柱的位置应与屋架下弦横向水平支撑的节点相配合，有困难时应采取适当的构造措施，使墙架柱的水平反力直接传至支撑桁架的节点上。端墙墙架柱不应承受屋架上的竖向荷载，故此柱上端与屋架之间应采取只能传递水平力的“板铰”连接。

当沿厂房横向的风力、地震作用、吊车制动力作用在屋盖支撑系统上时，屋盖支撑系统必须以两端（或一端）的端墙墙架和横向框架为支撑结构，通过端墙墙架和各横向框架共同把这些外力传递到基础和地基。当端墙墙架具有很大的刚度时，能大大减小横向框架承受的水平力。故布置和设计端墙墙架应与设计柱间支撑一样重视，它们对于厂房结构的整体安全是非常重要的。

第三节　门式刚架轻型钢结构

一、门式刚架轻型钢结构的构成

门式刚架轻型钢结构是以由焊接H型钢（等截面或变截面）、热轧H型钢（等截面）等构成的实腹式门式刚架作为主要承重骨架，以C形或Z形冷弯薄壁型钢作为檩条、墙梁，以压型金属板制作屋面、墙面，采用聚苯乙烯泡沫塑料、硬质聚氨酯泡沫塑料、岩棉、矿棉、玻璃棉等作为保温隔热材料，并适当设置支撑的一种轻型单层房屋钢结构体系。

在工程实践中，门式刚架轻型钢结构的梁、柱构件多采用焊接变截面H型钢。单跨门式刚架的梁柱节点采用刚接节点；多跨门式刚架的边柱和梁采用刚接节点连接，中柱和梁一般为铰接连接。柱脚可采用刚接或铰接柱脚。屋面和墙面大多采用压型钢板，保温隔热材料一般选用玻璃棉，其具有自重小、保温隔热性能好及安装方便等特点。

二、门式刚架轻型钢结构的特点

门式刚架轻型钢结构具有以下特点。

（一）质量轻，用钢量省

门式刚架轻型钢结构采用压型金属板、玻璃棉以及冷弯薄壁型钢等构成围护结构，屋面、墙面质量都很轻，因而门式刚架结构的荷载很小。另一方面，门式刚架轻型钢结构为全钢结构，材料强度大，变形能力强，大量采用变截面构件，因此结构自重小、用钢量省。门式刚架轻型钢结构的用钢量一般为10～30kg/m^2，在相同的跨度和荷载条件下其自重仅为钢筋混凝土结构的1/30～1/20。

由于质量轻，门式刚架轻型钢结构的地基处理费用及基础造价均较低，构件运输、存放的费用也较低，同时，门式刚架轻型钢结构的地震反应小，在一般情况下，地震参与的内力组合对门式刚架结构设计不起控制作用。需要注意的是，风荷载对门式刚架轻型钢结构可能有较大的影响，风吸荷载可能使金属屋面、檩条及门式刚架的受力反向，当风荷载较大或房屋较高时，风荷载可能是门式刚架轻型钢结构设计的控制荷载。

（二）工业化程度高，施工周期短

门式刚架轻型钢结构一般为全钢结构，其主要构件和配件均为工厂制作，质量易保证。门式刚架轻型钢结构安装方便，除基础施工外，现场基本没有湿作业，构件之间多采用高强度螺栓连接，现场工作量小，施工人员需求量少，施工周期短。

（三）构件轻薄，但结构整体刚度好

门式刚架轻型钢结构的构件一般较为轻薄，锈蚀和局部变形对构件承载力可能有较大的不利影响，因此在制作、运输及安装过程中应注意保护，防止构件因磕碰发生变形或造成防锈涂层损坏。门式刚架轻型钢结构安装完成后，由于作为围护结构的屋、墙面板参与结构整体工作，形成蒙皮效应，因而结构具有较好的整体刚度。

（四）综合经济效益高

由于钢材价格较高，门式刚架轻型钢结构的造价比钢筋混凝土结构略高，但由于结构质量轻，材料易于筹措、运输，现场工作量小，设计及施工周期短，因此资金回收快、综合经济效益高。

三、门式刚架轻型钢结构的应用

门式刚架轻型钢结构起源于美国，在美国发展最快、应用也最广泛，随后在欧洲国家及日本、澳大利亚等国也得到广泛的应用。在这些国家已经实现了门式刚架轻型钢结构的生产商品化，结构分析、设计、出图程序化，构件加工工厂化及安装施工和经营管理一体化。目前，在欧美国家的大型厂房、商业建筑、交通设施等非居住建筑中，50%以上采用门式刚架轻型钢结构体系。

我国门式刚架轻型钢结构的应用和研究起步较晚，20世纪80年代中后期，首先由深圳蛇口工业区外资企业从国外引入，而后发展到其他沿海城市、内陆城市及经济开发区。随着经验的积累和材料供应的逐渐丰富，特别是《门式刚架轻型房屋钢结构技术规程》（以下简称《规程》）的颁布，门式刚架轻型钢结构的应用得到迅速发展，工程数量越来越多，规模越来越大，门式刚架轻型钢结构广泛应用于各类轻型厂房及仓库、物流中心、交易市场、超市、体育场馆、车站候车大厅、码头建筑、展览厅等建筑中。

四、门式刚架的形式和结构布置

（一）门式刚架的形式

门式刚架分为单跨、双跨、多跨刚架以及带挑檐、带毗屋的刚架等。多跨刚架宜采用双坡或单坡屋盖，尽量少采用由多个双坡屋盖组成的多跨刚架形式。当需要设置夹层时，夹层可沿纵向设置或在横向端跨设置。

门式刚架轻型钢结构坡度较大，这为金属压型钢板屋面长坡面排水创造了条件，因此多跨门式刚架通常采用单脊双坡屋面，多脊多坡屋面由于内天沟容易产生渗漏及堆雪现象而较少采用。

单脊双坡多跨门式刚架用于无桥式吊车的房屋，当刚架柱不是特别高且风荷载不是很大时，中柱宜采用两端铰接的摇摆柱，摇摆柱和刚架梁的连接构造简单，制作和安装方便。摇摆柱不参与抵抗侧向力，截面也比较小。但是在设有桥式吊车的房屋中，中柱宜两端刚接，以增大门式刚架的侧向刚度。边柱一般和刚架梁刚接，形成刚架，承担全部横向水平荷载。由于边柱的高度较小，构件稳定性好，材料强度能较为充分地发挥作用。

根据跨度、高度及荷载的不同，门式刚架的梁、柱可采用变截面或等截面实腹焊接工字形截面或轧制H形截面。等截面刚架梁截面高度一般取跨度的1/40～1/30，变截面刚架梁端部高度不宜小于跨度的1/40～1/35，中段高度则不小于跨度的1/60。设置桥式吊车时，刚架柱宜采用等截面构件，截面高度不小于柱高度的1/20。变截面刚架柱在铰接柱脚处的截面高度不小于200mm。变截面构件通常改变腹板的高度，做成楔形，必要时也可改变腹板的厚度。钢结构构件在运输单元内一般不改变翼缘截面，必要时可改变翼缘厚度。

（二）结构布置

1.门式刚架的建筑尺寸和布置

门式刚架的跨度取横向刚架柱之间的距离，宜为9～36m，以3m为模数，也可以不受模数限制。当边柱截面不等时，其外侧应对齐。门式刚架的高度应取刚架柱轴线与刚架斜梁轴线的交点至地坪的高度，宜取4.5～9m，必要时可以适当放大。门式刚架的高度应根据使用要求的室内净高确定，有吊车的厂房应根据轨顶标高和吊车净空的要求确定。刚架柱的轴线可取柱下端中心的竖向轴线，工业建筑边柱的定位轴线宜取柱外皮。刚架斜梁的轴线可取通过变截面梁段最小端中心与斜梁上表面平行的轴线。

门式刚架的合理间距应综合考虑刚架跨度、荷载条件及使用要求等因素，一般宜取6m、7.5m或9m。

挑檐长度可根据使用要求确定，宜取0.5～1.2m，其上翼缘坡度取与刚架斜梁坡度相同。

门式刚架轻型钢结构的构件和围护结构通常刚度不大，温度应力较小。因此，其温度分区与传统结构形式相比可以适当放宽，但应符合下列规定：纵向温度区段＜300m，横向温度区段＜150m。

当有计算依据时，温度区段可适当放大。当房屋的平面尺寸超过上述规定时，需设置伸缩缝，伸缩缝可采用两种做法：①设置双柱；②在搭接檩条的螺栓处采用长圆孔，并允许该处屋面板在构造上胀缩。

对有吊车的厂房，当设置双柱形式的纵向伸缩缝时，伸缩缝两侧门式刚架的横向定位轴线可加插入距。在多跨门式刚架局部抽掉中柱或边柱处，可布置托架或托梁。

2.檩条和墙梁的布置

屋面檩条一般应等间距布置，但在屋脊处，应沿屋脊两侧各布置一道檩条，使得屋面板的外伸宽度不大于200mm，在天沟位置应布置一道檩条，以便于天沟的固定。确定檩条的间距时，应综合考虑天窗、通风屋脊、采光带、屋面材料、檩条规格等因素。

侧墙墙梁的布置，应考虑设置门窗、挑檐、遮雨篷等构件和围护材料的要求。当采用压型钢板作为围护墙面时，墙梁宜布置在刚架柱的外侧，其间距由墙板板型和规格确定，且不大于由计算确定的数值。

3.支撑和刚性系杆的布置

支撑和刚性系杆的布置应符合下列规定：①在每个温度区段或分期建设的区段中，应分别设置能独立构成空间稳定结构的支撑体系；②在设置柱间支撑的开间，应同时设置屋面水平支撑，以构成几何不变体系；③端部支撑宜设在温度区段端部的第一个或第二个开间，柱间支撑的间距应根据房屋纵向受力情况及安装条件确定，一般取30～45m，有吊车时不大于60m；④当房屋高度较大时，柱间支撑应分层设置，当房屋宽度大于60m时，内柱列宜适当设置支撑；⑤当端部支撑设在端部第二个开间时，在第一个开间的相应位置应设置刚性系杆；⑥在刚架转折处（边柱柱顶、屋脊及多跨刚架的中柱柱顶）应沿房屋全长设置刚性系杆；⑦由支撑斜杆等组成的水平桁架，其直腹杆宜按刚性系杆考虑；⑧刚性系杆可由檩条兼作，此时檩条应满足压弯构件的承载力和刚度要求，当不满足时可在刚架斜梁间设置钢管、H型钢或其他截面形式的杆件。

门式刚架轻型钢结构的支撑一般可采用交叉圆钢支撑，圆钢与相连构件的夹角宜接近45°，不小于30°，不大于60°。圆钢应采用特制的连接件与刚架梁、柱腹板连接，校正定位后张紧固定。张紧时最好用花篮螺丝。

当设有不小于1.5t的吊车时，柱间支撑宜采用型钢构件。无法设置柱间支撑时，应设置纵向刚架。

五、门式刚架设计

（一）荷载及荷载组合

门式刚架轻型结构承受的荷载，包括永久荷载和可变荷载，除现行《规程》有专门规定外，一律按现行国家标准《建筑结构荷载规范》（以下简称《荷载规范》）采用。

1.永久荷载

永久荷载包括钢结构构件的自重和悬挂在结构上的非结构构件的重力荷载，如屋面、墙面及吊顶等。

2.可变荷载

（1）屋面活荷载：当采用压型钢板轻型屋面时，屋面竖向均布活荷载的标准值（按水平投影面积计算）应取0.5kN/m²；对受荷水平投影面积超过60m²的刚架结构，计算时采用的竖向均布活荷载标准值可取不小于0.3kN/m²。设计屋面板和檩条时应该考虑施工和检修集中荷载（人和小工具的重力），其标准值为1kN。

（2）屋面雪荷载和积灰荷载：屋面雪荷载和积灰荷载的标准值应按《荷载规范》的规定采用，设计屋面板、檩条时尚应考虑在屋面天沟、阴角、天窗挡风板内和高低跨连接处等位置的雪荷载堆积，屋面积雪分布系数可按《荷载规范》采用。

（3）吊车荷载：包括竖向荷载和纵向及横向水平荷载，按照《荷载规范》的规定采用。

（4）地震作用：按现行国家标准《建筑抗震设计规范》的规定计算。

3.荷载效应组合

荷载效应的组合一般应遵从《荷载规范》的规定。针对门式刚架的特点，《规程》给出下列组合原则：①屋面均布活荷载不与雪荷载同时考虑，应取两者中的较大值；②积灰荷载应与雪荷载、屋面均布活荷载中的较大值同时考虑；③施工或检修集中荷载不与屋面材料或檩条自重以外的荷载同时考虑；④多台吊车组合应符合《荷载规范》的规定；⑤当需要考虑地震作用时，风荷载不与地震作用同时考虑。

荷载基本组合的分项系数应按下列规定采用。①永久荷载的分项系数，当其效应对结构承载力不利时，对由可变荷载效应控制的组合应取1.2，对由永久荷载效应控制的组合应取1.35；当其效应对结构承载力有利时，应取1.0。②可变荷载的分项系数在一般情况下取1.4。③风荷载分项系数应取1.4。

由于门式刚架轻型钢结构自重及荷载较小，地震作用的荷载效应较小。当抗震设防烈度不超过7度而风荷载效应标准值大于0.35kN/m² 时，地震作用的组合一般不起控制作用。烈度在8度以上需要考虑地震作用时按《规程》进行计算。

对门式刚架轻型钢结构，当由地震作用效应组合控制设计时，尚应针对轻型钢结构的特点采取相应的抗震构造措施。例如，构件之间应尽量采用螺栓连接；斜梁下翼缘与刚架柱的连接处宜加腋以提高该处的承载力，该处附近翼缘受压区的宽厚比宜适当减小；柱脚的受剪、抗拔承载力宜适当提高，柱脚底板宜设计抗剪键，并采取提高锚栓抗拔力的构造措施；支撑的连接应按支撑屈服承载力的1.2倍设计。

（二）门式刚架的内力和侧移计算

1.内力计算

对于变截面门式刚架，应采用弹性分析方法确定各种内力，只有当刚架的梁柱全部为等截面时才允许采用塑性分析方法，但后一种情况在实际工程中已很少采用。进行内力分析时，通常把门式刚架简化为平面刚架结构，不考虑屋、墙面板的应力蒙皮效应，而只把它当作安全储备。当有必要且有条件时，也可考虑屋、墙面板的应力蒙皮效应。应力蒙皮效应是将屋面板视为沿屋面全长伸展的深梁，可用来承受平面内的荷载。屋面板可视为承受平面内横向剪力的腹板，其边缘构件可视为翼缘，承受轴心拉力和压力。与此类似，墙面板也可按平面内受剪的支撑系统处理。考虑应力蒙皮效应可以提高门式刚架结构的整体刚度和承载力，但对压型钢板的连接有较高的要求。

变截面门式刚架的内力通常采用梁单元的有限元法（直接刚度法）编制程序电算确定。计算时将变截面的刚架梁、柱构件分为若干段，把每段的几何特性当作常量，也可直接采用楔形单元。构件分段采用等截面单元时不少于8段，采用楔形变截面单元时则不少于4段。地震作用的效应可采用底部剪力法分析确定。当需要手算校核时，可采用一般结构力学方法或静力计算的公式、图表进行。

2.侧移计算

变截面门式刚架的柱顶侧移应采用弹性分析方法确定。计算时荷载取标准值，不考虑荷载分项系数。侧移计算可以和内力分析一样通过电算确定。《规程》给出了计算柱顶侧移的简化公式，可以在初选构件截面时估算侧移刚度，以免因刚度不足而需要重新调整构件截面。

如果最后验算发现门式刚架的侧移不满足要求，则需要采用下列措施增大结构侧移刚度：采用更大截面的刚架梁和刚架柱；铰接柱脚改为刚接柱脚；把多跨门式刚架的中柱由摇摆柱改为与刚架梁刚接连接。

（三）刚架斜梁的设计

当刚架斜梁坡度不超过1/5时，轴力影响很小，应按压弯构件对其进行强度验算及刚架平面外的稳定性验算。当刚架斜梁坡度较大时，轴力影响较大，应按压弯构件对其进行强度验算及刚架平面内、外的稳定性验算。

刚架斜梁的平面外计算长度取侧向支撑点的间距。当斜梁两翼缘侧向支撑点间的距离不相等时，应取受压翼缘侧向支撑点间的距离。侧向支撑点由刚性系杆（或檩条）配合支撑体系提供，在刚架梁的负弯矩区段则由隅撑提供侧向支撑，该侧向支撑只能提供弹性支撑时，可以以2倍隅撑间距作为刚架梁平面外的计算长度。刚架斜梁在刚架平面内的计算长度一般可近似取刚架竖向支撑点之间的距离。

刚架斜梁的两端为负弯矩区，下翼缘在该处受压。为了保证梁的稳定性，常在受压翼缘两侧布置隅撑（端刚架仅布置在刚架内侧）作为斜梁的侧向支撑，隅撑的一端与刚架斜梁下翼缘连接，另一端连接在檩条上。隅撑和刚架梁腹板的夹角不宜小于45°。门式刚架的节点包括刚架斜梁与柱刚接节点，刚架斜梁拼接节点，柱脚节点及刚架梁与摇摆柱铰接节点。

刚架斜梁与柱刚接及刚架斜梁拼接，一般采用高强度螺栓—端板连接。刚架斜梁与柱刚接根据端板的方位分为端板竖放、端板斜放和端板平放三种形式。刚架斜梁拼接宜使端板与构件外边缘垂直。这些节点均应按照刚接节点进行设计，即在保证抗弯承载力的同时，必须具有足够的转动刚度。

高强度螺栓应成对地对称布置。在受拉翼缘和受压翼缘的内外两侧各设一排，并宜使每个翼缘的四个螺栓的中心与翼缘的中心重合。因此，将端板伸出截面高度范围以外形成外伸式连接，以免螺栓群的力臂不够大。外伸式连接在节点负弯矩作用下，可假定转动中心位于下翼缘中心线上。但若把端板斜放，因斜截面高度大，受压一侧端板可不外伸。

六、支撑构件设计

（一）支撑体系的组成

支撑体系是门式刚架轻型钢结构必不可少的重要组成部分，支撑体系不但能传递水平荷载，保证整体结构和单个构件的稳定性，对于平面布置比较复杂的门式刚架轻型钢结构，完善的支撑体系还有利于协调结构变形，使结构受力均匀，提高结构整体性。

门式刚架轻型钢结构的支撑体系由横向水平支撑、柱间支撑及刚性系杆构成。

1.横向水平支撑

门式刚架轻型钢结构的横向水平支撑设置在刚架斜梁之间，与刚架斜梁腹板靠近上翼缘的位置相连。横向水平支撑宜采用交叉支撑，支撑构件一般采用张紧的圆钢，也可以采用角钢等刚度较大的截面形式。交叉支撑与刚架斜梁之间的夹角应在30° ~60° ，宜接近45° 。

2.柱间支撑

门式刚架轻型钢结构的柱间支撑设置在相邻的刚架柱之间，其形式也宜采用交叉支撑，支撑构件和水平面的夹角应在30° ~60° ，宜接近45° ，当无吊车、仅设置悬挂吊车或为起重量不大于5t的非重级工作制桥式吊车时，柱间支撑可采用张紧的圆钢；在其他情况下，柱间支撑宜采用单片型钢或者双片型钢支撑，支撑交叉点和两端节点板均应牢固焊接。当设有吊车梁或者结构高度较大时，应分层设置柱间支撑。

3.刚性系杆

在刚架斜梁转折处应设置通长水平刚性系杆。刚性系杆可采用钢管截面，也可以采用双角钢或其他截面形式。当结构跨度较小、高度较低时，刚性系杆也可以由檩条兼作，此时檩条应按压弯构件进行设计。由檩条兼作刚性系杆虽然可以节约钢材，但檩条需要设置在刚架斜梁之上，从而使横向水平支撑和刚性系杆不在同一平面内，不利于水平力的直接传递，同时会使刚架斜梁受扭，对其稳定性有不利影响。

上述支撑体系的作用有以下几方面：①与承重刚架组成刚强的纵向框架，从而提高纵向刚度，保证安装和使用过程中的整体稳定性和纵向刚度；②为刚架平面外提供可靠的支撑，减小刚架平面外的计算长度；③承受房屋端部山墙的风荷载、吊车纵向水平荷载以及其他纵向力；④在地震区尚应承受纵向水平地震作用。

（二）支撑体系的布置

门式刚架轻型钢结构支撑体系布置的基本原则包括：①传递纵向荷载要明确、简单、合理，缩短传力路径；②保证结构体系平面外稳定，作为构件的侧向支撑点；③安装方便，满足必要的强度和刚度要求，连接可靠。

支撑体系的布置应满足以下几方面的要求。①在每个温度区段或分区建设区段，应分别设置能独立构成空间稳定体系的支撑系统。②在设置柱间支撑的开间，宜同时设置横向水平支撑，以构成几何不变体系。③横向水平支撑宜设置在结构温度区段端部的开间内，以直接传递山墙纵向风荷载。当第一开间不能设置时，可设置在第二开间，此时第一开间的刚性系杆应能传递山墙纵向风荷载。当结构温度区段较长时，应增设一道或者多道横向水平支撑，横向水平支撑间距不宜大于60m。④柱间支撑的间距应根据结构纵向柱距、受力情况和安装条件确定。无吊车时宜取30～45m；当有吊车时，宜设置在温度区段中部，若温度区段较长宜设置在结构纵向长度的三分点处，且间距不宜大于60m。⑤当结构宽度大于60m时，内列柱宜适当增加柱间支撑。⑥在刚架转折处，包括单跨门式刚架边柱柱顶和屋脊及多跨门式刚架边柱、部分中柱柱顶和屋脊，应沿结构纵向全长设置刚性系杆。⑦在带驾驶室且起重量大于15t的桥式吊车的跨间，应在结构边缘设置纵向水平支撑。⑧门式刚架轻型钢结构纵向柱列间距不同或存在高低跨变化时，也可设置纵向水平支撑提高结构整体性，协调刚架柱的水平位移；当结构平面布置不规则时，如有局部凸出或凹进等，为提高结构整体性，需设置纵、横向封闭的水平支撑系统。⑨当建筑或工艺要求不允许设置交叉柱间支撑时，可设置其他形式的支撑，或设置纵向刚架。

（三）支撑体系的设计

1.支撑体系的荷载

支撑体系所承受的荷载包括纵向风荷载、吊车纵向水平荷载以及纵向地震荷载，其中纵向风荷载为主要荷载。

纵向风荷载指沿结构纵向作用在山墙及天窗架端壁上的风荷载。纵向风荷载的传力路径一般为：山墙墙板→墙梁→墙架柱→横向水平支撑→刚性系杆→柱间支撑→基础。地震荷载和风荷载不同时作用，由于屋面质量较轻，支撑体系的纵向抗震能力较强，因此地震荷载一般不起控制作用，按《建筑抗震设计规范》进行支撑布置，一般可不进行抗震验算。

2.支撑体系的内力计算原则

在支撑体系内力计算中一般将横向水平支撑和柱间支撑简化为平面结构，假定各连接节点均为铰接，忽略各支撑构件偏心的影响，所有支撑构件均按照轴心受拉或轴心受压计算。横向水平支撑简化为在纵向风荷载作用下支撑于刚架柱顶的水平桁架，对于交叉支撑可认为压杆退出工作而按拉杆进行设计。柱间支撑简化为在纵向风荷载及吊车纵向水平荷载作用下支撑于柱脚基础上的竖向悬臂桁架，对于交叉支撑也可认为压杆退出工作而按拉杆进行设计。当同一柱列设有多道柱间支撑时，纵向力应在各道支撑间均匀分配。

七、檩条设计

（一）檩条的截面形式

门式刚架轻型钢结构的檩条宜采用卷边的C形和Z形及直卷边的Z形冷弯薄壁型钢，跨度或荷载较大时也可采用槽钢、H型钢等热轧型钢。

（二）拉条的设置

当檩条跨度在4～6m时，应该在檩条的跨中位置设置一道拉条。当檩条跨度大于6m时，应该在檩条跨度的三分点处各设置一道拉条。拉条的作用是防止檩条侧向变形和扭转，并且为檩条提供侧向支撑点，为保证该侧向支撑点的刚度，需要在屋脊或者檐口处设置斜拉条，通过檩条与刚架斜梁拉接。拉条通常采用圆钢截面，直径不宜小于10mm，按轴心拉杆计算。圆钢拉条可设置在距檩条上翼缘1/3腹板高度的范围内。当在风吸力作用下檩条下翼缘受压时，屋面宜用自攻螺钉直接与檩条连接，此时拉条宜设置在下翼缘附近。为了兼顾无风和有风的荷载组合，拉条可交替设置在上下翼缘附近，或在上下翼缘附近同时设置。斜拉条可弯折，也可不弯折。前一种方法要求弯折的直线长度不超过15mm，后一种方法则需要通过垫板或者角钢与檩条连接。

（三）檩条的荷载和荷载组合

1.檩条的荷载

（1）永久荷载。檩条上的永久荷载包含屋面承重构件（压型钢板以及石棉瓦等）、防水层、保温材料以及檩条、拉条、撑杆的自重等。一般永久荷载的分项系数取1.2，但永久荷载所产生的效应对檩条有利时，取1.0。

（2）可变荷载。檩条上的可变荷载除了屋面活荷载、施工检修集中荷载、雪荷载、积灰荷载，往往还有风荷载。檩条设计中采用的屋面风荷载体型系数不同于门式刚架设计，应按《规程》的相关条款进行计算。

这些作用在檩条上的荷载大多为面荷载，进行檩条设计时，均需将其折算为檩条上的线荷载，即将面荷载与檩距的乘积施加到檩条上。

2.檩条的荷载组合

进行檩条设计时应考虑的荷载组合原则为：屋面活荷载不与雪荷载同时考虑，施工检修集中荷载仅仅与屋面及檩条自重同时考虑，积灰荷载应与屋面活荷载或者雪荷载同时考虑。

（四）檩条的构造要求

（1）檩条可通过檩托与刚架斜梁连接，檩托一般由角钢和钢板制作，檩条和檩托的连接螺栓不应少于2个，并且应沿檩条的高度方向布置，其直径可根据檩条截面大小确定。设置檩托的目的是阻止檩条端部截面扭转和倾覆，以增强整体稳定性。

（2）檩条的最大刚度平面应垂直于屋面设置，C形和Z形檩条上翼缘的肢尖（或者卷边）应该朝向屋脊方向，以减小荷载偏心引起的扭矩。

（3）檩条和屋面应牢固连接，这样屋面板可以防止檩条侧向失稳和扭转。在一般情况下，檩条与钢丝网水泥波瓦以瓦钩连接，与石棉瓦还可以用瓦钉连接。当檩条与压型钢板连接时，若压型钢板的波高小于40mm，可用自攻钉固定；若波高较大，可用镀锌钢支架与檩条连接固定。

八、墙梁的布置和构造

墙梁是支撑轻型墙体的构件，通常支撑于建筑物的承重柱和墙架柱上，墙体的荷载通过墙梁传递到柱上。墙梁一般采用冷弯卷边槽钢，有时也采用卷边Z形钢和卷边槽钢。墙梁具有自重小、施工速度快等优点，在当今工程中应用越来越广泛。

墙梁在其自重、墙体材料自重和水平风荷载的作用下，也属于双向受弯构件。墙板常做成落地式并与基础相连，墙板的重力直接传至基础，故墙梁的最大刚度平面在水平方向。当采用卷边槽形截面墙梁时，为便于墙梁与刚架柱连接而把槽口向上放置，单窗框下沿的墙梁则需槽口向下放置。

墙梁应尽量等间距放置，其布置与屋面檩条的布置具有类似的原则，在墙面的上沿和下沿，窗框的上沿和下沿以及挑檐和遮雨篷等处应设置一道墙梁。

墙梁可以根据柱距的大小做成跨越一个柱距的简支梁或者跨越两个柱距的连续梁，前者运输方便，节点构造相对简单，后者受力合理，相对来说比较节省材料。当柱距过大而导致墙梁在使用上不经济时，可设置墙架柱。

墙梁与主刚架之间的连接主要有穿越式和平齐式两种，所谓穿越式是墙梁的自由翼缘简单地与柱子外翼缘用螺栓或檩托连接，此时根据墙梁的搭接长度确定墙梁是连续的还是简支的；平齐式是通过连接角钢将墙梁和柱腹板相连，墙梁的外翼缘基本与柱的外翼缘平齐。

第四节 多层房屋钢结构体系

一、多层房屋钢结构体系的类型

依据抵抗侧向荷载作用的原理，可以将多层房屋钢结构分为五类：纯框架结构体系、柱—支撑体系、框架—支撑体系、框架—剪力墙体系和交错桁架体系。

（一）纯框架结构体系

在纯框架结构体系中，梁柱节点一般做成刚性连接，以提高结构的抗侧刚度，有时也可做成半刚性连接。这种结构体系构造复杂，用钢量较大。

（二）柱—支撑体系

在柱—支撑体系中，所有的梁均铰接于柱侧（顶层梁亦可铰接于柱顶），且在部分跨间设置柱间支撑，以构成几何不变体系。这种结构体系构造简单，安装方便。

（三）框架—支撑体系

如果结构在横向采用纯框架结构体系，纵向梁以铰接于柱侧的方式将各横向框架连接，同时在部分横向框架间设置支撑，则这种混合结构体系称为框架—支撑体系。位于非抗震设防地区或6、7度抗震设防地区的支撑结构体系可采用中心支撑。位于8、9度抗震设防地区的支撑结构体系可采用偏心支撑或带有消能装置的消能支撑。

（四）框架—剪力墙体系

框架体系可以和钢筋混凝土剪力墙组成框架—剪力墙体系。钢筋混凝土剪力墙也可以做成墙板，设于钢梁与钢柱之间，并在上、下边与钢梁连接。

（五）交错桁架体系

横向框架在竖向平面内每隔一层设置桁架层，相邻横向框架的桁架层交错布置，在每层楼面形成2倍柱距的大开间。

二、多层房屋钢结构的建筑和结构布置

除竖向荷载外，风荷载、地震作用等侧向荷载和作用是影响多层房屋钢结构用钢量和造价的主要因素。因此，在建筑和结构设计时，应采用能减小风荷载和地震作用效应的建筑与结构布置。

（一）多层房屋钢结构的建筑体形设计

1.建筑平面形状

建筑平面形状宜设计成具有光滑曲线的凸平面形式，如矩形平面、圆形平面等，以减小风荷载。为减小风荷载和地震作用产生的不利扭转影响，平面形状还宜简单、规则、有良好的整体性，并能在各层使刚度中心与质量中心接近。

2.建筑竖向形体

为减小地震作用的不利影响，建筑竖向形体宜规则均匀，避免有过大的外挑和内收，各层的竖向抗侧力构件宜上下贯通，避免形成不连续。层高不宜有较大突变。

（二）多层房屋钢结构的结构布置

1.结构平面布置

由于框架是多层房屋钢结构最基本的结构单元，为了能有效地形成框架，柱网布置应规则，避免零乱形不成框架的布置。

框架横梁与柱的连接在柱截面抗弯刚度大的方向做成刚接，形成刚接框架。在另一方向，常视柱截面抗弯刚度的大小，采用不同的连接方式。如柱截面抗弯刚度较大，可做成刚接，形成双向刚接框架；如柱截面抗弯刚度较小，可做成铰接，但应设置柱间支撑增加抗侧刚度，形成柱间支撑—铰接框架。在保证楼面、屋面平面内刚度的条件下，可隔一榀或隔多榀布置柱间支撑，其余则为铰接框架。

在双向刚接框架体系中，柱截面抗弯刚度较大的方向应布置在跨数较少的方向。当单向刚接框架另一方向为柱间支撑—铰接框架体系时，柱截面的布置方向则由柱间支撑设置的方向确定，抗弯刚度较大的方向应在刚接框架的方向。

结构平面布置中柱截面尺寸的选择和柱间支撑位置的设置，应尽可能做到使各层刚度中心与质量中心接近。

处于抗震设防区的多层房屋钢结构宜采用框架—支撑体系，因为框架—支撑体系是由刚接框架和支撑结构共同抵抗地震作用的多道抗震设防体系。采用这种体系时，框架梁和柱在两个方向均做成刚接，形成双向刚接框架，同时在两个方向均设置支撑结构。框架和支撑的布置应使各层刚度中心与质量中心接近。

当采用框架—剪力墙体系时，其平面布置也应遵循上述原则，但钢梁与混凝土剪力墙的连接一般都做成铰接连接。

2.结构竖向布置

结构的竖向抗侧刚度和承载力宜上下相同，或自下而上逐渐减小，避免抗侧刚度和承载力突然变小，更应防止下柔上刚的情况。

处于抗震设防区的多层房屋钢结构，其框架柱宜上下连续贯通并落地。当由于使用需要必须抽柱而无法贯通或者落地时，应合理设置转换构件，使上部柱子的轴力和水平剪力能够安全可靠和简洁明确地传到下部直至基础。支撑和剪力墙等抗侧力结构更宜上下连续贯通并落地。结构在两个主轴方向的动力特性宜相近。

当多层房屋有地下室时，钢结构宜延伸至地下室。

3.楼层平面布置原则

多层房屋钢结构的楼层在其平面内应有足够的刚度，处于抗震设防区时，更是如此。因为由地震作用产生的水平力需要通过楼层平面的刚度使房屋整体协同受力，从而提高房屋的抗震能力。

当楼面结构为压型钢板—混凝土组合楼面、现浇或装配整体式钢筋混凝土楼板并与楼面钢梁有连接时，楼面结构在楼层平面内具有很大刚度，可以不设水平支撑。

当楼面结构为有压型钢板的钢筋混凝土非组合板、现浇或装配整体式钢筋混凝土楼板但与钢梁无连接以及活动格栅铺板时，由于楼面板不能与楼面钢梁连接成一体，不能在楼层平面内提供足够的刚度，应在框架钢梁之间设置水平支撑。

当楼面开有很大洞使楼面结构在楼层平面内无法有足够的刚度时，应在开洞周围的柱网区格内设置水平支撑。

三、多层房屋钢结构的内力分析

（一）一般原则

（1）多层房屋钢结构的内力一般按结构力学方法进行弹性分析。

（2）框架结构的内力分析可采用一阶弹性分析，对符合下式的框架结构宜采用二阶弹性分析，即在分析时考虑框架侧向变形对内力和变形的影响，也称考虑 $P-\text{Ä}$ 效应分析。

$$\frac{\sum N\cdot \text{Ä}u}{\sum H\cdot h}>0.1 \tag{5-1}$$

式中 $\sum N$ ——所计算楼层各柱轴向压力设计值之和；

$\sum H$ ——所计算楼层及以上楼层的水平力设计值之和；

Äu ——层间相对位移的容许值；

h ——所计算楼层的高度。

（3）计算多层房屋钢结构的内力和位移时，一般可假定楼板在其自身平面内为绝对刚性。但对楼板局部不连续、开孔面积大、有较长外伸段的楼面，需考虑楼板在其自身平面内的变形。

（4）当楼板采用压型钢板—混凝土组合楼板或钢筋混凝土楼板并与钢梁可靠连接时，在弹性分析中，对梁的惯性矩可考虑楼板的共同工作而适当放大。对于中梁，其惯性矩宜取$1.5I_b$（I_b为钢梁的惯性矩）；对于仅一侧有楼板的梁，其惯性矩可取$1.2I_b$。在弹塑性分析中，不考虑楼板与梁的共同工作。

（5）多层房屋钢结构在进行内力和位移计算时，应考虑梁和柱的弯曲变形和剪切变形，可不考虑轴向变形；当有混凝土剪力墙时，应考虑剪力墙的弯曲变形、剪切变形、扭转变形和翘曲变形。

（6）宜考虑梁柱连接节点域的剪切变形对内力和位移的影响。

（7）多层房屋钢结构的结构分析宜采用有限元法。对于可以采用平面计算模型的多层房屋钢结构。

（8）结构计算中不应计入非结构构件对结构承载力和刚度的有利作用。

（二）多层框架内力的近似分析方法——分层法

在工程实践中，有一些有效的近似分析方法，这些方法便于手工计算，又有一定的精度，特别是在方案论证和初步设计时，尤其适用。

在竖向荷载作用下，多层框架的侧移较小，且各层荷载对其他层的水平构件的内力影响不大，可忽略侧移而把每层作为无侧移框架用力矩分配法进行计算。如此计算所得水平构件内力即为水平构件内力的近似值，但垂直构件属于相邻两层，须自上而下将各相邻层同一垂直构件的内力叠加，才可得各垂直构件的内力近似值。

基本步骤如下。

（1）将多层框架沿高度分成若干单层无侧移的敞口框架，每个敞口框架包括本层梁和与之相连的上、下层柱。梁上作用的荷载、各层柱高及梁跨度均与原结构相同。

（2）除底层柱的下端外，其他各柱的柱端应为弹性约束。为便于计算，均将其处理为固定端。这样将使柱的弯曲变形有所减小，为消除这种影响，可把除底层柱以外的其他各层柱的线刚度乘以修正系数0.9。

（3）用无侧移框架的计算方法（如弯矩分配法）计算各敞口框架的杆端弯矩，由此所得的梁端弯矩即为其最后的弯矩值；因每一柱属于上、下两层，所以每一柱端的最终弯矩值需将上、下层计算所得的弯矩值相加。在上、下层柱端弯矩值相加后，将引起新的节点不平衡弯矩，如欲进一步修正，可对这些不平衡弯矩再作一次弯矩分配。如用弯矩分配法计算各敞口框架的杆端弯矩，在计算每个节点周围各杆件的弯矩分配系数时，应采用修正后的柱线刚度计算；并且底层柱和各层梁的传递系数均取1/2，其他各层柱的传递系数改用1/3。

（4）在杆端弯矩求出后，可用静力平衡条件计算梁端剪力及梁跨中弯矩；逐层叠加柱上的竖向荷载（包括节点集中力、柱自重等）和与之相连的梁端剪力，即得柱的轴力。

（三）框架结构的塑性分析

框架结构从理论上讲可以采用塑性分析，但由于我国尚缺少相关理论研究和实践经验，我国现行国家标准《钢结构设计标准》中有关塑性设计的规定只适用于不直接承受动力荷载的由实腹构件组成的单层和两层框架结构。

采用塑性设计的框架结构，按承载能力极限状态设计时，应采用荷载的设计值，考虑构件截面内塑性的发展及由此引起的内力重分配，用简单塑性理论进行内力分析。

采用塑性设计的框架结构，按正常使用极限状态设计时，应采用荷载的标准值，并按弹性计算。

四、楼面和屋面结构

（一）楼面和屋面结构的类型

多层房屋钢结构的楼面、屋面结构由楼面板、屋面板和梁系组成。

楼面板、屋面板有以下几种类型：现浇钢筋混凝土板、预制钢筋混凝土薄板加现浇混凝土组成的叠合板、压型钢板—现浇混凝土组合板或非组合板、轻质板材与现浇混凝土组成的叠合板以及轻质板材。当采用轻质板材时，应增设楼、屋面水平支撑以加强楼面、屋面的水平刚度。

楼面、屋面梁有以下几种类型：钢梁、钢筋混凝土梁、型钢混凝土组合梁以及钢梁与混凝土板组成的组合梁。

（二）楼面和屋面结构的布置原则

楼面和屋面结构的工程量占整个结构工程量的比例较大，而且楼面和屋面结构在传递风荷载和地震作用产生在结构中的水平力方面起重要作用。因此，楼面和屋面结构的布置不仅与多层房屋的整体性能有关，而且与整个结构的造价有关。

楼面和屋面结构中的梁系一般由主梁和次梁组成，当有框架时，框架梁宜为主梁。梁的间距要与楼板的合理跨度相协调。次梁的上翼缘一般与主梁的上翼缘齐平，以减小楼面和屋面结构的高度。次梁和主梁的连接宜采用简支连接。

当主梁或次梁采用钢梁时，在钢梁的上翼缘可设置抗剪连接件，使板与梁交界面的剪力由抗剪连接件传递。这样，铺在钢梁上的现浇钢筋混凝土板或压型钢板—现浇混凝土组合板能与钢梁形成整体，共同作用，成为组合梁。采用组合梁可以减小钢梁的高度和用钢量，是梁的一种十分经济的形式。

（三）楼面和屋面的设计

压型钢板—现浇混凝土组合板不仅结构性能好，施工方便，而且经济效益好，从20世纪70年代开始，在多层及高层钢结构中得到广泛应用。

压型钢板与现浇混凝土形成组合板的前提是压型钢板能与混凝土共同作用。因此，必须采取措施使压型钢板与混凝土间的交界面能相互传递纵向剪力而不发生滑移。目前常用的方法有：①在压型钢板的肋上或在肋和平板部分设置凹凸槽；②在压型钢板上加焊横向钢筋；③采用闭口压型钢板。

压型钢板—现浇混凝土组合板的施工过程一般为压型钢板作为底模，在混凝土结硬产生强度前，承受混凝土湿重和施工荷载。这一阶段称为施工阶段。混凝土产生预期强度后，混凝土与压型钢板共同工作，承受施加在板面上的荷载。这一阶段通常为使用阶段。因此，组合板的计算应分为两个阶段，即施工阶段计算和使用阶段计算。这两个阶段的计算均应按承载能力计算状态验算组合板的强度和按正常使用极限状态验算组合板的变形。

1.施工阶段的计算

施工阶段应验算压型钢板的强度和变形，计算时考虑以下荷载。

（1）永久荷载，包括压型钢板与混凝土自重。当压型钢板跨中挠度v大于20mm时，计算混凝土自重时应考虑凹坑效应。计算时，混凝土厚度应增加0.7v。

（2）可变荷载，包括施工荷载与附加荷载。

2.构造要求

组合板除满足强度和变形外，还应符合以下构造要求。

（1）组合板用的压型钢板净厚度（不包括涂层）不应小于0.75mm。

（2）组合板总厚度不应小于90mm，压型钢板顶面以上的混凝土厚度不应小于50mm。

（3）连续组合板按简支板设计时，抗裂钢筋截面面积不应小于混凝土截面面积的0.2%；抗裂钢筋长度从支撑边缘算起，不应小于跨度的1/6，且必须与不少于5根分布钢筋相交。

（4）组合板端部必须设置焊钉固件。

（5）组合板在钢梁、混凝土梁上的支撑长度不应小于50mm。

（6）组合板在下列情况下应配置钢筋。

①为满足组合板储备承载力的要求，设置附加抗拉钢筋；

②在连续组合板或悬臂组合板的负弯矩区配置连续钢筋；

③在集中荷载区段和孔洞周围配置分布钢筋；

④为改善防火效果，配置受拉钢筋；

⑤为保证组合作用，将剪力连接钢筋焊于压型钢板上翼缘（剪力筋在剪跨区段内设置，间距150～300mm）。

（7）抗裂钢筋最小直径为4mm，最大间距为150mm，顺肋方向抗裂钢筋的保护层厚度为20mm，与抗裂钢筋垂直的分布钢筋直径小于抗裂钢筋直径的2/3，其间距不应大于钢筋间距的1.5倍。

（四）楼面钢梁的设计

钢梁的截面形式宜选用中、窄翼缘H型钢。当没有合适尺寸或供货困难时也可采用焊接工字形截面或蜂窝梁。

钢梁应进行抗弯强度、抗剪强度、局部承压强度、整体稳定、局部稳定、挠度等验算，其计算公式可查阅相关资料，在此不再赘述。

（五）楼面组合梁的设计

组合梁按混凝土翼板形式的不同，可以分为三类：普通混凝土翼板组合梁、压型钢板组合梁和预制装配式钢筋混凝土组合梁。组合梁与钢梁相比，可节约钢材20%～40%，且比钢梁刚度大，使梁的挠度减小1/3～1/2，还可以减小结构高度，具有良好的抗震性能。

组合梁由钢梁与钢筋混凝土板或组合板组成，通过在钢梁翼缘处设置抗剪连接件使梁与板成为整体而共同工作，板称为组合板的翼板。钢梁可以采用实腹式截面梁，如热轧H型钢梁、焊接工字形截面梁和空腹式截面梁，如蜂窝梁等。在组合梁中，当组合梁受正弯矩作用时，中和轴靠近上翼板，钢梁的截面形式宜采用上下不对称的工字形截面，其上翼缘宽度较窄，厚度较薄。

一般采用塑性理论对组合梁截面的抗弯强度、抗剪强度和抗剪连接件进行计算。当组合梁的抗剪连接件能传递钢梁与翼板交界面的全部纵向剪力时，称为完全抗剪连接组合梁；当抗剪连接件只能传递部分纵向剪力时，称为部分抗剪连接组合梁。用压型钢板混凝土组合板作为翼板的组合梁，宜按部分抗剪连接组合梁设计。部分抗剪连接限用于跨度不超过20m的等截面组合梁。

五、框架柱

（一）框架柱的类型

多层房屋框架柱有以下几种类型：钢柱、圆钢管混凝土柱、矩形钢管混凝土柱及型钢混凝土组合柱。

从用钢量看，钢管混凝土柱用钢量最省，钢柱用钢量最大。

从施工难易看，钢柱及型钢混凝土组合柱施工工艺最成熟。

从梁柱连接看，当框架梁采用钢梁、钢梁与混凝土板组合梁时，以与钢框架柱连接最为简便，与钢管混凝土柱，特别是圆钢管混凝土柱的连接最为复杂。当框架梁采用型钢混凝土组合梁时，框架柱宜采用型钢混凝土组合柱，也可采用钢柱。

从抗震性能看，钢管混凝土柱的抗震性能最好，型钢混凝土组合柱较差，但比混凝土柱有大幅改善。

从抗火性能看，型钢混凝土组合柱最好，钢柱最差。采用钢管混凝土柱和钢柱时，需要采取防火措施，将增加一定费用。

从环保角度看，应优先采用钢柱，因钢材是可循环生产的绿色建材。

因此，多层房屋框架柱的类型应根据工程的实际情况综合考虑，合理运用。目前常用的是钢柱和矩形钢管混凝土柱。

（二）钢柱设计

钢柱的截面形式宜选用宽翼缘H型钢、高频焊接轻型H型钢及由3块钢板焊接而成的工字形截面。钢柱截面形式的选择主要根据受力而定。

钢柱应进行强度、弯矩作用平面内的稳定、弯矩作用平面外的稳定、局部稳定、长细比等的验算，其计算公式可查阅《钢结构设计标准》相关章节，这里仅补充钢柱计算长度的计算。

钢框架的整体稳定从理论上讲应该是钢框架整个体系的稳定，为了简化计算，实际上将框架整体稳定简化为柱的稳定来计算。简化的关键就是合理确定柱的计算长度。

由于柱的计算长度要能反映框架的整体稳定，因此必须与框架的整体状态相联系。首先要确定框架体系的侧向约束情况，其次要确定计算柱两端受到的其他梁柱约束的情况。

现行国家标准《钢结构设计标准》，根据侧向约束情况将框架分为无支撑纯框架和有支撑框架，其中有支撑框架又根据抗侧移刚度的大小，分为强支撑框架和弱支撑框架。

（三）矩形钢管混凝土柱设计的一般规定

矩形钢管混凝土柱的截面最小边尺寸不宜小于100mm，钢管壁厚不宜小于4mm，截面高宽比h/b不宜大于2。

矩形钢管可采用冷成型的直缝或螺旋缝焊接管或热轧管，也可用冷弯型钢或热轧钢板、型钢焊接成型的矩形管。

矩形钢管中的混凝土强度等级不应低于C30级。对Q235钢管，宜配C30或C40混凝土；对Q345钢管，宜配C40或C50及以上等级的混凝土；对于Q390、Q420钢管，宜配不低于C50级的混凝土。混凝土的强度设计值、强度标准值和弹性模量应按现行国家标准《混凝土结构设计规范》的规定采用。

矩形钢管混凝土柱还应按照矩形钢管进行施工阶段的强度、稳定性和变形验算。施工阶段的荷载主要为湿混凝土的重力和实际可能作用的施工荷载。矩形钢管柱在施工阶段的轴向应力不应大于其钢材抗压强度设计值的60%，并应满足强度和稳定性的要求。

矩形钢管混凝土柱在进行地震作用下的承载能力极限状态设计时，承载力抗震调整系数宜取0.80。

矩形钢管混凝土柱的截面最大边尺寸大于或等于800mm时，宜采取在柱子内壁上焊接栓钉、纵向加劲肋等构造措施，确保钢管和混凝土共同工作。

在每层钢管混凝土柱下部的钢管壁上应对称开两个排气孔，孔径为20mm，用于浇筑混凝土时排气，以保证混凝土密实，清除施工缝处的浮浆、溢水等，并在发生火灾时，排除钢管内由混凝土产生的水蒸气，防止钢管爆裂。

六、支撑结构

（一）支撑结构的类型

多层房屋钢结构的支撑结构有以下几种类型：中心支撑、偏心支撑、钢板剪力墙板、内藏钢板支撑剪力墙板、带竖缝混凝土剪力墙板和带框混凝土剪力墙板。

中心支撑在多层房屋钢结构中用得较为普遍。当有充分依据且条件许可时，可采用带有消能装置的消能支撑。

偏心支撑有时可用于位于8度和9度抗震设防地区的多层房屋钢结构中。在偏心支撑中，位于支撑与梁的交点和柱之间的梁段或与同跨内另一支撑与梁交点之间的梁段都应设计成消能梁段，在大震时，消能段先进入塑性，通过塑性变形耗能，提高结构的延性和抗震性能。

钢板剪力墙板用钢板或带加劲肋的钢板制成，在7度及7度以上抗震设防的房屋中使用时，宜采用带纵向和横向加劲肋的钢板剪力墙板。

内藏钢板支撑剪力墙板以钢板为基本支撑，外包钢筋混凝土墙板，以防止钢板支撑的压屈，提高其抗震性能。它只在支撑节点处与钢框架相连，混凝土墙板与框架梁柱间则留有间隙。

带竖缝混凝土剪力墙板是在混凝土剪力墙板中开缝，以降低其抗剪刚度，减小地震作用。带竖缝混凝土剪力墙板只承受水平荷载产生的剪力，不考虑承受竖向荷载产生的压力。

带框混凝土剪力墙板由现浇钢筋混凝土剪力墙板与框架柱和框架梁组成，同时承受水平和竖向荷载的作用。

（二）中心支撑设计的一般规定

（1）中心支撑宜采用：十字交叉斜杆、单斜杆、人字形斜杆或V形斜杆体系。中心支撑斜杆的轴线应交汇于框架梁柱的轴线上。抗震设计的结构不得采用K形斜杆体系。当采用只能受拉的单斜杆体系时，应同时设不同倾斜方向的两组单斜杆，且每层不同方向单斜杆的截面面积在水平方向的投影面积之差不得大于10%。

（2）中心支撑斜杆的长细比，按压杆设计时，一、二、三级中心支撑斜杆不得采用拉杆设计，非抗震设计和四级中心支撑斜杆采用拉杆设计时，其长细比不大于180。

（3）当支撑与框架柱或梁用节点板连接时，应注意节点板的强度和稳定性。

（4）支撑斜杆宜采用双轴对称截面。在抗震设防区，当采用单轴对称截面时，应采取构造措施，防止支撑斜杆绕对称轴屈曲。

（5）当中心支撑构件为填板连接的组合截面时，填板的间距应均匀，每一构件中填板数不得少于2块。且应符合下列规定：①当支撑屈曲后在填板的连接处产生剪力时，两填板之间单肢杆件的长细比不应大于组合支撑杆件控制长细比的0.4，填板连接处的总剪力设计值至少应等于单肢杆件的受拉承载力设计值；②当支撑屈曲后不在填板连接处产生剪力时，两填板之间单肢杆件的长细比不应大于组合支撑杆件控制长细比的0.75。

（6）一、二、三级抗震等级的钢结构，可采用带有耗能装置的中心支撑体系。支撑斜杆的承载力应为耗能装置滑动或屈服时承载力的1.5倍。

（三）其他类型支撑结构的设计

偏心支撑多用于高层房屋钢结构，有关偏心支撑结构的设计将在第五章中阐述。有关钢板剪力墙板、内藏钢板支撑剪力墙板、带竖缝混凝土剪力墙板的设计可按现行行业标准《高层民用建筑钢结构技术规程》（JGJ99—2015）的有关规定进行。有关带框混凝土剪力墙板的设计可按现行标准化协会标准《矩形钢管混凝土结构技术规程》的有关规定进行。

七、框架节点

（一）框架连接节点的一般规定

（1）多层框架主要构件及节点的连接应采用焊接、摩擦型高强度螺栓连接或栓—焊混合连接。栓—焊混合连接指在同一受力连接的不同部位分别采用高强度螺栓及焊接的组合连接，如同一梁与柱连接时，其腹板与翼缘分别采用栓、焊的连接等，此时应考虑先栓后焊的温度影响，对栓接部分的承载力乘以折减系数0.9。

（2）在节点连接中将同一力传至同一连接件上时，不允许同时采用两种方法连接（如又焊又栓等）。

（3）设计中应考虑安装及施焊的净空或条件以方便施工，对高空施工困难的现场焊接，其承载力应乘以0.9的折减系数。

（4）对较重要的或受力较复杂的节点，当按所传内力（不是按与母材等强）进行连接设计时，宜使连接的承载力留有10%～15%的裕度。

（5）多层框架结构体系中的梁柱连接节点应设计为刚接节点，柱—支撑结构体系中的梁柱连接节点可以设计为铰接节点。

（6）所有框架承重构件的现场拼接均应为等强拼接（用摩擦型高强度螺栓连接或焊接连接）。

（7）对按8度及9度抗震设防地区的多层框架，其梁柱节点尚应进行节点塑性区段（为梁端或柱段由构件端面算起1/10跨长或2倍截面高度的范围）的验算校核。

（二）框架梁柱连接节点的类型

框架梁柱连接节点的类型，按受力性能分，有刚性连接节点、铰接连接节点和半刚性连接节点。按连接方式分，有全焊连接节点、全栓连接节点和栓焊连接节点。刚性连接节点中的梁柱夹角在外荷载作用下不会改变；铰接连接节点中的梁或柱在节点处不能承受弯矩；半刚性连接节点中的梁柱在节点处均能承受弯矩，同时梁柱夹角也会改变，这类节点力学性能的描述是给出梁端弯矩与梁柱夹角变化的数学关系。半刚性连接节点具有连接构造比较简单的优点，在多层房屋钢框架中时有采用；但从设计角度看，半刚性连接框架的设计极为复杂，这一不足影响了半刚性连接节点在多层房屋框架中的应用。

（三）刚性连接节点

1.钢梁与钢柱直接连接节点

（1）梁翼缘与柱翼缘用全熔透对接焊缝连接，腹板用摩擦型高强度螺栓与焊于柱翼缘上的剪力板相连。剪力板与柱翼缘可用双面角焊缝连接并应在上下端采用围焊。剪力板的厚度应不小于梁腹板的厚度，当厚度大于16mm时，其与柱翼缘的连接应采用K形全熔透对接焊缝。

（2）在梁翼缘的对应位置，应在柱内设置横向加劲肋。

（3）横向加劲肋与柱翼缘和腹板的连接，对抗震设防的结构，与柱翼缘连接采用坡口全熔透焊缝，与腹板连接可采用角焊缝；对非抗震设防的结构，均可采用角焊缝。

（4）由柱翼缘与横向加劲肋包围的节点域应按相关规定进行计算。

（5）梁与柱的连接应按多遇地震组合内力进行弹性设计。梁翼缘与柱翼缘的连接，因采用全熔透对接焊缝，可以不用计算；梁腹板与柱的连接应计算以下内容：①梁腹板与剪力板间的螺栓连接；②剪力板与柱翼缘间的连接焊缝；③剪力板的强度。

（6）梁翼缘与柱连接的坡口全熔透焊缝应按规定设置衬板，翼缘坡口两侧设置引弧板。下端孔高度50mm，半径35mm。圆弧表面应光滑，不得采用火焰切割。

（7）柱在梁翼缘上下各500mm的节点范围内，柱翼缘与柱腹板间的连接焊缝应采用坡口全熔透焊缝。

（8）柱翼缘的厚度大于16mm时，为防止柱翼缘板发生层状撕裂，应采用Z向性能钢板。

2.梁与带有悬臂段的柱的连接节点

悬臂段与柱的连接采用工厂全焊接连接。梁翼缘与柱翼缘的连接要求和钢梁与钢柱直接连接一样，但下部焊缝通过孔的孔形与上部孔相同，且上下设置的衬板在焊接完成后可以去除并清根补焊。

梁与悬臂段的连接，实质上是梁的拼接，可采用翼缘焊接、腹板高强度螺栓连接或翼缘和腹板全部高强度螺栓连接。全部高强度螺栓连接有较好的抗震性能。

3.钢梁与钢柱加强型连接节点

钢梁与钢柱加强型连接主要有以下几种形式：①翼缘板式连接；②梁翼缘端部加宽；③梁翼缘端部腋形扩大。翼缘板式连接宜用于梁与工字形柱的连接，梁翼缘端部加宽和梁翼缘端部腋形扩大连接宜用于梁与箱形柱的连接。

在大地震作用下，钢梁与钢柱加强型连接的塑性铰将不在构造比较复杂、应力集中比较严重的梁端部位出现，而向外移，有利于抗震性能的改善。

钢梁与箱形柱相连时，在箱形柱与钢梁翼缘连接处应设置横隔板。当箱形柱壁板的厚度大于16mm时，为了防止壁板出现层状撕裂，宜采用贯通式隔板，隔板外伸与梁翼缘相连，外伸长度宜为25～30mm。梁翼缘与隔板采用对接全熔透焊缝连接。

4.柱两侧梁高不等时的连接节点

柱的腹板在每个梁的翼缘处均应设置水平加劲肋，加劲肋的间距不应小于150mm，且不应小于水平加劲肋的宽度。当不能满足此要求时，应调整梁的端部高度，腋部的坡度不得大于1：3。

5.梁垂直于工字形柱腹板时的梁柱连接节点

连接中，应在梁翼缘的对应位置设置柱的横向加劲肋，在梁高范围内设置柱的竖向连接板。横向加劲肋应外伸100mm，采取宽度渐变形式，避免应力集中。横梁与此悬臂段可采用栓焊混合连接或高强度螺栓连接。

6.其他类型的梁柱刚性连接节点

其他类型的梁柱刚性连接节点，如钢梁与钢管混凝土柱的连接、钢梁与型钢混凝土柱的连接，钢筋混凝土梁与型钢柱、钢管混凝土柱、型钢混凝土柱的连接，可参阅有关专门规范或规程进行设计。

八、构件的拼接

（一）柱截面相同时的拼接

框架柱的安装拼接应设在弯矩较小的位置，宜位于框架梁上方1.3m附近。

在抗震设防区，框架柱的拼接应采用与柱子本身等强度的连接，一般采用坡口全熔透焊缝，也可用摩擦型高强度螺栓连接。

在柱的工地接头处，应预先在柱上安装耳板用于临时固定和定位校正。耳板的厚度应根据阵风和其他的施工荷载确定，并不得小于10mm。耳板仅设置在柱的一个方向的两侧，或柱接头受弯应力最大处。

对于工字形截面柱在工地接头，通常采用栓焊连接或全焊接连接。翼缘接头宜采用坡口全熔透焊缝，腹板可采用高强度螺栓连接。当采用全焊接接头时，上柱翼缘应开V形坡口，腹板应开K形坡口。

箱形柱的拼接应全部采用坡口全熔透焊缝，下部柱的上端应设置与柱口齐平的横隔板，厚度不小于16mm，其边缘应与柱口截面一起刨平。在上节箱形柱安装单元的下部附近，尚应设置上柱隔板，其厚度不宜小于10mm。柱在工地接头上下侧各100mm范围内，截面组装焊缝应采用坡口全熔透焊缝。

（二）梁与梁的拼接

主梁与次梁的连接有简支连接和刚性连接。简支连接即将主次梁的节点设计为铰接，次梁为简支梁，这种节点构造简便，制作安装方便，是实际工程中常用的主次梁节点连接形式；如果次梁跨数较多、荷载较大，或结构为井字架，或次梁带有悬挑梁，则主次梁节点宜为刚性连接，可以节约钢材，减少次梁的挠度。

（三）抗震剪力墙板与钢框架的连接

1.钢板剪力墙

钢板剪力墙与钢框架的连接，宜保证钢板剪力墙仅参与承担水平剪力，而不参与承担重力荷载及柱压缩变形引起的压力。因此，钢板剪力墙的上下左右四边均应采用高强度螺栓通过设置于周边框架的连接板与周边钢框架的梁与柱相连接。

钢板剪力墙连接节点的极限承载力应不小于钢板剪力墙屈服承载力的1.2倍，以避免大震作用下连接节点先于支撑杆件破坏。

2.钢板支撑剪力墙

钢板支撑剪力墙仅在节点处（支撑钢板端部）与框架结构相连。上节点（支撑钢板上部）通过连接钢板用高强度螺栓与上钢梁下翼缘连接板在施工现场连接，且每个节点的高强度螺栓不宜少于4个，螺栓布置应符合现行《钢结构设计标准》的要求；下节点与下钢梁上翼缘连接件之间，在现场用全熔透坡口焊缝连接。

剪力墙墙板下端的缝隙，在浇筑楼板时，应该用混凝土填实；剪力墙墙板上部与上框架梁之间的间隙以及两侧与框架柱之间的间隙，宜用隔声的弹性绝缘材料填充，并用轻型金属架及耐火板材覆盖。

钢板支撑剪力墙连接节点的极限承载力，应不小于钢板支撑屈服承载力的1.2倍，以避免大震作用下连接节点先于支撑杆件破坏。

3.带缝混凝土剪力墙

带缝的混凝土剪力墙有开竖缝和开水平缝两种形式，常用带竖缝的混凝土剪力墙。

（1）带竖缝的混凝土剪力墙板的两侧边与框架柱之间，应留有一定的空隙，使彼此之间无任何连接。

（2）墙板的上端以连接件与钢梁用高强度螺栓连接；墙板下端除临时连接措施外，应全长埋于现浇混凝土楼板内，并通过楼板底面齿槽和钢梁顶面的焊接栓钉实现可靠连接；墙板四角还应采取充分可靠的措施与框架梁连接。

（3）带竖缝的混凝土剪力墙只承担水平荷载产生的剪力，不考虑承受框架竖向荷载产生的压力。

九、柱脚

（一）柱脚的形式

在多层钢结构房屋中，柱脚与基础的连接宜采用刚接，也可采用铰接。刚接柱脚要传递很大的轴向力、弯矩和剪力，因此框架柱脚要求有足够的刚度，并保证其受力性能。刚接柱脚可采用埋入式、外包式和外露式。外露式柱脚也可设计成铰接。

（二）埋入式柱脚

埋入式柱脚是指将钢柱底端直接插入混凝土基础或基础梁中，然后浇筑混凝土形成刚性固定基础。

（1）埋入式柱脚的埋深对轻型工字形柱，不得小于钢柱截面高度的2倍；对于大截面的工字形和箱形柱，不得小于钢柱截面高度的3倍。

（2）在钢柱埋入基础部分，应设置圆柱头栓钉，栓钉的数量和布置方式根据计算确定，且栓钉的直径不应小于16mm，其水平和竖向中心距均不应大于200mm。

（3）埋入式柱脚的外围混凝土内应配置钢筋。主筋（竖向钢筋）的大小应按计算确定，但其配筋率不应小于0.2%，且其配筋不宜小于4ϕ22，并在上部设弯钩。主筋的锚固长度不应小于35d（d为钢筋直径），当主筋的中心距大于200mm时，应在每边的中间设置不小于ϕ16的架立筋。

（4）埋入式柱脚钢柱翼缘的混凝土保护层厚度，对于中柱不得小于180mm，对于边柱和角柱不得小于250mm。

（三）外包式柱脚

外包式柱脚是指将钢柱柱脚底板搁置在混凝土基础顶面，再由基础伸出钢筋混凝土短柱将钢柱柱脚包住。钢筋混凝土短柱的高度与埋入式柱脚的埋入深度要求相同，短柱内主筋、箍筋、加强箍筋及栓钉的设置与埋入式柱脚相同。

（四）外露式柱脚

由柱脚锚栓固定的外露式柱脚作为铰接柱脚构造简单、安装方便，仅承受轴心压力和水平剪力。

（1）钢柱底板尺寸应根据基础混凝土的抗压强度设计值确定。

（2）当钢柱底板压应力出现负值时，应由锚栓来承受拉力。锚栓应采用屈服强度较低的材料，使柱脚在转动时具有足够的变形能力，所以宜采用Q235钢。锚栓直径应不小于20mm，当锚栓直径大于60mm时，可按钢筋混凝土压弯构件中计算钢筋的方法确定锚栓的直径。

（3）锚栓和支承托座应连接牢固，后者应能承受锚栓的拉力。

（4）锚栓的内力应由其与混凝土之间的黏结力传递，所以锚栓埋入支座内的锚固长度不应小于25d（d为锚栓直径）。锚栓上端设置双螺帽以防螺栓松动，锚栓下端应设弯钩，当埋设深度受到限制时，锚栓应固定在锚梁上。

（5）柱脚底板的水平反力，由底板和基础混凝土间的摩擦力传递，摩擦系数取0.4。当水平反力超过摩擦力时，应在底板下部焊接抗剪键或外包钢筋混凝土。抗剪键的截面及埋深根据计算确定。

第六章　建筑混凝土结构设计

第一节　结构概念设计

结构设计是一项复杂的工作。结构的力学计算仅是对结构的计算模型与荷载简化的分析，而简化后的计算模型与实际结构的受力状况相比，存在大量被忽略和简化的内容。因此，结构工程师在进行结构设计时，不能简单地依靠力学计算，更不能过分依赖计算机程序的计算结果而应该根据力学与结构的基本概念，把握结构设计中宏观的结构体系与概念原则。这种宏观的结构体系与概念原则，即结构设计中所体现的概念设计原则，而对于结构的抗震设计，概念原则更为重要。

在结构设计与选型时，概念设计是对于结构的破坏方式、整体性、刚度、结构与地基的关系等方面进行宏观的、多方面的考虑，根据建筑物的功能性要求，选择恰当的结构型式、传力路经及破坏模式等。其中，选择简捷、合理的传力路径，是结构设计者的基本工作。

一、结构的破坏方式——延性与脆性

结构与构件破坏方式的确定，是在结构设计之初就需要明确的问题，而结构的延性破坏是工程师们的首选。所谓延性破坏，是指材料、构件或结构具有在破坏前发生较大变形并保持其承载力的能力。延性破坏的宏观表现是挠度、倾斜及裂缝等具有明显破坏先兆的破坏模式，能够提供一定的预警。更为重要的是，尽管结构（或构件）出现了明显的破坏征兆，但延性材料、结构或构件仍然能够保持一定的承载力，可以为预警提供一定的时间延迟。

延性破坏的这种性能对于建筑物十分重要，其真正的意义在于以下几方面。

首先，延性破坏具有破坏先兆与示警作用。历史上发生的重特大建筑事故大多属于脆性破坏，而建筑物在破坏之前的明显征兆可以提醒人们及时撤离现场或进行补救。现实

中，完全不能破坏的材料是不存在的，因此，材料在破坏之前的示警作用对于建筑物来讲就十分重要了。

其次，延性材料或结构的延性不仅仅体现在变形上，还体现在破坏的时间延迟上。也就是说，在材料（或结构）承载力不降低或不明显降低的前提下，产生较大的、明显的变形，即发生屈服现象。这种破坏的延迟效应，可以为逃生或者建筑物的修补提供宝贵的时间。

最后，延性材料与结构所产生的变形能力，对于动荷载的作用也可以表现出良好的工作性能，这良好的工作性能对于结构的抗震是十分关键的。例如，对于结构抗力最严重的考验之一就是抗震，地震由于它的不确定性、突然性和破坏性会使得结构工程师不得不全力以赴。在强烈地震的作用下，工程结构有效的办法是发挥结构的延性，以延性结构所发生的宏观与微观的变形，降低受力反应，储存大量的能量，以柔克刚，避免发生破坏。即改善结构的延性，是结构抗震设计的核心问题。

构件或连接的良好延性能力可显著耗散能量，因此是减少结构发生连续性破坏的重要能力特征。适当的延性对提高结构的整体承载力具有显著的影响。必要的延性是充分发挥结构内部冗余潜力的重要条件。当然，延性的概念并不能完全脱离强度概念而做简单的评价。当构件或连接的强度过低时，延性能力并不能避免发生局部断裂或严重破坏的可能。

与延性相反，脆性是与延性相对应的破坏性质。脆性材料或构件、结构在破坏前几乎没有变形能力，在宏观上则表现为突然性的断裂、失稳或坍塌等。应引起我们注意的是，虽然有些脆性材料可能具有较高的强度，采用脆性材料或构件、结构可能具有较大的承载力，但由于这种脆性材料没有破坏征兆或破坏征兆不明显，在工程应用时应该慎重选择。

在进行结构设计时，实现延性与防止脆性的方法并不复杂，一般应遵循以下原则。

第一，尽量选择延性材料作为建筑的结构材料。钢材是很好的延性材料，这在结构材料选择的章节中已经探讨过。以往钢结构多用于高层、大跨度建筑及承担动荷载的建筑结构中，随着科学技术的发展，钢结构住宅也已经开始逐步推广使用。

第二，对于某些脆性材料，可以加入延性材料形成混合结构材料，以改善脆性材料的不良性能，使混合结构材料能够具有延性材料的破坏特征。最为典型的例子是钢筋混凝土、劲性混凝土与钢管混凝土等结构材料的应用。实践证明，加入钢材改良后的混合材料，即钢材和混凝土形成的混合结构材料，可以在建筑中大量使用，并且体现出很好的延性。

第三，在结构中避免出现细长结构杆件、薄壁构件等，以防止失稳破坏现象的发生。失稳破坏是由于结构或构件的尺度关系造的破坏形式，一般与结构材料本身的性能关系不大。也就是说，采用延性材料的结构并不一定是延性结构。由于失稳问题的存在，会使得轻质高强的材料在使用时若稍有不慎，就可能发生意外。调查表明，钢结构建筑由于自身材料受力屈服而发生破坏是很少的，钢结构发生破坏的现象大多是由于其失稳造成的。

第四，不适宜用延性材料改良的脆性材料，在建筑结构使用时应该慎重。在建筑结构中使用比较多的脆性材料是砖石材料，砖石结构经过长期的工程实践，其适用范围、结构模式是相对确定的。在选用砖石作为结构材料时，不宜采用新型结构形式，同时应该注意增大脆性材料的安全系数。

二、结构的整体性——形体与刚度

结构的整体性，是指结构在荷载的作用下所体现出来的整体协调能力与保持整体受力能力的性能。结构在荷载的作用下，只有保持其整体性，才可以称之为结构。整体性与结构的整体形状、刚度的相关度较大。

（一）结构的形体设计

结构的形体设计是指建筑物的平面、立面形状以及形状的形成设计。对于结构的形体来说，在简单的垂直力（尤其是重力）的作用下，除了倒锥形的建筑结构形体之外，不同的形体并没有多大的差异。但是对于侧向力的反应，不同的形体却大不相同。

随着建筑物的增高，如何抵抗侧向力，将会逐渐成为结构设计的主要问题。从力学的基本原理来看，简单的、各方向尺度均衡的平面形状更有利于对侧向力的抵抗，而复杂的平面对此是不利的，因此应该尽量将建筑的平面形状设计成简单的平面或者由简单的平面组合而成。

结构最好的竖向结构模式是上小下大的金字塔形，可以有效地降低重心，增加建筑的稳定性，减少高处风荷载的作用。结构立面的形状与组合，关系到结构不同层间的侧向力传递。简单地说，简捷的、各方向尺度比较均衡的竖向形状是有利的。不规则的立面、过于高耸的结构、突然变化的形式等，对于抗震与受力都是不利的。

建筑物高度与宽度的比例在结构的形体设计中也是十分重要的。超出高宽比限值的高耸结构对结构整体是非常不利的，它在侧向作用下可能会产生较大的变形（或晃动）导致影响建筑物的使用，甚至发生破坏。因此，对建筑物高宽比例相关的规范（高层建筑混凝土结构技术规程JGJ3—2010）已有限定。（见表6-1、表6-2）

除了竖向构成以外，结构平面布置必须考虑有利于抵抗水平和竖向荷载，受力明确，传力直接，尽量均匀对称，减少扭转的影响。在地震作用下，建筑平面力求简单、规则；在风荷载作用下，则可适当放宽。1976年7月28日唐山地震中，很多L形平面和其他不规则平面的建筑物因扭转而破坏。1985年9月墨西哥城地震中，相当多的框架结构由于平面不规则、不对称而产生扭转破坏。

表6-1　钢筋混凝土结构高层建筑结构适用的最大高宽比

结构体系	非抗震设计	抗震设防烈度		
		6度、7度	8度	9度
框架	5	4	3	—
板柱—剪力墙	6	5	4	—
框架—剪力墙、剪力墙	7	6	5	4
框架—核心筒	8	7	6	4
筒中筒	8	8	7	5

表6-2　钢结构高层建筑的高宽比限值

结构类型	结构体系	非抗震设计	抗震设防烈度		
			6度、7度	8度	9度
钢结构	框架	5	5	4	3
	框架—支撑（剪力墙）	6	6	5	4
	各类筒体	6.5	6	5	5
有混凝土剪力墙的钢结构	钢框架—混凝土剪力墙	5	5	4	4
	钢框架—混凝土核心筒	5	5	4	4
	钢框筒—混凝土核心筒	6	5	5	4

在进行结构平面布置时，应该注意以下几点。

第一，平面布置力求简单、规则、对称，避免出现应力集中的凹角和狭长的缩颈部位；尽量不要在凹角和端部设置楼梯间及电梯间。建筑平面的长宽比不宜过大，L/B一般宜小于6，以避免两端相距太远、震动不同步，或由于复杂的振动形态而使结构受到损害。为了保证楼板在平面内具有很大的刚度，防止建筑物各部分之间振动的不同步，应尽可能减小建筑平面的外伸段长度。此外，由于在建筑平面的凹角附近，楼板容易产生应力集中，因此需要袼外加强此位置的楼板配筋。

第二，结构平面的刚度中心与几何中心应尽可能重合，对于楼梯、电梯间，避免偏置，以免产生或减小扭转效应的影响。

第三，对于一些不规则的平面建筑形态的结构星式，使用时应尽量避免或慎重选择。对由于功能设计而导致的特殊平面图形，应该考虑设置结构缝，即将复杂的结构分解成为若干个简单的结构单元（尽量以矩形结构单元为主），以利于结构的受力。

在建筑物的形体设计中，除了考虑抗震设计的因素之外，建筑物的抗风设计也是非常典型的影响因素，尤其是针对高层建筑、超高层建筑。

一般情况下，建筑物的形体是产生不同效果的风荷载的重要原因之一，因此建筑物的抗风设计的关键在于对建筑形体的选择。此时，应该尽量选择对空气的流动产生阻力小的建筑形体，也就是平常所说的流线型形体。流线型的平面与立面形体更有利于风的通过，因而风力对建筑物总体的作用较弱。但也正是由于这种有利于风顺利通过的效应，使得建筑物周边的风速加大，因此可能会导致建筑物的围护结构所承担的负压作用加强。

具体来说，建筑物抗风的形体设计包括以下几方面的内容：平面几何形体、平面长度方向与主导风向的关系、立面几何形体与表面状态等。

选择周边棱角较少的平面几何形体，是抗风设计的第一步。一般来说，圆形、椭圆形等形状对风的阻力最小，但是这类形状不利于建筑物的平面功能的实现，因此需要认真考量建筑物的功能选择采用。在多数情况下，建筑物多采用矩形平面，并可以对矩形平面进行适当的抗风处理。例如，可以对矩形平面的四个边角进行削切处理，使得矩形平面的边角突出部分不明显，可以大大削减对风的阻力。对于建筑物表面，整体表面材质光滑、无棱角或突出的部分，也可以有效地减少迎风面所受的风力作用，这也是高层建筑经常采用玻璃幕墙的原因之。

建筑物平面长度方向的选择也是十分重要的因素之一，如果建筑物呈细长的平面形状，就犹如一堵墙挡住了气流的流动，从而引起较大的风荷载作用。如果该建筑物的长度方向与建筑物所在地区的主导风向垂直，那么则会加剧不利的荷载状态。因此，对于在平面功能设计上，要细长平面的建筑物，其长度方向应尽可能与当地的主导风向平行，以减小风荷载的作用。

对于建筑物的立面形体，理论上来说，金字塔形的建筑物是最为理想的抗风形体。这类形体不仅缩减了顶部的侧向尺度，减小了高处风荷载区域的作用面积，还降低了建筑物的重心，使其更加稳定，同时塔形建筑物的侧面斜向构件能够将顶部荷载更好地传向基础，如旧金山泛美大厦。然而，塔形建筑物的有效使用面积会有所降低，经济性较差，因此采用这类设计方案的建筑物并不多见。在工程实践中，很多建筑物采用建筑物顶部设置镂空的过风孔洞等方法，以减小风力的作用，如上海环球金融中心等。

在建筑物的立面选择上，尽量不要将建筑物设计成高耸结构或在建筑物顶部设立高耸的支架、天线及塔桅等。这是由于高耸物在风荷载的随机作用下会产生不规则的风振效应，这类震颤可能会导致材料的疲劳破坏。因此，在进行高耸建筑物设计的时候需要充分考量这个问题。

此外，建筑物的抗风设计要求在选择结构材料时，应尽可能选择重度较大的材料与构件，以提高结构的惯性与稳定性。这样做不仅可以有效减小风荷载所产生的震颤，还可以防止或减小风荷载所产生的负压作用。

（二）建筑物的刚度问题

刚度是满足结构正常使用的基本要求，刚度不满足要求的结构在使用上是没有意义的，因此在某种程度上可以说，刚度设计是结构设计的基本工作。建筑物保持其刚度是十分重要的，只有保持其形体与构件之间的几何关系，结构的计算理论与分析理论才是有效的。

结构刚度分为构件的刚度与结构的整体刚度两类。构件刚度主要是梁式构件对于竖向荷载的变形反应，属于局部问题；结构的整体刚度则是整体结构在侧向力作用下的变形反应，是结构设计的关键问题，尤其是对于风、地震等特殊荷载的作用，更应引起重视。

随着社会的发展和科技的进步，高层建筑物也得到了迅猛的发展，侧向作用逐步成为影响高层建筑物的主要影响因素，因此对结构的抗侧移刚度要求越来越高。在建筑物的刚度分布中最为重要的是均衡，建筑平面内的均衡与竖向的均衡可以有效地避免由于刚度剧烈变化而形成的应力集中。例如，下列结构型式的刚度是不连续的，使用时应慎重。

由于特殊原因，尤其是现代高层建筑向多功能和综合用途发展，实际结构中会出现上下结构体系不同的情况。例如，在高层建筑的同一竖直线上，顶部楼层布置住宅、旅馆，中部楼层设置办公用房，下部楼层用作商店、餐馆和文化娱乐设施等，而不同用途的楼层，需要大小不同的开间，采用不同的结构型式。也就是说，在建筑要求上，建筑顶部需要小开间的布置、较多的墙体，建筑中部办公用房需要中等大小的室内空间，而建筑下部的公共用房部分，则需要较大的自由灵活空间，柱网尺寸尽量大而墙尽量少。这些建筑的功能性要求与结构的合理性及自然布置的条件正好相反。从结构的合理性来看，建筑结构的下部楼层受力大，因此要求建筑结构下部刚度大、墙体多、柱网密，到上部逐步减少墙体数量、柱网密度。为了满足建筑功能的要求，结构需要以与结构合理性相反的方式布置，即建筑上部小空间，布置刚度大的剪力墙；建筑下部大空间，布置刚度小的框架柱。为了满足上述的要求，通常采取设置结构转换层的方法，即在上、下部结构转换的楼层设置刚度较大的转换层，将上部结构的侧向荷载较为均匀地传递至下部抗侧向力的结构上。

转换层可以采用多种结构形式。当内部要形成大空间时，可以采用梁式、桁架式、空腹桁架式、箱形和板式转换层；当框筒结构在底层要形成大的入口时，可以有多种转换层形式的选择，如梁式、桁架式、墙式、合柱式和拱式等。目前，我国用得最多的是梁式转换层，主要原因在于其设计和施工简单，受力明确，一般用于底部大空间剪力墙结构。当上下柱网、轴线错开较多，难以用梁直接承托时，可以做成厚板或箱形转换层，但其自重较大，材料耗用较多，计算分析也比较复杂。

三、结构与地基的关系

（一）场地的选择

建筑物所在的场地是影响建筑安全的重要因素之一，不同的场地类别（见表6-3）适用于不同的结构。通常情况下，坚硬、平整的场地对于建筑物来说是有利的，而软弱、易损的场地是不利的。对于不利的建设场地，最好的方式是避开重新选择有利的场地。而当重新选择有利的场地遇到困难或难以避开不利的场地时，就需要对不利的场地进行适当的地基处理。

表6-3　有利、不利和危险场地的划分

场地类别	地质、地形、地貌
有利场地	稳定基岩，坚硬土，开阔、平坦、密实、均匀的中硬土等。
不利场地	软弱土，液化土，条状突出的山嘴，高耸孤立的山丘，非岩质的陡坡，河岸边坡的边缘，平面分布上成因、岩性、状态明显不均匀的土层（如故河道、疏松的断层破碎带、暗埋的沟谷和半填半挖地基）等。
危险场地	地震时可能发生滑坡、崩塌、地陷、地裂、泥石流的部位及发震断裂带上可能发生地表错位的部位。

第一，单一性的土层、岩层对建筑结构抗震是有利的，对于结构设计者来说，分布均匀、走势平缓的岩层或土层是适宜选择的地基。对于以土层为主的地基，此要求较易保证，但对于以岩石为主的场地，却不易保证。

第二，场地的震动频率应与建筑物的自振频率错开。地震时的共振是造成建筑结构破坏的重要原因之一，避免共振可以有效地减少结构破坏。因此，在进行高层建筑设计时，首先需要预计地震引起的建筑所在场地的地震动卓越周期；其次，在进行建筑方案设计时，通过改变房屋层数、结构类别和结构体系等手段，尽量扩大建筑物基本周期与地震动卓越周期之间的差距，从而满足场地震动频率应与建筑自振频率错开的要求。

经验证明，高层建筑结构基本周期的长短，与其层数或高度成正比，并与所采用的结构类别和结构体系密切相关。就结构类别而言，钢结构的周期最长，钢筋混凝土结构次之，而砌体结构最短。就结构体系而言，框架结构体系周期最长，而框架—剪力墙、框架—支撑、墙筒—框架等结构体系的周期较短，筒中筒、大型支撑结构体系的周期更短一些，全剪力墙结构体系的周期最短。一般而言，采用全剪力墙结构体系的高层建筑，其基本周期比采用框架体系时减少约40%。

第三，避免选择可能发生滑坡、液化的场地。这类场地在地震时可能会形成下陷，因此应该避免选择该类场地。液化等级为中等液化和严重液化的古河道，以及现代河滨、海滨等，当有液化侧向扩展或流滑可能性时，在距离常时水线约100m以内不宜修建永久性建筑。若由于特殊原因，而不得不在此类场地进行建设时，应进行抗滑动验算，采取防土体滑动措施或结构抗裂措施。当地基主要受力层范围内存在软弱黏性土层与湿陷性黄土时，应结合具体情况综合考虑，如采用深基础、地基加固等处理方法。

第四，坡地与差异性地基也是危险的。由于坡地上的建筑物底层构件的刚度通常是不一致的，短柱刚度大，极易形成破坏。而差异性地基在地震时，易形成断层，导致建筑物的破坏甚至倒塌。

（二）基础的埋置深度

对于高层建筑来说，它犹如一根埋在地上的悬臂梁，需要基础埋置在地面下一定的深度，才能满足结构抵抗侧向力的要求。地震作用引起的倾覆力矩，可以使房屋发生整体倾倒，因此适当加大基础埋置深度对结构抗震是有益的。

日本的相关规范中，要求高层建筑基础埋置深度不少于建筑地上高度的1/10，且不小于4m；我国的相关规范也规定，基础埋置深度不少于建筑地上高度的1/15，采用桩基础时不少于建筑地上高度的1/18（桩长不计入埋置深度）。针对基础具体的设计原理及设计方法，详见本书的第十一章结构的地基与基础。

综上所述，概念设计是指不必要经过数值计算，依据整体结构体系与分体系之间的力学关系、结构破坏机理、震害、实验现象和工程经验所获得的基本设计原则和设计思想，从整体的角度来确定建筑结构的总体布置和抗震细部措施的宏观控制。

第二节　结构的选型

根据结构的概念设计原理，对于不同的建筑物需要选择不同的结构形式。建筑结构的设计方案应选用合理的结构体系、构件形式和布置；结构的平、立面布置尽量规则，各部分的质量和刚度易均匀、连续；结构传力途径应简捷、明确，竖向构件易连续贯通、对齐。一般来说，应力要求结构形式简捷，传力路径清晰明确，破坏结果确定，并尽量保证具有多道防止结构破坏的防线。因此，建筑结构一般不设计成静定结构，而以超静定结构为主，重要构件和关键传力部位应增加冗余约束或多条传力途径。同时，宜采取减小偶然荷载作用影响的措施，且符合节省材料、方便施工、降低能耗与保护环境的要求。

在结构选型中，结构的高度与跨度是最基本的两种限制条件与要素。

一、高度与结构形式的关系

随着建筑高度的增加，侧向作用成为结构所抵御的主要作用，而保证结构在侧向作用下的刚度，也逐渐成为结构设计的重点。不同的结构材料使用、结构构成、荷载状态及抗震状况，所适用的建筑高度是不同的。

在低矮的房屋建筑中，结构的负荷主要是以重力为代表的竖向荷载，水平荷载处于次要地位。由于此类房屋结构的横向尺度一般大于竖向尺度，因此结构的整体变形以剪切变形为主要特征。同时，由于较低房屋的层数较少，建筑总重较小，因此对结构材料的强度要求不高，在结构形式的选择上比较灵活，制约的条件较少。

与低矮的房屋建筑不同，高层建筑结构由于层数多、总重大，导致竖向构件所负担的重力荷载较大，而且水平荷载又在竖向构件中引起较大的弯矩、水平剪力和倾覆力矩。因此，为了使竖向构件的结构面积在建筑面积中所占比例不致过大，要求结构材料具有较高的抗压、抗弯和抗剪强度。此外，对于地处地震区的高层建筑结构，要求其结构材料具有足够的延性，因此强度低、延性差的结构不宜用于高层建筑。通常情况下，高层建筑结构的横向尺度小于其竖向尺度，因此其结构的整体变形以弯曲变形为主要特征，而保证结构的整体刚度是高层建筑结构选择的重点内容。

通常情况下，一般的高层建筑需要采用钢筋混凝土结构，而层数更多的特高层建筑则宜采用钢结构、劲性混凝土等组合结构。高层建筑钢筋混凝土结构可采用框架、剪力墙、框架—剪力墙、筒体和板柱—剪力墙结构体系等。钢筋混凝土高层建筑结构的最大适用高度和高宽比分为A级、B级（B级高度高层建筑结构的最大适用高度和高宽比可较A级适当放宽，其结构抗震等级、有关的计算和构造措施应相应严格），详见表6-4、表6-5。

表6-4　A级高度钢筋混凝土结构高层建筑的最大适用高度（m）

<table>
<tr><th colspan="2" rowspan="3">结构体系</th><th rowspan="3">非抗震设计</th><th colspan="5">抗震设防烈度</th></tr>
<tr><th rowspan="2">6°</th><th rowspan="2">7°</th><th colspan="2">8°</th><th rowspan="2">9°</th></tr>
<tr><th>0.20g</th><th>0.30g</th></tr>
<tr><td colspan="2">框架</td><td>70</td><td>60</td><td>55</td><td>40</td><td>35</td><td>25</td></tr>
<tr><td colspan="2">框架—剪力墙</td><td>140</td><td>130</td><td>120</td><td>100</td><td>80</td><td>50</td></tr>
<tr><td rowspan="2">剪力墙</td><td>全部落地剪力墙</td><td>150</td><td>140</td><td>120</td><td>100</td><td>80</td><td>60</td></tr>
<tr><td>部分框支剪力墙</td><td>130</td><td>120</td><td>100</td><td>80</td><td>50</td><td>不应采用</td></tr>
</table>

续表

结构体系		非抗震设计	抗震设防烈度				
			6°	7°	8°		9°
					0.20g	0.30g	
筒体	框架—核心筒	160	150	130	100	90	70
	筒中筒	200	180	150	120	100	80
板柱—剪力墙		110	80	70	55	40	不应采用

表6-5　B级高度钢筋混凝土结构高层建筑的最大适用高度（m）

结构体系		非抗震设计	抗震设防烈度			
			6°	7°	8°	
					0.20g	0.30g
框架—剪力墙		170	160	140	120	100
剪力墙	全部落地剪力墙	180	170	150	130	110
	部分框支剪力墙	150	140	120	100	80
筒体	框架—核心筒	220	210	180	140	120
	筒中筒	300	280	230	170	150

二、跨度与结构形式的关系

跨度是建筑空间的基本性能，没有跨度就没有建筑的室内空间。如果说追求建筑的高度是为了节约用地，那么跨度却是建筑物功能性要求应该保证的参数，是建筑结构或构件应该实现的。梁是建筑结构中最常见的形成跨度的构件。

建筑结构中的空间大跨度结构是由梁演变而来的。从普通梁的弯矩图来看，梁沿着其跨度和截面的受力是不均匀的，其材料强度不能得到充分的发挥。首先，为了受力更加合理，可将矩形截面梁转变为工字形截面，即对梁中部应力较小的部分进行节约化处理，并对梁边缘部位进行加强，进而还可采用格构式梁或桁架来提高梁的承载力和刚度。其次，为了实现结构的更大跨越，可以将梁截面的受力尽量转体为均匀的轴向力，使材料的效率发挥至最大，而拱和索以其截面受力的均一性成为一种高效结构，再进一步横向扩展就形成了空间结构。

所谓空间结构，是形状呈三维曲面状态，具有三维受力、荷载传递路线短、受力均匀等特点。自然界也有许多令人惊叹的空间结构，如贝壳、海螺等是薄壳结构，蜂窝是空间网格结构，肥皂泡是充气膜结构，蜘蛛网是索网结构，棕榈树叶是折板结构等。著名的悉尼歌剧院就是采用空间薄壳结构的典型代表。这些结构受力效果优越，材料使用经济，同时也具有很高的艺术欣赏价值。

衡量一个大跨度空间结构设计水平的高低，通常有五项基本指标，即料强度充分发挥的程度、基础推（拉）力处理的方式、施工安装费用的高低、跨度是否满足要求、结构的艺术表现力。

大跨度结构是极具有艺术表现力的结构体系，发挥这种表现力和利用这种装饰效果，可以自然地显示出结构所体现的力学之美。优秀的工程师会以不同型式的结构来满足跨度要求：小跨度结构可采用简支梁，稍大一些的跨度则采用连续梁式的结构；一般的民用建筑（如住宅、宾馆、写字楼等）采用框架（刚架）结构就可以达到其功能性的跨度要求（跨度可达10m）。对于大型的公共建筑与工业建筑来说，其屋面效果十分重要，是体现建筑美感的重要组成部分。大跨度结构产生的空间作用强烈，屋面与楼面的重量也巨大，因此梁式结构体系是受力最差的体系，轻型结构与整体式空间结构是大跨度建筑的首选。常见的大跨度建筑结构型式有刚架结构、桁架结构、拱式结构、薄壳结构、网架结构、悬索结构和薄膜结构等。要设计好一个大跨度空间结构建筑，建筑师、结构工程师与施工工程师的合作是十分重要的。

第三节　框架结构的设计原理

框架结构是多层房屋建筑经常使用的结构型式之一，该结构以其传力明确且简捷的特点，被结构工程师所青睐。框架结构体系的优点是建筑平面布置灵活，可以提供较大的建筑空间，也可以构成丰富多变的立面造型。框架结构的构件受力形式以受弯为主，杆件可以采用各种延性材料，形成钢筋混凝土框架、劲性混凝土框架、钢框架及木框架等多种框架形式。不论哪一种类型的框架结构，其宏观受力状况是基本相同的。本节以钢筋混凝土框架结构为例，阐述框架结构的各种特点。

一、框架结构的组成、特点及分类

（一）框架结构的组成

框架结构的组成包括梁、板、柱及基础，框架结构体系是由竖向构件的柱子与水平构件的梁通过节点连接而组成的，既承担竖向荷载，又承担水平荷载（风、地震等）。通常情况下，梁与柱连接的节点为刚节点，柱与基础连接的节点为刚性节点，特殊情况下也有可能做成半铰接点或铰节点。框架结构属于高次（或多次）超静定结构，在力学计算中，通常称之为刚架。

1.框架柱

框架柱是框架的主要竖向承重构件、抗侧向力构件，是框架的关键构件。框架结构柱的截面形状多为方形、矩形，也可以根据建筑的需要做成圆形、多边形等。近年来，随着结构计算技术的发展及人们对建筑室内空间要求的提高，与柱肢厚度与墙体厚度一致的“异型柱”（如“L”“T”“+”等形状）也有使用。

2.框架梁

框架梁在框架中起着双重作用：一方面，梁承接着板的荷载，并将其传递至框架柱上，再通过框架柱传递至基础；另一方面，梁协调着框架柱的内力，与框架柱共同承担竖向与水平荷载。

架与框架之间的梁称为联系梁，理论上联系梁不承担荷载，仅仅连接框架。实际上，联系梁具有调整框架不均匀受力的作用，促使框架受力更加均衡此外，部分联系梁也承担着板所传来的荷载。

3.板

框架结构中的板不仅直接承担着竖向荷载，而且对于水平荷载，板也具有十分重要的作用。板是重要的保证框架结构空间刚度的构件，由于板的平面内刚度很大，因此在框架空间的主要作用表现在：对框架柱所承担的侧向受力进行整体协调，以及平衡各榀框架之间的不均匀受力。在房屋建筑的楼梯间，由于此处没有连续的楼板，空间刚度大大折减，需要依靠楼梯间四角的角柱来稳固这一不利空间，因此很多工程师会考虑加强楼梯间的角柱设计，将其设计成相对较大的尺度。

梁与板一般采用钢筋混凝土整体浇筑，才能良好地保证这种空间刚度，而装配式楼板难以满足要求，因此对于地震区，现浇楼板是必需的。

4.墙

通常情况下，框架结构的墙体是填充性的墙体，即墙体仅起着分隔与围护的作用，不承担上部结构的重量与作用。没有墙体，框架结构仍然存在。因此，墙体应与框架结构进行可靠的连接，防止在意外受力时被甩出结构，同时还要避免由于连接过密而与框架形成整体的工作体系，从而改变框架的受力状态。

5.基础

由于框架柱是各自独立地将上部荷载传递至地面的，可以对每一根柱单独设计其基础，因此当地基条件允许的情况下，框架结构通常首选柱下独立柱基础。各个独立基础之间一般设有基础梁，其作用是平衡柱所承担的弯矩，减小基础由于弯矩作用产生的偏心。

在下面两种情况下，结构设计者通常会选择框架柱下条形基础。第一，由于建筑物的上部荷载较大或地基相对软弱，或各独立基础下卧土层的差异性较大，若采用独立基础可能会导致基础之间形成地基的不均匀变形，从而产生地上建筑结构的裂缝甚至破坏；第二，由于独立基础的基础底面积过大，在基础的实际施工中已经形成各个基础的相连或者接近相连的状态，此时选择框架柱下条形基础是比较妥当的。一方面，柱下条形基础可以调整柱之间的受力，使地基承担的荷载更加均匀；另一方面，条形基础的基底面积大于独立基础，更有利于基础对于荷载的承担与分布，提高基础的整体性。条形基础可以设计成单向平行条形基础，也可以设计成相互交叉形式的交叉梁式基础，而后者的基础底面积可能更大、整体性更好。

对于较高层的框架结构或地质状况相对较软弱的区域，框架结构的基础也可以选择筏板式基础（又称片筏基础），即以一块筏板（通常为钢筋混凝土板）将各个框架柱连接在一起，协调框架柱之间的作用，形成整体性的基础，更有利于荷载的传递。筏板基础施工较方便，但是由于筏板的厚度较大，混凝土用量较多，因此在选择时宜慎重考量其经济性。

（二）框架结构的特点

框架结构体系的结构强度高，自重较轻，整体性和抗震性能好。框架结构体系的抗侧刚度主要取决于梁、柱的截面尺寸，在水平荷载的作用下侧向变形较大，抗侧能力较弱，因而其建筑高度受到一定的限制。框架结构体系的优点是建筑平面布置灵活，可以提供较大的建筑空间，也可以构成丰富多变的立面造型。钢筋混凝土框架结构广泛应用于多层工业厂房、仓库、商场、办公楼及住宅等建筑。

（三）框架结构的分类

钢筋混凝土框架结构按照其施工方法，可以分为现浇式、装配式、装配整体式三种类型。

现浇式的钢筋混凝土框架结构，其梁、柱及楼板为现浇钢筋混凝土，一般的做法是每层的柱与其上部的梁板同时支模、绑扎钢筋，然后浇筑混凝土。楼板中的钢筋伸入梁内锚固，梁的纵向钢筋伸入柱内锚固。这种类型的框架结构整体性好、抗震性能好，但现场施工量大、工期长、需要大量的模板。

装配式的钢筋混凝土框架结构，其梁、柱、楼板均为预制，并通过焊接拼装连接。由于焊接的接头处需要预埋连接件，因此增加了一部分用钢量。这种类型的框架结构的构件标准化程度较高，符合当前建筑产业化的趋势，但其整体性较差，抗震能力弱，因此不宜在地震区使用。

装配整体式的钢筋混凝土结构，其梁、柱、楼板均为预制，在构件吊装就位后，焊接或绑扎节点区的钢筋，再浇筑节点混凝土，从而将梁、柱、楼板连成整体。这种类型的框架结构既有良好的整体性和抗震能力，又可采用预制构件，减少现场浇筑混凝土的工作量，因此兼有现浇式和装配式框架的优点，但框架结构节点区的施工相对比较复杂。

二、框架结构的计算模型与传力路径

（一）平面布置

框架结构的平面布置通常是指框架结构的柱网布置。一般情况下，框架结构的柱网布置是根据规划用地、建筑用途、建筑平面及建筑造型等因素确定的，柱网通常采用方形或矩形布置。

按照承重方式的不同，框架结构可以分为横向框架承重、纵向框架承重及纵横框架双向承重三种方案。

通常情况下，由于框架结构的横向柱数量较少，刚度相对较弱，传统的框架结构设计大多进行横向平面结构的设计计算，即将房屋建筑横向的梁设计成框架梁，形成横向框架承重方案。此时，框架结构的纵向柱相对较多，刚度较大，故对纵向框架可按照构造设计，纵向的框架与框架之间联结的梁被做成联系梁。

纵向框架承重方案的纵向框架为主要承力构件，沿房屋的纵向设置框架主梁，沿横向设置次梁。此方案有利于充分利用室内空间，但其横向刚度较弱，对抗震不利，因此在实际工程中应用较少且在地震区不宜采用。

纵横框架双向承重方案，比较适合于建筑平面呈正方形或矩形的边长比较小的情况，此类承重方案需将纵横两个方向的梁、柱结点按刚接处理，此时常采用现浇双向板楼盖或井式楼盖。

（二）计算单元

在框架结构竖向承重结构的布置方案中，一般情况下横向框架和纵向框架都是均匀布置的，各自的刚度基本相同。而作用在房屋建筑上的荷载，如自重、雪荷载、风荷载等基本是均匀分布。因此，在荷载作用下，各榀框架产生的位移也近似相等，相互之间不会产生很大的约束力。由此，无论框架是横向布置或是纵向布置，都可以单独取用一榀框架作为基本的计算单元。而在纵横框架双向布置时，则可以根据结构的不同特点进行分析，并对荷载进行适当的简化，采用平面结构的分析方法，分别对横向和纵向框架进行计算。

（三）计算荷载传递

框架结构的受力主要有垂直力与水平力两种类型，框架结构承受的作用包括竖向荷载、水平作用（如地震作用、风荷载）。

竖向荷载源于建筑结构的自重及各种活荷载，除了某些特殊荷载以外，大多数的竖向荷载被设计成均布荷载。这些均布荷载可能直接作用在框架上（楼板搭载框架梁上），也可能通过其他构件（次梁）以集中荷载的方式传递至框架上（楼板搭在非框架梁的次梁上，再由次梁传递至框架梁上）。框架结构的竖向荷载通过梁板体系来承担，并传递给框架柱，进而由框架柱传至基础、地基。

水平作用主要是由地震、风的作用产生的，即地震作用、风荷载。由于框架结构中的楼板承担了建筑的主要重量，地震时在楼板处会产生巨大的地震作用力，因此在框架的设计计算时，一般将水平地震荷载简化为作用在楼板处的水平集中力。此外，由于框架结构所承担的风力作用在建筑物的侧墙上，并通过侧墙传递至承担该墙体的框架梁上，因此风荷载对于框架也可以简化为集中作用。综上，水平荷载作用的简化是作用于各层框架节点上的水平集中荷载。

（四）框架结构的内力图

框架结构的梁和柱是共同协调受力的，仅等跨的框架结构的中柱在竖向荷载作用下不承担弯矩，而在其他的情况下框架柱均承担弯矩。

竖向荷载对于中柱产生轴心或近似轴心的受压作用，对于边柱产生偏心受压作用，顶层偏心作用大（顶层柱由于竖向作用的荷载较小，弯矩作用表现得更加明显），底层偏心作用小。水平荷载对于所有构件均产生弯矩、剪力作用，底层弯矩大，顶层相对小。水平作用是双向的，内力图仅表示一个方向，设计时应考虑相应的不利组合。框架仅形成了平面内刚度，在加强框架间的联系、形成空间刚度中，楼板的作用不可忽视。

在实际的工程设计中，框架结构的内力基本上采用计算机进行精确分析完成，手工算法也时有采用，主要是对于简单的框架进行初步分析。常用的手工算法有分层计算法、反弯点法及D值法等，详细的计算方法请参考相关的建筑结构设计书籍。

三、框架的设计原则

框架结构属于高次超静定结构，计算复杂，虽然可以依靠计算机进行精确分析，但必须建立在概念设计的基础之上。对于框架结构设计，其概念原则有以下几点。

（一）符合“强柱弱梁、强节弱杆、强剪弱弯、强压弱拉”的抗震设计准则

该准则是从破坏的延性与相对脆性两方面来考虑的结果，使框架结构具有合理的抗震破坏机制——梁铰侧移机制，达到对结构抗震设防的目标要求。

1.强柱弱梁

在结构的破坏过程中，柱的破坏会导致整体或局部结构的坍塌，因此要将柱设计得更加稳固；而相对于梁，由于其失效一般不会导致整体结构的问题，因此相对次要。简单来理解，如果建筑结构中下层的柱子垮了，上面的各层也不复存在了。梁是局部问题，垮了一根梁，垮了一间房；而柱是整体问题，垮了一层柱，垮了整栋建筑。另外，由于柱的破坏可能出现相对脆性的状况，而梁的破坏均为延性，因此对于柱的设计，要选择更高的可靠度。

2.强节弱杆

节点与杆件的设计关系。一方面，节点是杆件的联系，节点破坏要比杆件的破坏严重得多；另一方面，在现代的设计计算理论中，杆件设计已经较为成熟，而节点设计尚没有完善的理论。

3.强剪弱弯

与受弯的破坏过程相比，杆件受剪破坏过程体现出相对的脆性，而且受剪计算的计算公式也体现出更多的经验性而非理论性，防止受剪破坏是防止结构整体破坏的重点之一。

4.强压弱拉

使结构出现更多的受拉特征破坏，是设计的关键之一。钢筋混凝土结构的受压破坏是混凝土的破坏，属于脆性；而受拉破坏是钢筋的屈服破坏，为延性，因此设计者更希望将结构设计成以受拉破坏为特征的体系。

（二）避免使用与框架成整体的小面积刚性墙体

与框架成整体的小面积刚性墙体的刚度要远大于柱的刚度，会承担更多的侧向作用，因此刚性墙体会改变框架结构的受力体系，改变结构的传力过程，使框架结构出现超出设计的破坏，这是很危险的。

（三）柱宜采用双向受弯设计，截面宜采用正方形对称配筋的方式

由于地震作用的方向是随机的，框架柱若采用正方形截面则属于双向对称截面，因此双向对称受弯设计的框架柱，更有利于框架结构的抗震。此外，在适合的条件下采用纵横框架双向承重方案，也有利于抵抗多向随机的水平作用。

（四）保证框架结构构件和节点的刚度，以及结构的平面内受力

框架结构的设计中，应该保证框架梁、柱刚性中心线在一个平面内，避免偏心。所有节点的刚度应满足需求，保证节点刚度，对于必要的区域进行箍筋加密避免用梁承担其他框架梁，同层梁的标高尽量一致，避免较大的高差。同时，框架柱的轴压比（$N=f_cA$，竖向荷载下组合设计轴心压力产生的结构断面压应力与砼抗压设计强度之比）应控制在一定范围内。

四、框架节点的构造要点

框架节点是指梁和柱的重叠区域，是框架结构的关键环节。框架结构梁柱节点的连接直接影响结构安全、经济以及施工是否方便。

一般情况下，现浇框架结构的节点为刚性节点。梁柱节点按位置来分有中间层端节点、中间层中（间）节点、顶层端节点、顶层中（间）节点。框架节点的静力设计主要是构造设计。设计时，梁柱通常采用不同等级的混凝土（柱的混凝土强度等级比梁高），这时要注意节点部位混凝土强度等级与柱相比不能低很多，否则节点区应做专门处理。

在梁柱节点区应设置水平箍筋，水平箍筋应符合规范的构造规定。非抗震设计时，箍筋间距不宜大于250mm；抗震设计时，箍筋设置应符合箍筋加密区的要求。

梁柱节点处钢筋的锚固构造形式有贯穿节点的方式、直线锚固方式、90° 弯折的锚固方式（梁或柱截面尺寸较小时）。

（一）中间层端节点构造

框架梁上部纵向钢筋伸入中间层端节点的锚固长度，当采用直线锚固形式时，不应小于L（纵向受拉钢筋的锚固长度），且伸过柱中心线不宜小于5d（d为梁上部纵向钢筋的直径）。

（二）中间层中节点构造

框架梁或连续梁的上部纵向钢筋应贯穿中间节点或中间支座范围，该钢筋自节点或支座边缘伸向跨中的截断位置，应符合梁支座截面负弯矩纵向受拉钢筋的要求。

对于梁底钢筋锚固，当计算中充分利用钢筋的抗拉强度时，下部纵向钢筋应锚固在节点或支座内。此时，最好采用直线锚固形式。

（三）柱纵向钢筋构造

框架柱的纵向钢筋应贯穿中间层中间节点和中间层端节点，柱纵向钢筋接头应设在节点区以外。

对于顶层中间节点的柱纵向钢筋及顶层端节点的柱内侧纵向钢筋，可用直线方式锚入顶层节点，其自梁底标高算起的锚固长度不应小于L，且必须伸至柱顶。

若顶层节点处梁截面高度不足，柱纵向钢筋应伸至柱顶并向节点内水平弯折。当充分利用其抗拉强度时，柱纵向钢筋锚固段弯折前的竖直投影长度不应小于0.5L，弯折后的水平投影长度不宜小于12d。当柱顶有现浇板且板厚不小于80mm、混凝土强度等级不低于C20时，柱纵向钢筋也可向外弯折，弯拆后的水平投影长度不宜小于12L。此处，d为纵向钢筋的直径。

对于框架顶层端节点外侧钢筋，可将柱外侧纵向钢筋的相应部分弯入大梁内作梁上部纵向钢筋使用，也可将梁上部纵向钢筋与柱外侧纵向钢筋在顶层端节点及其附近部位搭接。搭接接头可沿顶层端节点外侧及梁端顶部布置，也可沿柱顶外侧布置。

但是，如果梁上部和柱外侧钢筋配筋率过高，顶层端节点核心区混凝土会由于压力过大而发生斜压破坏，故应限制顶层端节点处梁上部纵向钢筋的截面面积A_s。

$$A_S \leqslant \frac{0.35\beta_c f_c b_b h_0}{f_y} \tag{6-1}$$

式中：

β_c——混凝土强度影响系数（详见钢筋混凝土梁斜截面计算）

f_c——混凝土强度。

b_b——梁腹板宽度。

h_0——梁截面有效高度（详见钢筋混凝土梁正截面的计算）。

f_y——钢筋屈服强度。

第四节　剪力墙结构的设计原理

建筑结构中的剪力墙一般是指钢筋混凝土墙片，由于墙体的横向尺度很大，因此可以形成较大的平面内刚度，以抵抗较大的侧向作用。在高层建筑中，剪力墙是至关重要的结构组成部分，这是因为随着建筑物的高度的增加，水平（侧向）作用（如风、地震作用等）逐步增大并取代竖向（垂直）作用（如建筑结构的自重等），成为高层建筑结构设计中的控制性受力。

剪力墙不仅可以单独形成结构体系，墙体同时承担重力与侧向力，而且可以与框架共同组成结构体系，发挥不同的作用。此外，剪力墙还可以与其他结构形成多种结构模式（如悬挂结构等）。然而，不论在何种结构体系中，剪力墙的抗侧向力的功能是不变的。

在钢结构房屋中，可以用支撑代替钢筋混凝土剪力墙作为抗侧力结构。

一、剪力墙结构的分类

框架—剪力墙结构与剪力墙结构是剪力墙最常见的结构构成。

框架—剪力墙结构（简称框—剪结构），顾名思义，是框架与剪力墙结合共同形成的结构体系。纯框架结构由于抗侧力性能差，在抗震设防地区的应用范围受到一定的局限。在框架—剪力墙结构体系中，框架结构可以保证宽敞、灵活的建筑平面空间布置，剪力墙可以保证结构的侧向稳定性、具有良好的抗震性能。

单纯的剪力墙结构是主要依靠剪力墙形成的结构体系。剪力墙结构侧向刚度大，适宜做较高的高层建筑。由于剪力墙的墙面较多且开孔困难，大大限制了建筑的使用空间，因此其不易灵活布置的特性，使得纯剪力墙结构一般只在高层住宅或宾馆中使用。

二、剪力墙结构的构成

（一）框架—剪力墙结构体系

通常情况下，剪力墙与框架在建筑结构中，有以下不同的结构体系。

1.单片墙体—框架

在这一体系中，剪力墙是单独的墙体，与框架相连。为了保证结构整体刚度，剪力墙一般布置在结构的周边，并保证刚度的对称性分布。

2.剪力墙筒—框架

剪力墙形成筒状，与框架组成剪力墙筒—框架模式。在该模式中，剪力墙不是单独的墙片，而是具有空间性能的筒。筒一般布置于结构的中心区域，可以兼做电梯与楼梯井。这种模式的结构在现代建筑中非常普遍，原因在于高层建筑必须设置电梯，电梯井壁自然会形成剪力墙体系。但这种结构不利于墙体的有效布置，尤其是结构的横向刚度较小。

3.剪力墙—刚臂—框架

该体系中，剪力墙通过刚性大梁或桁架—刚臂与框架相连，刚臂会促使剪力墙的变形完全复制到框架上，并协调剪力墙与框架的变形。这与框架—剪力墙中，依靠刚度较小的框架梁的联结作用协调剪力墙与框架的变形完全不同。刚臂一般相隔10层左右设置，除了刚臂以外，以框架梁形成各层间梁。

（二）剪力墙结构体系

全剪力墙结构有以下两种形式。

1.剪力墙片所构成的板式建筑

剪力墙在结构中单向布置，以多片墙体形成横向刚度较大的建筑。该结构形式纵向刚度相对较小，一般采用在纵向中部布置剪力墙的方式。

2.剪力墙筒式建筑

剪力墙双向形成空间结构体系，形成筒状或通束。这种结构的刚度较大，适于做高层或超高层建筑。

三、框架—剪力墙结构的受力特点

框架—剪力墙结构是最为普遍的高层建筑模式之一。

由于框架结构的刚度较小，在侧向力作用下框架结构的变相体现出剪切变形的模式，即结构底层的相对变形大，顶层的相对变形小。而剪力墙结构刚度较大，在侧向力作用下剪力墙结构体现的是弯曲变形模式，即结构顶层的相对变形大，底层相对变形小。由此看来，框架与剪力墙在侧向力作用下的变形模式差异性极大，而框架与剪力墙的变形协调也使得结构受力变得十分复杂。

在框架—剪力墙结构中，由于剪力墙的刚度较大，使得框架在框—剪结构底部实际承担的剪力很小，与纯框架结构中框架底部剪力较大形成对比；反之，在框架—剪力墙结构的顶部，由于剪力墙侧向变形较大，对于框架会形成侧向推力，因此框架在框—剪结构顶部相对剪力较大，这与纯框架结构中框架顶部剪力较小形成对比。框架的中下层，层间位移较大。

因此，框架结构附加剪力墙后，框架自身与原有的框架结构相比，受力存在较大差别，必须重新核算。而仅仅单纯地认为“任何框架在附加了剪力墙之后会更加稳固”的理念是不准确的，认为“框架—剪力墙结构，是框架承担垂直作用，剪力墙承担水平作用的简单组合”也是片面的。

框架—剪力墙结构协同工作计算方法，通常是将所有的框架等效为综合框架，将所有的剪力墙等效为综合剪力墙，它们之间的连杆就是楼板（通常可以忽略楼板的变形），并将综合框架和综合剪力墙作为平面结构体系，在同一平面内进行分析计算。

剪力墙又称为“抗风墙”或“抗震墙”，它的作用是抵抗水平剪力，但它的变形特征却是弯曲型，也就是说，剪力墙主要是一个固定在地面的“受弯的悬臂梁”。框架的每根柱子主要是受弯，但整片框架却是剪切型结构，在受力的过程中，楼面依然保持水平，只有侧移而忽略倾斜。由框—剪体系从下而上看，剪力墙的悬臂梁变形曲线越往上增加越快，而框架越往上增加越慢。由此可见，当整个框—剪体系协调变形下，下面各层的剪力墙在帮助框架，而接近屋顶时，框架反而在帮助剪力墙，即框架会分担更多的剪力。也就是说，力按照刚度分配的原则，不但体现在各榀框架和剪力墙之间，也体现在刚度沿高度变化时，二者分配比例的变化上。

四、剪力墙的一般布置原则

剪力墙的布置不但要刚柔适当，而且应尽量力求匀称对称。太刚则地震反应增大，令结构承受更大的地震作用；太柔则变形过大，满足不了规范对房屋顶点位移及层间位移的要求。结构刚度中心偏移，很容易在侧向作用下造成扭转，应尽量避免。

房屋建筑的平、立面体型应尽量简单匀称，剪力墙宜采用均匀、分散的布置模式。分散布置剪力墙的片数较多，有利于从整体上提高建筑的刚度。均匀布置的每片剪力墙的刚度均衡且不宜过大，使得结构的刚度均匀，避免结构出现应力集中现象。

剪力墙的布置应合理的尽量离开房屋建筑的重心，宜采用对称的周边布置原则，尽量使抗侧力结构的刚度中心与水平荷载的合力作用线接近或重合，可以有效地抵抗建筑物在地震作用下可能产生的扭转效应，对称布置保证了刚度的均匀性，周边布置增大了抗扭刚度。

对于剪力墙筒式的结构体系，一般不满足上述要求，可以采用补充墙体、在结构周边布置剪力墙的方法。

一般情况下，剪力墙基本设置在以下主要位置，并且应关注以下重要事项。

（1）剪力墙常布置在竖向荷载较大的部位。一方面可以承担重力荷载，减小柱子的尺度；另一方面可以防止剪力墙在受弯时出现拉力，提高其承载力，也有利于基础的受力。

（2）剪力墙常布置在平面形状变化处。针对应力集中的出现，采用剪力墙对结构进行加强。

（3）可以有效利用电梯间、楼梯间的墙体布置剪力墙。没有楼板，平面刚度减小，而且容易产生应力集中，另外电梯间的井壁自然是剪力墙。

（4）纵横剪力墙宜联合布置为“T”“+”“□”“L”等形式，互为腹板与翼缘，增加惯性矩与抗弯刚度。

（5）对于横向剪力墙，为了避免温度应力的强烈作用，其间距不宜超过建筑物宽度的2.5倍，也不宜超过30m。

（6）剪力墙的刚度沿房屋高度不宜有突变，为了使剪力墙的刚度沿着房屋不发生突变，剪力墙应上下位置对齐，且宜贯通房屋全高。

（7）为避免纵向的温度变形对剪力墙产生影响，纵向墙体不宜布置于结构的两侧，否则会承担较大的温度应力作用。

五、剪力墙的基本构造

剪力墙的墙片一般较薄，在平面内刚度较大，但出平面的刚度很小，剪力墙的边缘则更是柔弱。因此，剪力墙通常需要设置边柱与边梁，加强其边缘，以防止边缘失稳；剪力墙的边缘钢筋也应形成刚性封闭、避免边缘失稳破坏，进而保证整体墙面的刚度，提高其工作效果。

楼板是极为重要的水平刚度分布与连接构件，可以有效地将框架与剪力墙连接为整体，共同工作，因此楼板上不宜开大量的不规则的孔洞，不同层楼板的孔洞宜上下对齐。

剪力墙上不宜开过多、过大的孔洞，必要时要在孔洞周边设有钢筋加强带，以防止刚度折减与应力集中；竖向布置应连续，孔洞应是规则的。

剪力墙横向尺度不宜过大，以保证墙体受弯的力学状态，避免过度受剪；墙片的横向尺度不宜相差悬殊，必要时在剪力墙上规则的开洞，使整体墙片成为联肢墙片。剪力墙中应设置暗柱与暗梁，即竖向与水平的钢筋加强带。

剪力墙的混凝土强度等级不宜低于C20。在剪力墙结构中墙厚不应小于楼层高度的1/25，在框架—剪力墙结构中不应小于楼层高度的1/20，且都不应小于140mm。

墙内钢筋有布置于水平截面两端的竖向受力钢筋（一般都采用对称配筋，$A'_s=A_s$），均匀分布的水平分布钢筋和竖向分布钢筋均应采用热轧钢筋，墙每端的竖向受力钢筋不宜少于4根直径为12mm的钢筋，或2根直径为16mm的钢筋。沿该竖向钢筋方向宜配置直径不小于6mm、间距为250mm的拉筋。

墙中水平分布钢筋和竖向分布钢筋的直径不应小于8mm，间距不应大于300mm，在温度应力、收缩应力较大的部位，宜适当加粗。水平分布钢筋沿墙的两个侧面应双排布置并用拉筋联系，拉筋直径不应小于6mm，间距不应大于600mm。水平分布钢筋和竖向分布钢筋的最小配筋率均为0.2%，在重要部位宜适当提高。

剪力墙水平分布钢筋应伸至墙端，并向内水平弯折10d（d为钢筋直径）。当剪力墙端部有翼墙或转角墙时，内墙两侧的水平分布钢筋和外墙内侧的水平分布钢筋应伸至翼墙或转角墙外边，并分别向两侧水平弯折，弯折长度不宜小于15d。在转角墙处，外墙外侧的水平分布钢筋应在墙端外角处弯入翼墙，并与翼墙外侧水平分布钢筋搭接。

剪力墙中的门窗洞口宜上下对齐，洞口上、下两边的水平纵向钢筋应满足洞口连梁正截面受弯承载力要求，截面面积分别不宜小于在洞口截断的水平分布钢筋总截面面积的一半，且不应少于2根，直径d≥12mm；纵向钢筋自洞口边伸入墙内的长度不应小于受拉钢筋锚固长度。

洞口连梁应沿全长配置箍筋，箍筋直径不宜小于6mm，间距不宜大于150mm。在顶层洞口连梁纵向钢筋伸入墙内的锚固长度范围内，箍筋间距应不大于150mm，直径宜与该连梁跨内箍筋直径相同。同时，门窗洞边的竖向钢筋应锚固在顶层连梁高度范围内。

第五节　排架结构的设计原理

排架结构是单层大跨度厂房中最普遍、最基本的结构形式，通常用于一些机器设备较重且轮廓尺寸较大的厂房。在许多民用建筑中，如影剧院、菜市场及仓库等也可以采用排架结构。排架结构属于平面超静定结构，但与框架相比，超静定次数较少，手工计算较为容易。排架计算一般采用剪力分配法（力学中位移法的一种）。

一、排架结构的结构组成

（一）结构组成

排架结构的承重结构主要由三个主要部分组成：形成跨度的屋面结构（又称屋盖结构）、排架柱和基础结构。

在排架结构的计算中，应该进行以下的前提假设：基础与柱之间为刚性联结，柱顶端与屋架之间为铰接，屋面结构的刚度为无穷大（忽略屋面结构的轴向变形）。在排架结构的设计中，应该做好各种构造措施以保证假设条件的实现。

（二）屋面结构

由于排架结构跨度较大，屋面结构多采用桁架体系、钢结构或钢筋混凝土结构，以减轻屋面结构的重量。较小跨度的排架结构（跨度在15m以下）则多采用钢筋混凝土屋面梁。由于连接平面排架之间纵向构件的标准长度为6m，因此排架的纵向柱距通常采用6m或6m的倍数。

排架结构的屋架之间需要搭设屋面板。为了保证屋面结构的整体刚度，屋面板多数采用重型结构，即大型预应力混凝土屋面板（无檩体系）。有时也采用轻型屋面结构，以檩条连接屋架，在檩条之上放置小型屋面板或轻型板（有檩体系）。

同时为了保证屋面体系的刚度，屋架之间通常需要设置各种支撑，包括上、下弦水平支撑、垂直支撑及纵向水平系杆等。

屋盖上、下弦水平支撑是指布置在屋架（屋面梁）上、下弦平面内以及天窗架上弦平面内的水平支撑。支撑节间的划分应与屋架节间相适应。水平支撑一般采用十字交叉的形式。交叉杆件的交角一般为30° ~60° 。屋盖垂直支撑是指布置在屋架（屋面梁）间或天窗架（包括挡风板立柱）间的支撑。系杆分刚性（压杆）和柔性（拉杆）两种。系杆设置在屋架上、下弦及天窗上弦平面内。屋架上弦支撑是指排架每个伸缩缝区段端部的横向水平支撑，它的作用是：在屋架上弦平面内构成刚性框，增强屋盖的整体刚度，保证屋架上弦或屋面梁上翼缘平面外的稳定，同时将抗风柱传来的风荷载传递到（纵向）排架柱顶。

当采用钢筋混凝土屋面梁的有檩屋盖体系时，应在梁的上翼缘平面内设置横向水平支撑，并应布置在端部第一柱距内以及伸缩缝区段两端的第一或第二个柱距内。当采用大型屋面板且连接可靠，能保证屋盖平面的稳定并能传递山墙风荷载时，则认为大型屋面板能起上弦横向支撑的作用，可不再设置上弦横向水平支撑。

对于采用钢筋混凝土拱形及梯形屋架的屋盖系统，应在每一个伸缩缝区段端部的第一或第二个柱距内布置上弦横向水平支撑。当排架设置天窗时可根据屋架上弦杆件的稳定条件，在天窗范围内沿排架纵向设置连系杆。

屋架（屋面梁）下弦支撑包括下弦横向水平支撑和纵向水平支撑两种。下弦横向水平支撑的作用是承受垂直支撑传来的荷载，并将山墙风荷载传递至两旁的柱上。

当排架跨度≥18m时，下弦横向水平支撑应布置在每一伸缩缝区段端部的第一个柱距内。当排架跨度≤18m且山墙上的风荷载由屋架上弦水平支撑传递时，可不设屋盖下弦横向水平支撑。当设有屋盖下弦纵向水平支撑时，为保证排架空间刚度，必须同时设置相应的下弦横向水平支撑。

下弦纵向水平支撑能提高排架的空间刚度，增强排架间的空间作用，保证横向水平力的纵向分布。当排架柱距为6m，且排架内设有普通桥式吊车，吊车吨位为10t（重级）或吊车吨位为30t等情况时，应设置下弦纵向水平支撑。

屋架垂直支撑除能保证屋盖系统的空间刚度和屋架安装时结构的安全外，还能将屋架上弦平面内的水平荷载传递到屋架下弦平面内。所以垂直支撑应与屋架下弦横向水平支撑布置在同一柱间内。在有檩屋盖体系中，上弦纵向系杆是用来保证屋架上弦或屋面梁受压翼缘的侧向稳定的（即防止局部失稳），并可减小屋架上弦杆的计算长度。

当排架跨度为18～30m，屋架间距为6m，采用大型屋面板时，应在屋架跨度中点布置一道垂直支撑。对于拱形屋架及屋面梁，因其支座处高度不大，故该处可不设置垂直支撑，但需对梁支座进行抗倾覆验算，如稳定性不能满足要求时，应采取措施。梯形屋架支座处必须设置垂直支撑。当屋架跨度超过30m，间距为6m，采用大型屋面板时，应在屋架跨度1/3左右附近的节点处设置两道垂直支撑及系杆。

在一般情况下，当屋面采用大型屋面板时，应在未设置支撑的屋架间相应于垂直支撑平面的屋架上弦和下弦节点处，设置通长的水平系杆。对于有檩体系，屋架上弦的水平系杆可以用檩条代替（但应对檩条进行稳定和承载力验算），仅在下弦设置通长的水平系杆。

垂直支撑一般在伸缩缝区段的两端各设置一道。当屋架跨度不大于18m，屋面为大型屋面板的一般排架中，无天窗时，可不设置垂直支撑和水平系杆，有天窗时，可在屋脊节点处设置一道水平系杆。

当厂房需要天窗时，屋面设置天窗架；当特殊的原因使柱距加大时，由于纵向屋面板不能加长，因此屋架也不能移位，就必须设置托架，以保证屋架的支撑。

（三）排架结构的柱

排架结构的柱截面可以采用多种形式，但不论哪种形式，在建筑跨度方向上的尺度均应大于长度方面的尺度。目前常用的有实腹矩形柱、工字形柱、双肢柱等。

实腹矩形柱的外形简单，施工方便，但混凝土用量多，经济指标较差。

工字形柱的材料利用比较合理，目前在单层厂房中应用广泛，但其混凝土用量比双肢柱多，特别是当截面尺寸较大（如截面高度600mm）时更甚，同时自重大，施工吊装也较困难，因此使用范围也受到一定限制。

双肢柱有平腹杆和斜腹杆两种，前者构造较简单，制作也较方便，在一般情况下受力合理，而且腹部整齐的矩形孔洞便于布置工艺管道。当承受较大水平荷载时，宜采用具有桁架受力特点的斜腹杆双肢柱，但其施工制作较复杂，若采用预制腹杆则制作条件将得到改善。双肢柱与工形柱相比较，混凝土用量少，自重较轻，柱高大时尤为显著，但其整体刚度差些，钢筋构造也较复杂，用钢量稍多。

根据工程经验，目前对预制柱可按截面高度h确定截面形式：当A在600mm时，宜采用矩形截面；当h=（600~800）mm时，采用工字形或矩形；当h=（900~1400）mm时，宜采用工字形；当h=1400mm时，宜采用双肢柱。

对设有悬臂吊车的柱宜采用矩形柱；对易受撞击及设有壁行吊车的柱宜采用矩形柱或腹板厚度≥120mm、翼缘高度≥150mm的工字形柱；当采用双肢柱时，则在安装吊车的局部区段宜做成实腹柱。

实践表明，矩形、工字形和斜腹杆双肢柱的侧移刚度和受剪承载力都较大，因此《建筑抗震设计规范》规定，当抗震设防烈度为8度和9度时，厂房宜采用矩形、工字形截面和斜腹杆双肢柱，不宜采用薄壁工字形柱、腹板开孔柱、预制腹板的工字形柱和管柱；柱底至室内地坪以上500mm范围内和阶形柱的上柱宜采用矩形截面。

柱上有牛腿，可以承担吊车梁、联系梁，这些梁均与柱成铰接状态。一般排架柱以吊车梁牛腿为界，分上下两段，分别称为上柱与下柱。在排架结构的纵向上，采用柱间支撑来保证结构纵向的稳定性与刚度，同时传递纵向荷载。为了避免温度应力的作用，有利于在温度变化或混凝土收缩时，结构可以较自由变形而不致产生较大的温度或收缩应力，柱间支撑一般设置在结构纵向的中间区域，并在柱顶设置通长刚性连系杆来传递荷载。

柱间支撑一般包括上部柱间支撑、中部及下部柱间支撑。柱间支撑通常宜采用十字交叉形支撑；它具有构造简单、传力直接和刚度较大等特点。交叉杆件的倾角一般在35° ~50° 。在特殊情况下，因生产工艺的要求及结构空间的限制，可以采用其他形式的支撑，如采用人字形支撑、八字形支撑等。

柱间支撑的作用是保证厂房结构的纵向刚度和稳定，并将水平荷载（包括天窗端壁部和厂房山墙上的风荷载、吊车纵向水平制动力以及作用于厂房纵向的其他荷载）传至基础。

凡属下列情况之一者，应设置柱间支撑。

（1）厂房内设有悬臂吊车或3t及以上悬挂吊车。

（2）厂房内设有重级工作制吊车，或设有中级、轻级工作制吊车，起重量在10t及以上。

（3）厂房跨度在18m以上，或柱高在8m以上。

（4）纵向柱列的总数在7根以下。

（5）露天吊车栈桥的柱列。

（四）排架结构的其他构件

1.抗风柱（山墙壁柱）

单层厂房的山墙受风面积较大，一般需设置抗风柱将山墙分成区格，使墙面受到的风荷载，一部分（靠近纵向柱列的区域）直接传至纵向柱列；另一部分则传给抗风柱，再由抗风柱下端直接传至基础，而上端则通过屋盖系统传至纵向柱列。

当厂房跨度和高度均不大（如跨度不大于12m，柱顶标高8m以下）时，可在山墙设置砌体壁柱作为抗风柱；当跨度和高度均较大时，一般都设置钢筋混凝土抗风柱，柱外侧再贴砌山墙在很高的厂房中，为不使抗风柱的截面尺寸过大，可加设水平抗风梁或钢抗风桁架作为抗风柱的中间铰支点。

抗风柱的柱脚，一般采用插入基础杯口的固接方式。如厂房端部需扩建时，则柱脚与基础的连接构造宜考虑抗风柱拆迁的可能。必须满足两个要求：一是在水平方向必须与屋架有可靠的连接以保证有效地传递风荷载；二是在竖向脱开，且二者之间能允许一定的竖向相对位移，以防厂房与抗风柱沉降不均匀时产生不利影响所以，抗风柱与屋架一般采用竖向可以移动、水平向又有较大刚度的弹簧片连接，若不均匀沉降的可能较大时，则宜采用螺栓连接方案。

抗风柱的上柱宜采用矩形截面，其截面尺寸不宜小于300mm，下柱宜采用工字形或矩形截面，当柱较高时也可采用双肢柱。

2.圈梁、连系梁、过梁和基础梁

当用砌体作为厂房的围护结构时，一般要设置圈梁或连系梁、过梁及基础梁。圈梁将墙体与厂房柱箍在一起，其作用是增强房屋的整体刚度，防止由于地基的不均匀沉降或较大振动荷载等对厂房的不利影响圈梁置于墙体内，和柱连接，柱对它仅起拉结作用。通常圈梁设置在墙体内，柱上不需设置支承圈梁的牛腿。圈梁的布置与墙体高度、对厂房刚度的要求以及地基情况有关。一般单层厂房圈梁布置的原则是：对无桥式吊车的厂房，当墙厚≤240mm、檐口标高为5m时，应在檐口附近布置一道，当檐高大于8m时，宜增设一道；对有桥式吊车或较大振动设备的厂房，除在檐口或窗顶布置圈梁外，尚宜在吊车梁标高处或其他适当位置增设一道；外墙高度大于15m时还应适当增设。圈梁宜连续地设在同一水平面上，并形成封闭圈。当圈梁被门窗洞口截断时，应在洞口上部增设相同截面的附加圈梁，附加圈梁与圈梁的搭接长度参考砖混结构。

连系梁的作用除联系纵向柱列、增强厂房的纵向刚度并把风荷载传递到纵向柱列外，还承受其上部墙体的重力。连系梁通常是预制的，两端搁置在柱牛腿上，其连接可采用螺栓连接或焊接连接，过梁的作用是承托门窗洞口上的墙体重力。

在进行厂房结构布置时，应尽可能将圈梁、连系梁和过梁结合起来，使一个构件能起到两个或三个构件的作用，以节约材料，简化施工。

在一般厂房中，通常用基础梁来承托围护墙的重力，而不另做基础。基础梁底部离地基土表面应预留100mm的孔隙，使梁可随柱基础一起沉降而不受地基土的约束，同时还可防止地基土冻结膨胀时将梁顶裂。基础梁与柱一般可不连接（一级抗震等级的基础梁顶面应增设预埋件与柱焊接），将基础梁直接搁置在柱基础杯口上，或当基础埋置较深时，放置在基础上面的混凝土垫块上。当厂房高度不大，且地基比较好，柱基础又埋得较浅时，也可不设基础梁而做砖石或混凝土的墙基础。

3.吊车梁与牛腿

吊车梁是承担吊车荷载的构件，一般都是简支梁结构，搭放在柱的牛腿上。有时为了保证吊车梁的承载力，将梁的截面做成变化的，称为鱼腹式吊车梁。吊车梁多采用“T”形截面。

柱上的牛腿主要承担各种附加在柱侧面上的垂直作用，如吊车梁、连系梁、低跨厂房的屋面结构等。根据牛腿伸出柱体的距离a与牛腿高度h_0的不同，牛腿可分为短牛腿（$a \leqslant h_0$）、长牛腿（$a > h_0$）。

牛腿是排架柱上的最为重要的构件，承担着吊车梁、联系梁等重要构件的荷载。其破坏形态主要取决于a/h_0值，有以下三种主要破坏形态。

（1）弯曲破坏，当$a/h_0 > 0.75$，纵向受力钢筋配筋率较低时，一般发生弯曲破坏。

（2）剪切破坏，又可以分为纯剪破坏、斜压破坏和斜拉破坏三种。

（3）局部受压破坏，当加载板过小或混凝土强度过低，由于很大的局部压应力而导致加载板下混凝土局部压碎破坏。

二、排架结构的受力传力路径分析

（一）排架结构的计算单元

在排架结构的计算过程中，选择横向为计算方向，选择相邻柱距的中心线为分界线，建立计算单元，包括屋面体系、柱和基础，计算单元原则上只承担该单元内的各种荷载作用。

（二）排架结构的计算荷载

1.荷载的种类与作用位置

排架上作用的永久荷载主要由各种构件的自重产生。

屋面体系自重G_1，偏心作用于柱顶；墙体自重G_Q通过牛腿作用在柱上，对柱形成偏心作用；上柱自重$G_{上}$，对于上柱形成轴向作用，对于下柱形成偏心作用；下柱自重$G_{下}$对于下柱形成轴心作用；吊车梁（含轨道）G_L通过牛腿作用在柱上，对柱形成偏心作用。

排架上作用的可变荷载包括屋面均布活荷载，即施工、检修等荷载；屋面积雪荷载（根据实际地区考虑）；屋面积灰荷载（排灰量大的生产车间、厂房）；风荷载，在侧墙与山墙形成推力或吸力，方向与墙体正交，在屋面形成吸力，垂直向上。屋面坡的两侧风荷载不同，但采用重型屋面时，该荷载可以不考虑。

对于可变荷载，需要考虑荷载的组合。根据荷载发生的可能性，均布活荷载、积灰、积雪荷载可以不同时考虑，在计算时取大值，与屋盖自重传力路径相同。

常见厂房吊车为两台桥式吊车，并根据厂房生产功能分为各种级别，从低到高。吊车的工作与运行产生的荷载，直接作用于吊车梁上，并进而通过牛腿传递至柱上。吊车运行在厂房的不同位置时，对于排架柱的荷载传递是不同的。

当厂房内设置一台以上的吊车时，应考虑荷载的组合与折减，原因在于，吊车同时工作、同时达到荷载最大值、同时在相同方向行驶的可能性较小。

在吊车荷载的计算中，除了按结构力学中的影响线计算两台吊车并行，在牛腿上形成最大的垂直与侧向轮压外，还要考虑由于排架的空间工作性能所形成的对于侧向作用的折减效应。这种折减效应主要源于屋面体系，当屋面体系的刚度较大或就被设计成为刚性屋面体系时，屋面体系会对于吊车的侧向作用形成在整个结构范围上的分担。当屋面为理想的完全刚性结构时，吊车的水平作用将被传递至其他的排架上；当屋面为一般刚性的结构时，吊车的水平作用将被按照一定的比例关系传递至其他的排架上。

可见，屋面刚度的大小是荷载分布程度的决定因素，但要注意的是，由于排架结构跨度较大、高度较高，山墙相对较为柔弱，因此排架结构的山墙一般不作为抵抗侧向作用的构件。

2.荷载的传递路径

排架结构的竖向荷载与水平荷载最终均由排架柱承担，并传递至基础、地基。排架结构水平荷载传递分为横向、纵向两个方向。

三、排架结构的计算分析

（一）等高排架

单列或并列的排架在侧向力的作用下，当屋面体系的水平位移相同时，该排架体系一般被称为等高排架从等高排架的定义来看，是否是等高排架与排架的高度是否相等无关，关键在于排架的顶端，即屋面体系的支点处，在外力作用下的水平方向上的位移是否相同。

屋面结构的轴向刚度，是等高排架计算分析的关键，只有其轴向刚度为无穷大，排架柱顶水平位移才能相等。因此，排架结构的屋面体系做成刚性的，而且要使用大量的支撑体系是十分必要的，不仅仅是保证屋架体系的受力问题。

（二）剪力分配法

排架结构的计算，通常使用剪力分配法来进行，其基本原理在于：各柱在柱顶侧向集中力的作用下所产生的剪力，与柱的抗剪刚度成正比，其原因在于柱顶位移相同，即：

$$V_i = \frac{K_i \cdot F}{\sum K} \tag{6-2}$$

式中：

K——各柱的抗剪刚度。

$K_i / \sum K$——剪力分配系数。

各柱的抗剪刚度可以根据柱采用的材料、截面状况、高度等参数进行设计确定。

对于作用在柱顶的侧向集中荷载，可以很容易地利用公式求解出来。而对于一般荷载（非柱顶横向集中力），需要采用位移法的思路求解。

（1）设边柱柱顶处存在水平铰支座。

（2）对于承担荷载的柱，可以通过查位移法表格，求得柱端剪力，即设定支座处的水平支座反力为V。

（3）将设定的支座除去，并施加与V相反方向的力$-V$，并应用剪力分配法求解$-V$作用下的各柱的柱顶剪力。

（4）实际结构的受力，就可以视为这两种受力状态的叠加，进而可以求出每一根柱的柱顶剪力，并可以将屋面体系除去，代之以相应的力的作用。

（5）除去屋面体系的各个柱，与静定结构的悬臂梁无异，即可以求解出杆件弯矩与弯矩图。

第七章　建筑抗震设计

第一节　多层砌体结构房屋的抗震设计

地震，就是由于地面运动而引起的振动。振动的原因是由于地壳板块的构造运动，造成局部岩层变形不断增加、局部应力过大，当应力超过岩石强度时，岩层突然断裂错动，释放出巨大的变形能。这种能量除一小部分转化为热能外，大部分以地震波的形式传到地面而引起地面振动。这种地震称为构造地震，简称为地震。此外，火山爆发、水库蓄水、溶洞塌陷也可能引起局部地面振动，但释放能量都小，不属于抗震设计研究的范围。

一、地震波

在地层深处发生岩层断裂、错动而释放能量，产生剧烈振动的地方称为震源，震源正上方的地面称为震中，震中邻近的地区称为震中区。地震时释放的能量以波的形式传播。在地球内部传播的波称为体波，在地球表面传播的波称为面波。

体波包括纵波和横波。纵波是一种压缩波，也称为P波，介质的振动方向与波的传播方向一致；纵波的周期短、振幅小、波速最快（为200～1400m/s），它引起地面的竖向振动。横波是一种剪切波，也称为S波，介质的振动方向与波的传播方向垂直；横波的周期长、振幅大、波速较慢（约为纵波波速的一半），它引起地面水平方向的振动。

面波是体波经地层界面多次反射和折射后形成的次生波。它的波速最慢（约为横波的0.9倍），振幅比体波大，振动方向复杂，其能量也比体波的大。

二、抗震设计的基本要求

（一）建筑抗震设防分类和设防标准

1.抗震设防类别

根据建筑的使用功能的重要性，分为甲类、乙类、丙类、丁类四个抗震设防类别。

（1）甲类建筑

甲类建筑应属于重大建筑工程和地震时可能发生严重次生灾害的建筑。

（2）乙类建筑

乙类建筑应属于地震时使用功能不能中断或需尽快恢复的建筑。如医疗、广播、通信、交通、供电、供水、消防和粮食等工程及设备所使用的建筑。

（3）丙类建筑

属于除甲、乙、丁类以外的一般建筑。

（4）丁类建筑

属于抗震次要建筑，一般指地震破坏不易造成人员伤亡和较大经济损失的建筑。

2.抗震设防标准（seismic fortification criterion）

（1）甲类建筑

地震作用（earthquake action）应高于本地区抗震设防烈度的要求，其值应按批准的地震安全性评价结果确定；

抗震措施（seismic fortification measures）：当抗震设防烈度为6～8度时，应符合本地区抗震设防烈度提高一度的要求；当为9度时，应符合比9度抗震设防更高的要求。

（2）乙类建筑

地震作用应符合本地区抗震设防烈度的要求。

抗震措施：一般情况下，当抗震设防烈度为6～8度时，应符合本地区抗震设防烈度提高一度的要求；当为9度时，应符合比9度抗震设防更高的要求；地基基础的抗震措施，应符合有关规定。

对较小的乙类建筑，当其结构改用抗震性能较好的结构类型时，允许仍按本地区抗震设防烈度的要求采取抗震措施。

（3）丙类建筑

地震作用和抗震措施均应符合本地区抗震设防烈度的要求。

（4）丁类建筑

一般情况下，地震作用仍应符合本地区抗震设防烈度的要求。

抗震措施允许比本地区抗震设防烈度的要求适当降低，但抗震设防烈度为6度时不应降低。

抗震设防烈度为6度时，除《建筑抗震设计规范》有具体规定外，对乙、丙、丁类建筑可不进行地震作用计算。

（二）抗震设防目标

按《建筑抗震设计规范》进行抗震设计的建筑，其基本的抗震设防目标是：当遭受低于本地区抗震设防烈度的多遇地震影响时，主体结构不受损坏或不需修理可继续使用（简称“小震不坏”，俗称第一水准）；当遭受相当于本地区抗震设防烈度的设防地震影响时，可能发生损坏，但经一般性修理仍可继续使用（简称“中震可修”，俗称第二水准）；当遭受高于本地区抗震设防烈度预估的罕遇地震影响时，不致倒塌或发生危及生命的严重破坏（简称“大震不倒”，俗称第三水准）。使用功能或其他方面有专门要求的建筑，当采用抗震性能化设计时，具有更具体或更高的抗震设防目标。

（三）建筑抗震概念设计

由于地震作用的不确定性以及结构计算模式与实际情况存在差异，除进行地震作用的设计计算外，还应从抗震设计的基本原则出发，从结构的整体布置到关键部位的细节，把握主要的抗震概念进行设计，使计算分析结果更能反映实际情况。主要有如下若干方面。

1.场地、地基和基础选择

抗震设计的场地，是指工程群体所在地，具有相似的地震反应特征。其范围相当于厂区、居民小区和自然村或不小于一平方公里的平面面积。

（1）场地的选择

建筑场地的类别，是根据场地岩土工程勘探确定的。场地岩土工程勘探，应根据实际需要划分成对建筑有利、不利和危险地段，提供建筑的场地类别和岩土地震稳定性（如滑坡、崩塌、液化和震陷特性等）评价，并按设计需要提供有关参数。

选择建筑场地时，应根据工程需要，掌握地震活动情况、工程地质和地震地质的有关资料，对抗震有利、不利和危险地段做出综合评价。对不利地段（指软弱土、液化土，条状突出的山嘴，高耸孤立的山丘，陡坡，陡坎，河岸和边坡的边缘，平面分布上成因、岩性、状态明显不均匀的土层如故河道、疏松的断层破碎带、暗埋的塘浜沟谷和半填半挖地基等，以及高含水量的可塑黄土、地表存在结构性裂缝等），应提出避开要求；无法避开时应采取有效的措施。对危险地段（地震时可能发生滑坡、崩塌、地陷、地裂、泥石流等及发震断裂带上可能发生地表错位的部位），严禁建造甲、乙类的建筑，不应建造丙类建筑。

（2）地基和基础选择

在地基和基础设计时，同一结构单元的基础不宜设置在性质截然不同的地基上；同一结构单元不宜部分采用天然地基、部分采用桩基；对饱和砂土和饱和粉土（不含黄土）的地基。除6度防设外，应进行液化判别（土的液化是指地下水位以下的上述土层在地震作用下，土颗粒处于悬浮状态、土体抗剪强度为零从而造成地基失效的现象）；存在液化土层的地基，应采取消除或减轻液化影响的措施。当地基主要受力范围内为软弱黏性土层与湿陷性黄土时，应结合具体情况进行处理。山区建筑场地勘查应有边坡稳定性评价和防治方案建议，应根据地质、地形条件和使用要求，因地制宜设置符合抗震设防要求的边坡工程。边坡附近的建筑应进行抗震稳定性设计。建筑基础与土质、强风化岩质边坡的边缘应留有足够的距离，其值应根据抗震设防烈度的高低确定，并采取措施避免地震时地基基础破坏。

2.结构的平面和立面布置

不应采用严重不规则的设计方案。建筑及其抗侧力结构的平面布置宜规则、对称，并具有良好的整体性；建筑的立面和竖向剖面宜规则，结构的侧向刚度宜均匀变化，避免其突变和承载力的突变。参见结构选型部分的介绍。

3.结构体系的选择

结构体系应根据建筑的抗震设防类别、抗震设防烈度、建筑高度、场地条件、地基、结构材料和施工等因素，经技术、经济和使用条件综合比较确定。结构体系应符合下列要求：（1）应具有明确的计算简图和合理的地震作用传递途径；（2）应避免因部分结构或构件的破坏而导致整个结构丧失抗震能力或对重力荷载的承载能力；（3）应具备必要的抗震承载力、良好的变形能力和消耗地震能量的能力；（4）对可能出现的薄弱部位，应予加强，采取措施提高抗震能力。

此外，结构体系宜有多道抗震防线，在两个主轴方向的动力特性宜相近，刚度和承载力分布宜合理，避免局部削弱或突变造成过大的应力集中或塑性变形集中。

4.抗震结构构件及其连接

抗震结构构件应尽量避免脆性破坏的发生，并应采取措施改善其变形能力。如砌体结构设钢筋混凝土圈梁和构造柱，钢筋混凝土结构构件应有合理截面尺寸，避免剪切破坏先于受弯破坏、锚固破坏先于构件破坏，等等。多、高层的混凝土楼、屋盖宜优先选用现浇混凝土板。

结构构件的连接应强于相应连接的构件，如节点破坏、预埋件的锚固破坏，均不应先于构件和连接件的破坏；装配式结构构件连接、支撑系统等应能保证结构整体性和稳定性。

5.非结构构件

非结构构件包括建筑非结构构件如围护墙、隔墙、装饰贴面、幕墙等，也包括安装在建筑上的附属机械、电气设备系统等。总的要求是与主体结构构件有可靠的连接或锚固，避免不合理设置而导致主体结构的破坏。

6.材料选择和施工

抗震结构对材料和施工质量的特别要求，应在设计文件中注明。

普通钢筋宜优先采用延性、韧性和焊接性较好的钢筋；其强度等级，纵向受力钢筋宜选用符合抗震性能指标的HRB400级热轧钢筋，也可采用符合抗震性能指标的HRB335级、HRB500级热轧钢筋；箍筋宜选用符合抗震性能指标的HRB335级、HRB400级、HPB300级热轧钢筋。当需要以强度等级较高钢筋代替原设计的纵向受力钢筋时，应按钢筋受拉承载力设计值相等原则换算，并应满足正常使用极限状态要求和抗震构造要求。

三、多层砌体结构房屋的抗震设计一般规定

由于砌体结构材料的脆性性质，其抗剪、抗拉及抗弯强度都低，砌体房屋的抗震能力较差。在水平地震的反复作用下，多层砌体房屋的主要震害有窗间墙出现交叉斜裂缝，墙体转角处破坏，内外墙体连接处易被拉开造成纵墙或山墙外闪、倒塌，预制楼板由于支承长度不足或无可靠拉结而塌落，突出屋面的屋顶间、女儿墙、烟囱等的倒塌，楼梯间破坏，等等。其抗震设计的关键是提高墙体的抗剪承载力，进行砌体结构抗震抗剪承载力验算；采取适当构造措施加强结构整体性、改善结构的变形能力。

（一）多层砌体房屋的结构体系

多层砌体房屋的结构体系，应符合下列要求。（1）应优先采用横墙承重或纵横墙共同承重的结构体系。不应采用砌体墙和混凝土墙混合承重的结构体系。（2）纵横向砌体抗震墙的布置应符合下列要求：①宜均匀对称，沿平面内宜对齐，沿竖向应上下连续；且纵横向墙体的数量不宜相差过大；②平面轮廓凹凸尺寸，不应超过典型尺寸的50%；当超过典型尺寸的25%时，房屋转角处应采取加强措施；③楼板局部大洞口的尺寸不宜超过楼板宽度的30%，且不应在墙体两侧同时开洞；④房屋错层的楼板高差超过500mm时，应按两层计算；错层部位的墙体应采取加强措施；⑤同一轴线上的窗间墙宽度宜均匀；墙面洞口的面积，6、7度时不宜大于墙面总面积的55%，8、9度时不宜大于50%；⑥在房屋宽度方向的中部应设置内纵墙，其累计长度不宜小于房屋总长度的60%（高宽比大于4的墙段不计入）。（3）房屋有下列情况之一时宜设置防震缝，缝两侧均应设置墙体，缝宽应根据烈度和房屋高度确定，可采用70～100mm：①房屋立面高差在6m以上；②房屋有错层，且楼板高差大于层高的1/4；③各部分结构刚度、质量截然不同。（4）楼梯间不宜设

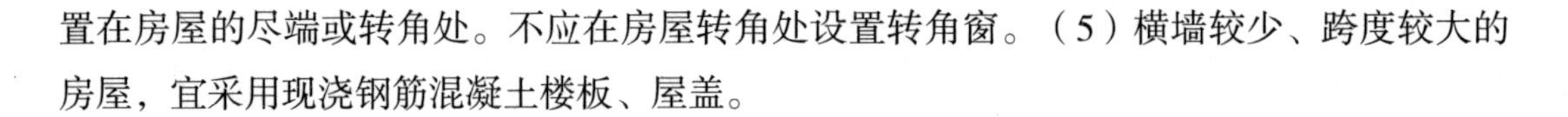
置在房屋的尽端或转角处。不应在房屋转角处设置转角窗。（5）横墙较少、跨度较大的房屋，宜采用现浇钢筋混凝土楼板、屋盖。

（二）底部框架—抗震墙房屋

对底部框架—抗震墙、上部为砌体结构房屋的结构布置，应符合以下要求。（1）上部的砌体墙体与底部的框架梁或抗震墙，除楼梯间附近的个别墙段外均应对齐。（2）房屋的底部，应沿纵横两方向设置一定数量的抗震墙，并应均匀对称布置。6 度且总层数不超过四层的底层框架—抗震墙房屋，应允许采用嵌砌于框架之间的约束砖砌体或小砌块砌体的砌体抗震墙，但应计入砌体墙对框架的附加轴力和附加剪力并进行底层的抗震验算，且同一方向不应同时采用钢筋混凝土抗震墙和约束砌体抗震墙；其余情况，8 度时应采用钢筋混凝土抗震墙，6、7 度时应采用钢筋混凝土抗震墙或配筋小砌块砌体抗震墙。（3）底层框架—抗震墙房屋的纵横两个方向，第二层计入构造柱影响的侧向刚度与底层侧向刚度的比值，6、7 度时不应大于 2.5，8 度时不应大于 2.0，且均不应小于 1.0。（4）底部两层框架—抗震墙房屋纵横两个方向，底层与底部第二层侧向刚度应接近，第三层计入构造柱影响的侧向刚度与底部第二层侧向刚度的比值，6、7 度时不应大于 2.0，8 度时不应大于 1.5，且均不应小于 1.0。（5）底部框架—抗震墙砌体房屋的抗震墙应设置条形基础、筏式基础等整体性好的基础。

对于多层多排柱内框架房屋，由于钢筋混凝土框架与砌体墙的动力特性有很大差异，遭遇地震时极易发生破坏，故该类房屋已从抗震设计中取消。

四、多层黏土砖房的抗震构造措施

（一）现浇钢筋混凝土构造柱的设置

现浇钢筋混凝土构造柱（以下简称构造柱）的设置可以增加砌体结构房屋的延性，提高房屋的抗侧移能力和抗剪承载力，防止或延缓房屋的倒塌。

1.构造柱的设置部位

（1）一般情况

根据房屋层数和设防烈度，按表7–1的要求设置。

表7-1 多层砖砌体房屋构造柱设置要求

<table>
<tr><th colspan="4">房屋层数</th><th colspan="2" rowspan="2">设置部位</th></tr>
<tr><th>6度</th><th>7度</th><th>8度</th><th>9度</th></tr>
<tr><td>≤五</td><td>≤四</td><td>≤三</td><td></td><td rowspan="3">楼、电梯间四角，楼梯斜梯段上下端对应的墙体处；外墙四角和对应转角；错层部位横墙与外纵墙交接处；大房间内外墙交接处；较大洞口两侧</td><td>隔12m或单元横墙与外纵墙交接处；楼梯间对应的另一侧内横墙与外纵墙交接处</td></tr>
<tr><td>六</td><td>五</td><td>四</td><td>二</td><td>隔开间横墙（轴线）与外墙交接处；山墙与内纵墙交接处</td></tr>
<tr><td>七</td><td>六、七</td><td>五、六</td><td>三、四</td><td>内墙（轴线）与外墙交接处；内墙的局部较小墙垛处；内纵墙与横墙（轴线）交接处</td></tr>
</table>

注：较大洞口，内墙指大于2.1m的洞口；外墙在内外墙交接处已设置构造柱时允许适当放宽，但洞侧墙体应加强。

（2）特殊房屋的设置

①外廊式和单面走廊式的多层房屋，应根据房屋增加一层后的层数，按表7-1的要求设置，且单面走廊两侧的纵墙均应按外墙处理。②教学楼、医院等横墙较少的房屋，应按房屋增加一层后的层数，按表7-1要求设置；上述房屋为外廊式或单面走廊式时，应按①的要求设构造柱，且6度不超过四层、7度不超过三层和8度不超过二层时，应按增加二层后的层数对待。③对各层横墙很少的房屋，应按增加二层的层数设置构造柱。④采用蒸压灰砂砖和蒸压粉煤灰砖的砌体房屋，当砌体的抗剪强度仅达到普通黏土砖砌体的70%时，应按增加一层的层数按表7-1及①～③款要求设置构造柱；但6度不超过四层、7度不超过三层和8度不超过二层时，应按增加二层的层数对待。

2.构造柱做法

（1）截面尺寸及配筋

最小截面尺寸可采用240mm×180mm（墙厚190mm时为180mm×190mm），纵向钢筋宜采用4ϕ12，箍筋直径可采用6mm，间距不宜大于250mm，且在柱上、下端宜适当加密；房屋四角的构造柱可适当加大截面及配筋；对6、7度时超过六层、8度时超过五层及9度时，构造柱纵向钢筋宜采用4ϕ14，箍筋间距不应大于200mm。

（2）与墙体连接

构造柱与墙连接处应砌成马牙槎，沿墙高每隔500mm设2ϕ6水平钢筋和ϕ4分布短筋平面内点焊组成的拉结网片或ϕ4点焊钢筋网片，每边伸入墙内不宜小于1m。6、7度时底部1/3楼层，8度时底部1/2楼层，9度时全部楼层，上述拉结钢筋网片应沿墙体水平通长设置。施工时，应先绑扎构造柱钢筋、再砌墙（同时设置拉结钢筋），最后浇筑混凝土。

（3）与圈梁连接

构造柱与圈梁连接处，构造柱的纵筋应在圈梁纵筋内侧穿过，保证构造柱纵筋上下贯通。

（4）构造柱基础

构造柱可不单独设置基础，但应伸入室外地面下500mm，或与埋深小于500mm的基础圈梁相连。

（5）构造柱间距

当房屋高度和层数接近规定限值时，纵、横墙内构造柱间距尚应符合下述要求：横墙内的构造柱间距不宜大于层高的2倍，下部1/3楼层的构造柱间距适当减小；当外纵墙开间大于3.9m时，应另设加强措施，内纵墙的构造柱间距不宜大于4.2m。

（二）现浇钢筋混凝土圈梁的设置

钢筋混凝土圈梁对加强墙体连接、提高楼盖及屋盖刚度、抵抗地基不均匀沉降、保证房屋整体性和提高房屋抗震能力都有很大作用。

1.设置部位

装配式钢筋混凝土楼盖、屋盖或木屋盖的砖房，应按表7–2的要求设置圈梁；纵墙承重时，抗震横墙上的圈梁间距应比表内要求适当加密。

表7–2　多层砖砌体房屋现浇钢筋混凝土圈梁设置要求

墙类	烈度		
	6、7度	8度	9度
外墙和内纵墙	屋盖处及每层楼盖处	屋盖处及每层楼盖处	屋盖处及每层楼盖处
内横墙	屋盖处及每层楼盖处；屋盖处间距不应大于4.5m；楼盖处间距不应大于7.2m；构造柱对应部位	屋盖处及每层楼盖处；各层所有横墙，且间距不应大于4.5m；构造柱对应部位	屋盖处及每层楼盖和各层所有横墙

现浇或装配整体式钢筋混凝土楼屋盖与墙体有可靠连接的房屋，允许不另设圈梁，但楼板沿墙体周边应加强配筋并应与相应构造柱钢筋可靠连接。

2.圈梁截面和配筋

圈梁截面高度不应小于120mm；基础圈梁高度不应小于180mm。圈梁的纵向钢筋不应少于4ϕ10（6、7度时）、4ϕ12（8度时）和4ϕ14（9度时）；基础圈梁纵向钢筋不应小于4ϕ12。最大箍筋间距分别为250mm（6、7度时）、200mm（8度）和150mm（9度）。

3.圈梁的其他构造

圈梁宜与预制板设在同一标高处或紧靠板底；在要求布置圈梁的位置无横墙时，应利用梁或板缝中配筋替代圈梁；圈梁应闭合，遇洞口被打断时，应在洞口处进行搭接（同非抗震做法）。

（三）对楼、屋盖的要求

1.楼板的支承长度和拉结

装配式钢筋混凝土楼板或屋面板，当圈梁未设在板的同一标高时（即设在板底时），板端伸入外墙的长度不应小于120mm，伸入内墙长度不应小于100mm，在梁上不应小于80mm；现浇钢筋混凝土楼板或屋面板伸进纵、横墙内长度均不应小于120mm。

当板的跨度大于4.8m并与外墙平行时，靠外墙的预制板侧边应与墙或圈梁拉结；房屋端部大房间的楼盖，6度时房屋的屋盖和7～9度时房屋的楼、屋盖，当圈梁设在板底时，钢筋混凝土预制板应相互拉结，并应与梁、墙或圈梁拉结。

2.梁或屋架的连接

楼盖和屋盖处的钢筋混凝土梁或屋架，应与墙、柱、构造柱或圈梁等可靠连接；不得采用独立砖柱。跨度不小于6m、大梁的支承构件应采用组合砌体等加强措施，并满足承载力要求。

（四）墙体拉结钢筋

6、7度时长度大于7.2m的大房间，以及8、9度时外墙转角及内外墙交接处，应沿墙高每隔500mm配置2ϕ6的通长钢筋和ϕ4分布短筋平面内点焊组成的拉结网片或点焊网片。

（五）对楼梯间的要求

突出屋顶的楼、电梯间，构造柱应伸到顶部，并与顶部圈梁连接，所有墙体应沿墙高每隔500mm设2ϕ6通长钢筋和ϕ4分布短筋平面内点焊组成的拉结网片或ϕ4点焊网片。

顶层楼梯间墙体应沿墙高每隔500mm设2ϕ6通长钢筋和ϕ4分布短钢筋平面内点焊组成的拉结网片；7～9度时其他各层楼梯间墙体应在休息平台或楼层半高处设置60mm厚、纵向钢筋不应少于2ϕ10的钢筋混凝土带或配筋砖带，配筋砖带不少于3皮，每皮的配筋不少于2ϕ6，砂浆强度等级不应低于M7.5，且不低于同层墙体的砂浆强度等级。

楼梯间及门厅内墙阳角处的大梁支承长度不应小于500mm，并应与圈梁连接。

装配式楼梯段应与平台板的梁可靠连接，8度和9度时不应采用装配式楼梯段；不应采用墙中悬挑式踏步或踏步竖肋插入墙体的楼梯，不应采用无筋砖砌栏板。

（六）其他构造

1.过梁

门窗洞口处不应采用无筋砖过梁；过梁支承长度不应小于240mm（6～8度时）或360mm（9度时）。

2.基础

同一结构单元的基础宜采用同一类型，底面宜埋置在同一标高上（否则应增设基础圈梁并应按1：2台阶逐步放坡）。

3.后砌非承重隔墙

后砌的非承重隔墙应沿墙高每隔500mm配置2 ϕ 6拉结钢筋与承重墙或柱拉结，每边伸入墙内不应少于500mm；8度和9度时，长度大于5m的后砌隔墙，墙顶尚应与楼板或梁拉结。

4.横墙较少的丙类多层砖房

丙类的多层砖砌体房屋，当横墙较少且总高度和层数接近或达到规定限值时，应采取下列加强措施：（1）房屋的最大开间尺寸不宜大于6.6m；（2）横墙和内纵墙上洞口宽度不宜大于1.5m，外纵墙上洞口宽不宜大于2.1m或开间尺寸的一半；内外墙上的洞口位置不应影响内外纵墙与横墙的整体连接；（3）同一结构单元内横墙错位数量不超过横墙总数的1/3，且连续错位不宜多于两道；错位的墙体交接处均应增设构造柱，且楼、屋面板均应采用现浇钢筋混凝土板；（4）所有纵横墙均应在楼、屋盖标高处设置加强的现浇钢筋混凝土圈梁（截面高不小于150mm，上下纵筋各不少于3 ϕ 10，箍筋直径不小于 ϕ 6，间距不大于250mm）；（5）所有纵横墙交接处及横墙的中部，均应增设满足下列要求的构造柱：在纵、横墙内的柱距不宜大于3.0m，最小截面尺寸不宜小于240mm×240mm（墙厚190mm时为240mm×190mm）；（6）房屋底层和顶层的窗台标高处，宜设置沿纵横墙通长的水平现浇钢筋混凝土带，其截面高度不小于60mm，宽度不小于240mm，纵向钢筋不小于3 ϕ 6；（7）同一结构单元的楼、屋面板应设置在同一标高处。

其他砌体房屋抗震构造措施类似（略）。

第二节　多层钢筋混凝土框架的抗震设计

未经抗震设计的钢筋混凝土框架结构遭遇地震作用时，其震害主要表现为：柱顶纵筋压屈、混凝土压碎，柱出现斜裂缝或交叉的斜裂缝，柱底出现水平裂缝，柱顶的震害比柱底严重；短柱易发生剪切破坏，角柱的震害比其他部位的柱严重；梁端可能出现交叉斜裂缝和贯通的垂直裂缝；节点可能发生剪切破坏，梁的纵向钢筋因为锚固长度不够而从节点内拔出；框架填充墙出现交叉斜裂缝，甚至倒塌，下层填充墙的震害一般比上部各层严重。因此，建造在抗震设防区的框架结构，应按规定进行抗震设计。

一、框架抗震设计的一般规定

钢筋混凝土框架的主要缺点是，随着房屋高度和层数的增加，在水平地震作用下的侧向刚度将难以满足要求。因此钢筋混凝土框架适用的最大高度受到限制，此外，还应满足如下规定要求。

（一）结构抗震等级

钢筋混凝土房屋应根据烈度、房屋高度和结构类型，采用不同的抗震等级。抗震等级分为一、二、三、四共4级。对丙类建筑的框架结构，其抗震等级规定如表7-3。

表7-3　现浇钢筋混凝土框架的抗震等级

烈度	6度		7度		8度		9度
高度/m	≤24	>24	≤24	>24	≤24	>24	≤24
框架	四	三	三	二	二	一	一
大跨度框架	三		二		一		一

注：①建筑场地为Ⅰ类时，除6度外可按表内降低一度对应的抗震等级采取抗震构造措施，但相应的计算要求不应降低。
②接近或等于高度分界时，允许结合场地、房屋不规则程度、地基条件确定抗震等级。
③大跨度框架指跨度不小于18m的框架。

对于甲、乙、丁类建筑，按相应的抗震设防标准和表7-3确定抗震等级。

裙房与主楼相连时，除应按裙房本身确定抗震等级外，尚不应低于主楼的抗震等级；主楼结构在裙房顶层及相邻上下各一层应适当加强抗震构造措施。裙房与主楼分离时，按裙房本身确定抗震等级。

当地下室顶板作为上部结构的嵌固部位时，地下一层的抗震等级应与上部结构相同，地下一层以下则可根据具体情况采用三级或更低抗震等级。

（二）防震缝设置

钢筋混凝土框架结构应避免采用不规则的建筑结构方案，不设防震缝。当需要设置防震缝时，框架结构房屋的防震缝宽度与高度有关。当高度不超过15m时，不应小于100mm；高度超过15m时，6度、7度、8度和9度相应每增加高度5m、4m、3m和2m，宜加宽20mm。防震缝两侧结构类型不同时，宜按需要较宽防震缝的结构类型和较低房屋高度确定缝宽。

对于8、9度框架结构房屋，当防震缝两侧结构层高相差较大时，防震缝两侧框架柱的箍筋应沿房屋全高加密，并可根据需要在缝两侧沿房屋全高各设置不少于两道垂直于防震缝的抗撞墙。抗撞墙的布置宜对称以避免加大扭转效应，其长度可不大于1/2层高，抗震等级可同框架结构（框架构件的内力应按设置和不设置抗撞墙两种计算模型的不利情况取值）。

（三）结构布置原则

框架结构的平面布置和沿高度方向的布置原则应符合“规则结构”的规定。框架应双向设置，梁中线与柱中线之间的偏心距不宜大于柱宽的1/4。不要采用单跨框架结构。

发生强烈地震时，楼梯是重要的紧急逃生竖向通道，楼梯的破坏会延误人员撤离及救援工作，从而造成严重伤亡。对于框架结构，宜采用现浇钢筋混凝土楼梯。楼梯间的布置不应导致结构平面特别不规则；楼梯构件与主体结构整浇时，应计入楼梯构件对地震作用及其效应的影响，应进行楼梯构件的抗震承载力验算；宜采取构造措施（如：休息板的横梁和楼梯边梁不宜直接支承在框架柱上，支承楼梯的框架柱应考虑休息板的约束和可能引起的短柱），减小楼梯构件对主体结构刚度的影响。楼梯间两侧填充墙与柱之间应加强拉结。

框架单独柱基有下列情况之一时，宜沿两个主轴方向设置基础系梁：①一级框架和Ⅳ类场地的二级框架；②各柱基承受的重力荷载代表值差别较大；③基础埋置较深或埋深差别较大；④桩基承台之间；⑤地基主要受力层范围内有液化土层、软弱黏性土层和严重不均匀土层。

框架结构中的填充墙在平面和竖向的布置宜均匀对称，以避免形成薄弱层或短柱。砌体的砂浆强度等级不应低于M5；实心块体的强度等级不宜低于MU2.5，空心块体的强度等级不宜低于MU3.5；墙顶应与框架梁密切结合；填充墙应沿框架柱全高每隔500～600mm设2ф6拉筋，拉筋伸入墙内的长度，6、7度时宜沿墙全长贯通，8、9度时应全长贯通。墙长大于5m时，墙顶与梁宜有拉结；墙长超过8m或层高2倍时，宜设置钢筋混凝土构造柱；墙高超过4m时，墙体半高宜设置与柱连接且沿墙全长贯通的钢筋混凝土水平系梁。楼梯间和人流通道的填充墙，尚应采用钢丝网砂浆面层加强。

（四）截面尺寸选择

1.梁的截面尺寸

梁的截面宽度不宜小于200mm，截面高宽比不宜大于4，净跨与截面高度之比不宜小于4。

2.柱的截面尺寸

柱的截面的宽度和高度，抗震等级四级或层高不超过二层时，不宜小于300mm；一、二、三级且超过二层时，不宜小于400mm；圆柱的直径，四级或不超过二层时，不宜小于350mm；一、二、三级且层数超过二层时，不宜小于450mm。剪跨比宜大于2。截面长边与短边的边长比不宜大于3。

在选择柱截面尺寸时，应使柱的轴压比不超过如下数值，以保证柱的变形能力：抗震等级为一级时，不超过0.65；抗震等级为二级时，不超过0.75；抗震等级为三级时，不超过0.85；抗震等级为四级时，不超过0.90。上述数值适用于剪跨比大于2、混凝土强度等级不高于C60的柱；剪跨比不大于2的柱轴压比限值，应降低0.05；剪跨比小于1.5的柱，轴压比限值应专门研究并采取特殊构造措施；当混凝土强度等级为C65～C70时，轴压比限值宜按上述数值减小0.05；混凝土强度等级为C75～C80时，轴压比限值宜按上述数值减小0.10。

二、框架截面的抗震设计

钢筋混凝土框架结构的截面抗震设计，是在进行地震作用计算、荷载效应（内力）计算、荷载效应基本组合后进行的。由于抗震设计一般是在进行非抗震设计、确定截面配筋后进行的，因而往往以验算的形式出现。

（一）抗震框架设计的一般原则

根据框架结构的震害情形以及大震作用下对框架延性的要求，抗震框架设计时应遵循以下基本原则。

1.强柱弱梁原则

塑性铰首先在框架梁端出现，避免在框架柱上首先出现塑性铰。也即要求梁端受拉钢筋的屈服先于柱端受拉钢筋的屈服。

2.强剪弱弯原则

剪切破坏都是脆性破坏，而配筋适当的弯曲破坏是延性破坏；要保证塑性铰的转动能力，就应当防止剪切破坏的发生。因此在设计框架结构构件时，构件的抗剪承载能力应高于该构件的抗弯承载能力。

3.强节点、强锚固原则

节点是框架梁、柱的公共部分，受力复杂，一旦发生破坏则难以修复。因此在抗震设计时，即使节点的相邻构件发生破坏，节点也应处于正常使用状态。框架梁柱的整体连接，是通过纵向受力钢筋在节点的锚固实现的，因此抗震设计的纵向受力钢筋的锚固应强于非抗震设计的锚固要求。

（二）地震作用计算

多层框架结构在一般情况下应沿两个主轴方向分别考虑水平地震作用，各方向的水平地震作用应全部由该方向的抗侧力构件承担。

对高度不超过40m、以剪切变形为主的框架结构，水平地震作用标准值的计算可采用底部剪力法。

（三）框架在水平地震作用下的内力和侧移

在水平地震作用下，可采用D值法计算框架内力和侧移。在求标准反弯点高度比γ_0时，应当查倒三角形节点荷载的表格。根据D值的定义，利用D值法求得水平地震作用在框架各层产生的层间剪力标准值，即可求出框架的相对层间侧移，此时框架的整体刚度宜在弹性刚度基础上乘以小于1的修正系数。

三、纵向钢筋的锚固和连接

（一）纵向受拉钢筋的抗震锚固长度

纵向受拉钢筋的抗震锚固长度l_{aE}按下列要求：

对一、二级抗震等级

$$l_{aE}=1.15l_a \tag{7-1}$$

三级抗震等级

$$l_{aE}=1.05l_a \qquad (7\text{–}2)$$

四级抗震等级

$$l_{aE}=l_a \qquad (7\text{–}3)$$

式中l_a——纵向受拉钢筋的锚固长度。

（二）纵向受力钢筋的连接

1.搭接接头

当采用搭接接头时，纵向受拉钢筋的抗震搭接长度l_{lE}等于l_{aE}乘以搭接长度修正系数ξ，当纵向钢筋搭接接头面积百分率（%）小于25、50、100时，ξ分别为1.2、1.4、1.6。

2.连接接头分类

纵向受力钢筋的连接分为两类：绑扎搭接，机械连接或焊接。

纵向受力钢筋的连接接头位置宜避开梁端箍筋加密区和柱端箍筋加密区。当无法避开时，应采用满足等强度要求的高质量机械连接接头，且钢筋接头面积不应超过50%。

（三）钢筋在梁柱节点区的锚固和搭接

1.框架中间层节点处

（1）中间节点

框架梁的上部纵向钢筋应贯穿中间节点，柱纵向钢筋不应在节点内截断。梁的下部纵向钢筋伸入中间节点的锚固长度不应小于l_{aE}，且伸过中心线不应小于5d（d为纵向钢筋直径）。对一、二级抗震等级，梁内贯穿中柱的每根纵向钢筋直径，不宜大于柱在该方向截面尺寸的1/20。

（2）端节点

当框架梁上部纵向钢筋用直线锚固方式锚入时，其锚固长度除不应小于l_{aE}外，尚应伸过柱中心线不小于5d。当水平直线段锚固长度不足时，梁上部纵向钢筋应伸至柱外边并向下弯折，弯折前水平长度不小于$0.4l_{aE}$，弯折后的竖直投影长度取15d。

梁下部纵向钢筋在中间端节点处的锚固措施与梁上部纵向钢筋相同，但竖直段应向上弯入节点。

2.框架顶层

（1）中间节点

在框架顶层中间节点处，柱纵向钢筋应伸至柱顶。当采用直线锚固时，其自梁底边算起的锚固长度不应小于纵向受拉钢筋的抗震锚固长度；若直线段锚固长度不足，则该纵向钢筋伸至柱顶后可向内弯折，弯折前的锚固段竖向投影长度不应小于0.5纵向受拉钢筋的抗震锚固长度，弯折后的水平投影长度取12d；当屋盖为现浇混凝土且板厚不小于90、板混凝土强度等级不低于C20时，也可向外弯折。对于一、二级抗震等级，贯穿顶层中间节点的梁上部钢筋直径，不宜大于柱在该方向截面尺寸的1/25。梁下部纵向钢筋在顶层中间节点的锚固措施同中间层中间节点。

（2）顶层端节点

方式一：柱外侧钢筋沿节点外边和梁上边与梁上部纵向钢筋搭接连接，且伸入梁内的柱外侧纵向钢筋截面面积不宜少于柱外侧全部纵向钢筋面积的65%。对不能伸入梁内的外侧柱纵向钢筋，宜沿柱顶伸至柱内边。当该柱筋位于顶部第一层时，伸至柱内边后宜向下弯折8d后截断；当该柱筋位于顶部第二层时，可伸至柱内边后截断。当有现浇板且条件与顶层中间节点处相同时，梁宽范围外的纵筋可伸入板内，其伸入长度与伸入梁内的柱纵筋相同。

梁的上部纵筋应伸至柱外边并向下弯折至梁底标高。当柱外侧纵向钢筋配筋率大于1.2%时，伸入梁内的柱纵筋除满足以上规定外，且宜分两批截断，截断点之间的距离不宜小于20d（d为梁上部纵向钢筋直径）。

方式二：当梁、柱配筋率较高时，梁上部纵向钢筋与柱外侧纵向钢筋的搭接连接也可沿柱外边设置，搭接长度不应小于$1.7l_{aE}$。其中柱外侧钢筋应伸至柱顶并向内弯折，弯折段水平投影长度不小于12d。当梁上部纵向钢筋配筋率大于1.2%时，弯入柱外侧的梁上部纵向钢筋除应满足以上搭接长度外，且宜分两批截断，其截断点间距离不小于20d（d为梁上部纵筋直径）。

柱内侧纵向钢筋在顶层端节点中的锚固措施与顶层中间节点处柱纵向钢筋的锚固措施相同。当柱为对称配筋时，柱内侧纵向钢筋在顶层端节点中的锚固要求可适当放宽，但应伸至柱顶。

梁上部纵向钢筋及柱外侧纵向钢筋在顶层端节点上角处的弯弧内半径，不宜小于6d（当钢筋直径d≤25mm时）或8d（当钢筋直径d>25mm时）。

四、抗震框架的一般构造要求

（一）材料

1.混凝土强度等级

混凝土强度等级不应低于C20；对于一级抗震等级的框架梁、柱、节点，不应低于C30。设防烈度为8度时，混凝土强度等级不宜超过C70；设防烈度为9度时，不宜超过C60。

2.钢筋

普通钢筋宜优先采用延性、韧性和可焊性较好的钢筋；普通钢筋的强度等级，纵向受力钢筋宜选用符合抗震性能指标的HRB400级热轧钢筋，也可采用符合抗震性能指标的HRB335级热轧钢筋；箍筋宜选用符合抗震性能指标的不低于HRB335级热轧钢筋，也可选用HPB300级热轧钢筋。

对一、二、三级抗震等级设计的各类框架中的纵向受力钢筋，在采用上述普通钢筋时，要求钢筋的抗拉强度实测值对屈服强度实测值的比不应小于1.25，屈服强度实测值对强度标准值的比不应大于1.3，钢筋最大拉力下的总伸长率实测值不应低于9%。

（二）框架梁的配筋

1.纵向钢筋的配置

梁的钢筋配置，应符合下列各项要求。

（1）纵向钢筋

沿梁全长顶面和底面的配筋，一、二级不应少于2ϕ14，且分别不应少于梁顶面和底面两端纵向配筋中较大截面面积的1/4，三、四级不应少于2ϕ12。

梁端纵向受拉钢筋的配筋率不宜大于2.5%。

梁端计入受压钢筋的梁端混凝土受压区高度和有效高度之比，一级不应大于0.25，二、三级不应大于0.35。

（2）梁端钢筋

除按计算确定外，要求梁端截面的底部和顶部纵向受力钢筋截面面积的比值，对一级抗震不小于0.5，二、三级抗震不小于0.3。在承载力计算中，计入纵向受压钢筋的梁端混凝土受压区$\xi \leq 0.25$（一级）和0.35（二、三级）。

（3）贯通中柱的纵向钢筋

一、二、三级框架梁内贯通中柱的每根纵向钢筋直径，对框架结构矩形截面柱，不应大于柱在该方向截面尺寸的1/20（对圆形截面柱，不应大于纵向钢筋所在位置柱截面弦长的1/20）；对其他结构类型的框架，矩形截面柱，不宜大于柱在该方向截面尺寸的1/20；圆形截面柱，不应大于纵向钢筋所在位置柱截面弦长的1/20。

2.箍筋

（1）梁端箍筋加密区

在框架梁梁端应设置箍筋加密区。加密区长度、箍筋间距、直径应满足表7-4的要求。当梁端纵向受拉钢筋配筋率超过2%时，表中箍筋直径应增大2mm。

表7-4 框架梁端箍筋加密区构造要求

抗震等级	加密区长度/mm	箍筋最大间距/mm	最小直径/mm
一级	2h和500中较大值	6d、h/4及100中的最小值	10
二级	1.5h和500中较大值	8d、h/4和100中最小值	8
三级（四级）		8d、h/4和150中最小值	8（6）

注：表中h为梁截面高度；d为梁纵向钢筋直径。

第一个箍筋距框架的节点边缘不应大于50mm。加密区长度内的箍筋肢距：对一级抗震，不宜大于200mm和箍筋直径20倍中较大值；对二、三级抗震，不宜大于250mm和箍筋直径20倍的较大值；对四级抗震，不宜大于300mm。

（2）非加密区

非加密区的箍筋间距不宜大于加密区箍筋间距的2倍。

进行多层钢筋混凝土抗震框架设计的一般步骤是：根据建筑初步设计进行结构平面布置；确定框架结构的抗震等级；根据地质勘探资料确定场地类型、确定基础类型、基础埋置深度和基础顶面高度；选择材料；选择满足抗震设计要求的框架构件截面尺寸；进行各种荷载（恒荷载、活荷载、风荷载）及水平地震作用下的框架内力计算，计算时采用荷载标准值进行，可为其后的荷载效应组合及地基设计打下基础；水平荷载下的内力计算完成后即应进行框架的层间弹性侧移验算并应满足要求；然后进行的是框架设计最烦琐的荷载效应组合和内力组合，组合是针对控制截面进行的，列表计算便于条理化。选择控制截面的最不利内力进行配筋，对框架梁较为简单，框架柱则应根据柱的受力特点选择适当的内力组合进行设计。

绘制框架配筋施工图时，应逐条逐项满足抗震构造要求。检查钢筋的布置和排列，达到能够施工的水平。

第三节　抗震新技术

隔震和消能减震，是建筑结构为减轻地震灾害而采用的新技术。隔震可使结构的水平加速度反应降低，从而有效消除或减轻结构的地震损坏；通过消能器增加结构阻尼可以减少结构的水平和竖向地震反应。有条件地利用隔震和消能减震技术以减轻建筑结构的地震灾害是完全可能的。

建筑结构的隔震设计和消能减震设计，应根据建筑抗震设防类别、抗震设防烈度、场地条件、建筑结构方案和建筑使用要求，与采用抗震设计的设计方案进行技术、经济可行性的对比分析后，确定其设计方案。

一、建筑结构的隔震设计

隔震设计是指在房屋底部设置由橡胶隔震支座和阻尼器等部件组成的隔震层，从而延长整个结构体系的自振周期、增大阻尼，减少传输到上部结构的地震能量，以达到预期防震的效果。

（一）隔震设计原理

在建筑物的基础与上部结构之间设置由橡胶和薄钢板相间叠层组成的橡胶隔震支座，把房屋与基础隔离，从而减少或避免地震能量向上部结构的传输，使上部结构的地震反应大大减小，使建筑物在地震作用下不致损坏或倒塌。

（二）隔震设计的适用范围和要求

按照积极稳妥推广的方针，隔震技术首先应用于在使用上有特殊要求和抗震设防烈度为8度、9度地区的多层砌体、钢筋混凝土框架和抗震墙房屋中。隔震技术对低层和多层建筑比较合适。

采用隔震技术设计时，应符合下列各项要求：（1）结构体型基本规则；（2）建筑场地宜为Ⅰ类、Ⅱ类、Ⅲ类，并应选用稳定性较好的基础类型；（3）风荷载和其他非地震作用的水平荷载标准值产生的总水平力不宜超过结构总重力的10%。

（三）隔震结构的构造措施

1.隔震层以上结构的隔震措施

（1）隔震层以上结构应采取不阻碍隔震层在罕遇地震下发生大变形的下列措施：①上部结构的周边应设置防震缝，缝宽不宜小于各隔震支座在罕遇地震下的最大水平位移的1.2倍；②上部结构（包括与其相连的任何构件）与地面（包括地下室和与其相连的构件）之间，应设置明确的水平隔离缝；当设置水平隔离缝确有困难时，应设置可靠的水平滑移垫层；③在走廊、楼梯、电梯等部位，应无任何障碍物。（2）丙类建筑在隔震层以上的结构，当水平向减震系数为0.75时，不应降低非隔震时的有关要求；水平向减震系数不大于0.5时，可适当降低对非隔震建筑的要求，但与抵抗竖向地震作用有关的抗震措施不应降低。对钢筋混凝土结构，柱和墙肢的轴压比控制仍按非隔震的有关规定采用。

2.隔震层与上部结构的连接

（1）隔震层顶部

隔震层顶部应设置梁板式楼盖，且应符合下列要求：①应采用现浇或装配整体式钢筋混凝土梁板，现浇板厚度不宜小于140mm；配筋现浇面层厚度不应小于50mm；隔震支座上方的纵、横梁应采用现浇钢筋混凝土结构；②隔震层顶部梁板的刚度和承载力，宜大于一般楼面梁板的刚度和承载力；③隔震支座附近的梁、柱，应进行抗冲切计算和局部受压验算，箍筋应加密，并根据需要配置网状钢筋。

（2）和阻尼器的连接

隔震支座和阻尼器的连接应符合下列要求：①隔震支座和阻尼器应安装在便于维护人员接近的部位；②隔震支座与上部结构、隔震支座与基础结构之间的连接件，应能传递罕遇地震下支座的最大水平剪力；③抗震墙下的隔震支座间距不宜大于2m；④外露的预埋件应有可靠的防锈措施，预埋件的锚固钢筋应与钢板牢固连接，锚固钢筋的锚固长度宜大于20d（d为锚固钢筋的直径），且不应小于250mm。

3.隔震层以下的结构

隔震层以下的结构（包括地下室）的地震作用和抗震验算，应采用罕遇地震下隔震支座底部的竖向力、水平力和力矩进行计算。

隔震建筑地基基础的抗震验算和地基处理仍应按本地区抗震设防烈度进行，甲类、乙类建筑的抗液化措施应按提高一个液化等级确定，直至全部消除液化沉陷。

二、房屋的消能减震设计

消能减震设计是在房屋结构中设置消能装置，通过消能装置的局部变形提供附加阻尼，以消耗传输到上部结构的地震能量，达到预期防震要求的设计方法。

（一）结构的消能减震设计原理

结构的消能减震技术是在结构物某些部位（如支撑、节点、剪力墙、连接缝或连接件、楼层空间、相邻建筑间、主附结构间等）设置消能装置，通过该装置增加结构阻尼来控制预期的结构变形，从而使主体结构构件在罕遇地震下不发生严重破坏。

消能减震设计需要解决的主要问题是：消能器和消能部件的选型，消能部件在结构中的分布和数量，消能器附加给结构的阻尼比的估算，消能减震体系在罕遇地震下的位移计算，消能部件与主体结构的连接构造及其附加的作用，等等。

消能减震房屋最基本的特点是：①消能装置可同时减小结构的水平和竖向地震作用，适用范围较广，结构类型和高度均不受限制；②消能装置应使结构具有足够的附加阻尼，以满足罕遇地震下预期的结构位移要求；③消能装置不改变结构的基本形式，故除消能部件和相关部件外的结构设计，仍可按相应结构类型的要求执行。这样，消能减震房屋的抗震构造与普通房屋相比不提高，但其抗震安全性可以有明显改善。

（二）消能减震装置的类型

消能减震设计时，应根据罕遇地震下预期结构位移的控制要求，设置适当的消能部件。消能部件可由消能器及斜撑、墙体、梁或节点等支承构件组成。

消能器的类型很多，以下介绍几种主要类型。

1.摩擦消能器

摩擦消能器是根据摩擦做功而耗散能量的原理设计的。目前已有多种不同构造的摩擦消能器，例如Pall型摩擦消能器、摩擦筒制震器、限位摩擦消能器、摩擦滑动螺栓节点及摩擦剪切铰消能器等。这是一个可滑动而改变形状的机构。机构带有摩擦制动板，机构的滑移受板间摩擦力控制，而摩擦力取决于板间的挤压力，可以通过松紧节点板的高强螺栓来调节。该装置按正常使用荷载及小震作用下不发生滑动来设计；而在强烈地震作用下，其主要构件尚未发生屈服，装置即产生滑移以摩擦功耗散地震能量，并改变结构的自振频率，从而使结构在强震中改变动力特性，达到减震的目的。

摩擦消能器一般安装在支撑上，形成摩擦消能支撑。

2.钢弹塑性消能器

软钢具有较好的屈服后性能，利用其进入弹塑性范围后的良好滞回特性，目前已研究开发了多种消能装置，如加劲阻尼（ADAS）装置、锥形钢消能器、圆环（或方框）钢消能器、双环钢消能器、加劲圆环消能器、低屈服点钢消能器等。

加劲阻尼装置是由数块相互平行的X形或三角形钢板通过定位器组装而成的消能减震装置。它一般安装在人字形支撑顶部和框架梁之间。在地震作用下，框架层间相对变形引

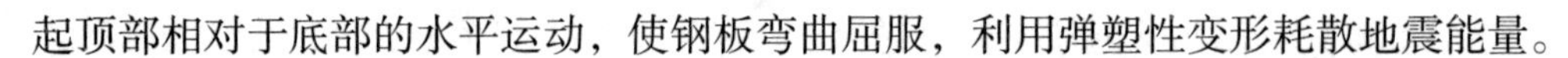

起顶部相对于底部的水平运动，使钢板弯曲屈服，利用弹塑性变形耗散地震能量。

3.铅消能器

铅是一种结晶金属，具有密度大、熔点低、塑性好、强度低等特点。发生塑性变形时晶格被拉长或错动，一部分能量将转换成热量，另一部分能量为促使再结晶而消耗，使铅的组织和性能回复到变形前的状态。铅的动态回复与再结晶过程在常温下进行，耗时短且无疲劳现象，因此具有稳定的消能能力。

4.黏弹性阻尼器

黏弹性阻尼器是由黏弹性材料和约束钢板所组成。典型的黏弹性阻尼器由两个T形约束钢板夹一块矩形钢板所组成，T形约束钢板与中间钢板之间夹有一层黏弹性材料，在反复轴向力作用下，约束T形钢板与中间钢板产生相对运动，使黏弹性材料产生往复剪切滞回变形，以吸收和耗散能量。

（三）消能部件的设置

消能部件可根据需要沿结构的两个主轴方向分别设置。一般宜设置在层间变形较大的位置，其数量和分布应通过综合分析合理确定，并有利于提高整个结构的消能减震能力，形成均匀合理的受力体系。

消能器和连接构件应具有良好的耐久性能和较好的易维护性。

消能器与斜撑、墙体、梁或节点等支承构件的连接，应符合钢构件连接或钢与钢筋混凝土构件连接的构造要求，并能承担消能器施加给连接节点的最大作用力。与消能器连接的结构构件，应计入消能部件传递的附加内力，并将其传递到基础。

隔震和消能减震是建筑结构减轻地震灾害的新技术。隔震一般可使结构的水平地震加速度反应降低60%左右，从而消除或有效地减轻结构和非结构的地震损坏，提高建筑物及其内部设施和人员的地震安全性，增加了震后建筑物继续使用的功能。

采用消能减震方案，通过消能器增加结构阻尼，对减小结构水平和竖向的地震反应是有效的。

隔震技术对低层和多层建筑比较合适。消能装置的适用范围较广，不受结构类型和高度的限制。隔震技术和消能减震技术的主要使用范围，是可增加投资来提高抗震安全的建筑，除了重要机关、医院等地震时不能中断使用的建筑外，一般建筑经方案比较和论证后也可采用。总之，适应我国经济发展的需要，有条件地利用隔震和消能减震来减轻建筑结构的地震灾害是完全可能的。

第八章　建设工程质量控制

第一节　建设工程质量概述及勘查设计阶段的质量控制

工程监理单位应当依照法律、法规及有关技术标准、设计文件和建设工程承包合同，代表建设单位对施工质量实施监理，并对施工质量承担监理责任。

一、建设工程质量概述

（一）建设工程质量

建设工程质量简称工程质量。工程质量是指工程满足业主需要的，符合国家法律、法规、技术规范标准、设计文件及合同规定的特性综合。建设工程质量的特性主要表现在以下六个方面。

1.适用性

即功能，是指工程满足使用目的的各种性能。包括理化性能、结构性能、使用性能、外观性能等。

2.耐久性

即寿命，是指工程在规定的条件下，满足规定功能要求使用的年限，也就是工程竣工后的合理使用寿命周期。

3.安全性

是指工程建成后在使用过程中保证结构安全、保证人身和环境免受危害的程度。

4.可靠性

是指工程在规定的时间和规定的条件下完成规定功能的能力。

5.经济性

是指工程从规划、勘查、设计、施工到整个产品使用寿命周期内的成本和消耗的费用。

6.与环境的协调性

是指工程与其周围生态环境协调，与所在地区经济环境协调及与周围已建工程相协调，以适应可持续发展的要求。

（二）建设工程质量的形成过程

1.项目可行性研究

在此阶段，需要确定工程项目的质量要求，并与投资目标相协调。项目的可行性研究直接影响项目的决策质量和设计质量。

2.项目决策

项目决策阶段对工程质量的影响主要是确定工程项目应达到的质量目标和水平。

3.工程勘查、设计

工程的地质勘查设计使得质量目标和水平具体化，为施工提供直接依据。

工程设计质量是决定工程质量的关键环节，设计的严密性、合理性，决定了工程建设的成果，是建设工程的安全、适用、经济与环境保护等措施得以实现的保证。

4.工程施工

工程施工活动决定了设计意图能否体现，它直接关系到工程的安全可靠、使用功能的保证，以及外表观感能否体现建筑设计的艺术水平。在一定程度上，工程施工是形成实体质量的决定性环节。

5.工程竣工验收

工程竣工验收对质量的影响是保证最终产品的质量。

（三）影响工程质量的因素

影响工程质量的因素很多，但归纳起来主要有五个方面，简称为4M1E因素。

1.人（Man）

人是生产经营活动的主体，也是工程项目建设的决策者、管理者、操作者，工程建设的全过程，如项目的规划、决策、勘查、设计和施工，都是通过人来完成的。人员的素质，都将直接和间接地对规划、决策、勘查、设计和施工的质量产生影响，因此，建筑行业实行经营资质管理和各类专业从业人员持证上岗制度是保证人员素质的重要管理措施。

2.材料（Material）

工程材料将直接影响建设工程的结构刚度和强度，影响工程外表及观感，影响工程的使用功能，影响工程的使用安全。

3.机械（Machine）

工程用机具设备其产品质量优劣，直接影响工程使用功能质量。施工机具设备的类型是否符合工程施工特点，性能是否先进稳定，操作是否方便安全等，都将会影响工程项目的质量。

4.方法（Method）

在工程施工中，施工方案是否合理，施工工艺是否先进，施工操作是否正确，都将对工程质量产生重大的影响。大力推进采用新技术、新工艺、新方法，不断提高工艺技术水平，是保证工程质量稳定提高的重要因素。

5.环境（Environment）

环境条件包括工程技术环境、工程作业环境、工程管理环境。对工程质量产生特定的影响。加强环境管理，改进作业条件，把握好技术环境，辅以必要的措施，是控制环境对质量影响的重要保证。

二、工程勘查设计阶段的质量控制

建设工程勘查是指根据建设工程的要求，查明、分析、评价建设场地的地质、地理环境特征和岩土工程条件，编制建设工程勘查文件的活动。

建设工程设计是指根据建设工程的要求，对建设工程所需的技术、经济、资源、环境等条件进行综合分析、论证，编制建设工程设计文件的活动。

（一）勘查设计质量的概念

勘查设计质量是指在严格遵守技术标准、法规的基础上，对工程地质条件做出及时、准确的评价，正确处理和协调经济、资源、技术、环境条件的制约，使设计项目能更好地满足业主所需要的功能和使用价值，能充分发挥项目投资的经济效益。

勘查设计的质量有两层意思。首先，应满足业主所需的功能和使用价值，符合业主投资的意图，而业主所需的功能和使用价值，又必然要受到经济、资源、技术、环境等因素的制约，从而使项目的质量目标与水平受到限制；其次，设计都必须遵守有关城市规划、环保、防灾、安全等一系列的技术标准、规范、规程，这是保证设计质量的基础。

（二）勘查设计质量控制的依据

（1）有关的法律、法规，城市规划，勘查设计深度要求。

（2）有关的技术标准，如勘查和设计的强制性标准规范及规程、设计参数、定额、指标等。

（3）项目批准文件，如项目可行性研究报告、项目评估报告及选址报告。

（4）勘查、设计规划大纲、纲要和合同文件。

（5）有关技术、资源、经济、社会协作等方面的协议、数据和资料。

（三）勘查阶段监理工作内容和方法

1.工作内容

（1）建立项目监理机构。

（2）编制勘查阶段监理规划。

（3）收集资料，编写勘查任务书（勘查大纲）或勘查招标文件，确定技术要求和质量标准。

（4）组织考察勘查单位，协助建设单位组织委托竞选、招标或直接委托，进行商务谈判，签订委托勘查合同。

（5）审核满足相应设计阶段要求的相应勘查阶段的勘查实施方案（勘查纲要），提出审核意见。

（6）定期检查勘查工作的实施，控制其按勘查实施方案的程序和深度进行。

（7）控制其按合同约定的期限完成。

（8）按规范有关文件要求检查勘查报告内容和成果，进行验收，提出书面验收报告。

（9）组织勘查成果技术交底。

（10）写出勘查阶段监理工作总结报告。

2.主要监理工作方法

（1）编写勘查任务书、竞选文件或招标文件前，要广泛收集各种有关文件和资料，如计划任务书、规划许可证、设计前段时间的要求、相邻建筑地质资料等。在进行分析整理的基础上提出与工程相适应的技术要求和质量标准。

（2）审核勘查单位的勘查实施方案，重点审核其可行性、精确性。

（3）在勘查实施过程中，应设置报验点，必要时，应进行旁站监理。

（4）对勘查单位提出的勘查成果，包括地形地物测量图、勘测标志、地质勘查报告等进行核查，重点检查其是否符合委托合同及有关技术规范标准的要求，验证其真实性、准确性。

（5）必要时，应组织专家对勘查成果进行评审。

（四）设计准备阶段监理工作内容和方法

1.工作内容

（1）组建项目监理机构，明确监理任务、内容和职责、编制监理规划和设计准备阶段投资进度计划并进行控制。

（2）组织设计招标或设计方案竞赛。协助建设前段时间编制设计招标文件，会同建设单位对投标单位进行资质审查。组织评标或设计竞赛方案评选。

（3）编制设计大纲（设计纲要或设计任务书），确定设计质量要求和标准。

（4）优选设计单位，协助建设单位签订设计合同。

2.主要工作方法

（1）收集和熟悉项目原始资料，充分领会建设单位意图。

（2）项目总目标论证方法。

（3）以初步确定的总建筑规模和质量要求为基础，将论证后所得总投资和总进度切块分解，确定投资和进度规划。

（4）起草设计合同，并协助建设单位尽量与设计单位达成限额设计条款。

（五）设计展开阶段监理工作内容和方法

1.工作内容

（1）设计方案、图纸、概预算和主要设备、材料清单的审查，发现不符合要求的地方，分析原因，发出修改设计的指令。

（2）对设计工作协调控制。及时检查和控制设计的进度，做好各部门间的协调工作，使各专业设计之间相互配合、衔接、及时消除隐患。

（3）参与主要设备、材料的选型。

（4）组织对设计的评审或咨询。

（5）编写设计阶段监理工作总结。

2.主要工作方法

（1）在建设单位与设计单位间发挥桥梁和纽带作用。

（2）跟踪设计，审核制度化。

（3）采用多种方案比较法。

（4）协调各相关单位关系。

（六）设计阶段质量控制原则、任务

1.设计质量控制的原则

（1）应当做到经济效益、社会效益和环境效益相统一。

（2）应当按工程建设的基本程序，坚持先勘查，后设计，再施工的原则。

（3）应力求做到适用、安全、美观、经济。

（4）应符合设计标准、规范的有关规定，计算准确，文字清楚，图纸清晰、准确，

避免“错、漏、碰、缺”。

2.设计阶段质量控制的主要任务

（1）审查设计基础资料的正确性和完整性。

（2）协助建设单位编制设计招标文件或方案竞赛文件，组织设计招标或方案竞赛。

（3）审查设计方案的先进性和合理性，确定最佳设计方案。

（4）督促设计单位完善质量体系，建立内部专业交底及会签制度。

（5）进行设计质量跟踪检查，控制设计图纸的质量。

（6）组织施工图会审。

（7）评定、验收设计文件。

第二节　工程施工阶段及设备的质量控制

一、工程施工阶段的质量控制

《建设工程质量管理条例》中要求工程监理单位应当选派具备相应资格的总监理工程师和监理工程师进驻施工现场。未经监理工程师签字，建筑材料、建筑构配件和设备不得在工程上使用或安装，施工单位不得进行下一道工序的施工。未经总监理工程师签字，建设单位不拨付工程款，不进行竣工验收。监理工程师应当按照工程监理规范的要求，采取旁站、巡视和平行检验等形式，对建设工程实施监理。

《建设工程安全生产管理条例》中涉及施工过程中质量控制的规定，对工程监理单位提出了具体要求。工程监理单位有下列行为之一的，责令改正，处50万元以上100万元以下的罚款，降低资质等级或者吊销资质证书；有违法所得的，予以没收；造成损失的，承担连带赔偿责任。

（1）与建设单位或者施工单位串通，弄虚作假、降低工程质量的；

（2）将不合格的建设工程、建筑材料、建筑构配件和设备按照合格签字的。

工程监理单位与被监理工程的施工承包单位以及建筑材料、建筑构配件和设备供应单位有隶属关系或者其他利害关系承担该项建设工程的监理业务的，责令改正，处5万元以上10万元以下的罚款，降低资质等级或者吊销资质证书；有违法所得的，予以没收。

（一）建设工程施工阶段质量控制的系统过程

1.按工程实体质量形成过程的时间阶段划分

（1）施工准备控制

①设计交底和图纸会审。

②施工生产要素质量审查。

③施工组织设计（质量计划）的审查。

④审查开工申请。

（2）施工过程控制

①作业技术交底。

②施工过程质量控制。

③中间产品质量控制。

④分部分项工程质量验收。

2.按工程实体形成过程中物质形态转化的阶段划分

（1）对投入的物质资源质量的控制。

（2）施工过程质量控制。即在使投入的物质资源转化为工程产品的过程中，对影响产品质量的各因素、各环节及中间产品的质量进行控制。

（3）对完成的工程产出品质量的控制与验收。

（二）建设工程施工阶段质量控制的基本原则

（1）了解工程功能要求、技术特点，明确工程质量标准，严格检查。

（2）坚持事前控制为主，从材料投入开始至工程建设全过程，对影响工程质量的因素进行全面的系统控制，把质量问题消灭在未发生之前。

（3）对关键工序和工程部位，制定质量预控措施，实行重点监理。对工作量大的分项工程，先做样板，在进行大面施工。做好巡视和平行检验。

（三）建设工程施工阶段质量控制的方法

1.质量的事前控制

（1）设计交底前，熟悉施工图纸，并对图纸中存在的问题通过建设单位向设计单位提出书面意见和建议。

（2）参加设计交底及图纸会审，签认设计技术交底纪要。

（3）开工前审查施工承包单位提交的施工组织设计或施工方案，签发《施工组织设计（方案）报审表》，并报建设单位批准后实施。

（4）审查总承包单位所选择的专业分包单位的资质、特种人员的上岗证，符合要求后各专业分包单位可进场施工。

（5）开工前，审查施工承包单位（含分包单位）的质量管理、技术管理和质量保证体系，符合有关规定并满足工程需要时给予批准。

（6）审查施工承包单位报送的测量方案，并进行基准测量复核。

（7）建设单位宣布对总监理工程师的授权，施工承包单位介绍施工准备情况，总监理工程师作监理交底并审查现场开工条件，经建设单位统一后由项目总监理工程师签署施工单位报送的《工程开工报审表》。

（8）对符合有关规定的用于工程的原材料、构配件和设备，使用前施工承包单位通知监理工程师见证取样和送检。

（9）负责对施工承包单位报送本企业试验室的资质进行审核，合格后予以签认。

（10）负责审查施工承包单位报送的其他报表。

2.质量的事中控制

（1）关键工序的控制。

（2）检验批工程质量的控制。

（3）分项工程质量的控制。

（4）分部工程质量的控制。

3.质量的事后控制

（1）专业监理工程师组织施工承包单位项目专业质量（技术）负责人等进行分项工程验收。

（2）总监理工程师组织相关单位的相关人员进行相关分部工程验收。

（3）单位工程完工后，施工承包单位应自行组织相关人员进行检查评定，并向建设单位提交工程验收报告。总监理工程师组织由建设单位、设计单位和施工承包单位参加的单位工程或整个工程项目初验，施工承包单位给予配合，及时提交初验所需的资料。

（4）总监理工程师对验收项目初验合格后签发《工程竣工报验单》，并上报建设单位，由建设单位组织由监理单位、施工承包单位、设计单位和政府质量监督部门参加的质量验收。

（四）建设工程施工阶段质量控制工作要点

施工过程中工序质量检查和控制。根据不同的质量控制点采取相应的控制手段，有目的地对施工过程进行巡视和检查。

（1）是否按图纸、规范和批准的施工组织设计的施工方法、工艺要求施工。

（2）使用的材料、构配件是否经过监理签认。

（3）施工现场工长、质量员是否到岗。

（4）操作人员技术水平是否满足现岗要求。

（5）及时纠正施工过程中出现的质量问题，并向总监理工程师报告，监理日志作相应纪录。

（6）严格工序间的交接检查，坚持上道工序不合格不准进行下道工序施工的原则。工序完成，施工单位进行自检，自检合格后填写工程报验单，报送监理机构，监理工程师进行复验，合格后签证。

（7）对施工单位的测量放线进行验收。

（8）严格设计变更，施工图变更必须有设计单位出具设计变更文件，并经总监理工程师签认。

（9）做好工程质量缺陷和事故的处理工作。组织对缺陷和事故的调查和分析，商定处理措施，批准处理措施和方案，并监督处理方案的落实，做好记录。

（10）当工程过程中出现紧急情况，及时征得业主同意，下达工程暂停令。

（五）施工现场工程质量监督方式

1.施工现场巡视

（1）巡视

巡视是指项目监理机构对施工现场进行的定期或不定期的检查活动。

（2）巡视的作用

巡视对于实现建设工程目标，加强安全生产管理等起着重要作用。

（3）巡视工作内容和职责

总监理工程师应根据经审核批准的监理规划和监理实施细则对现场监理人员进行交底，明确巡视检查要点、巡视频率和采取措施及采用的巡视检查记录表。合理安排监理人员进行巡视检查工作，督促监理人员按照监理规划及监理实施细则的要求开展巡视检查工作。总监理工程师应检查监理人员巡视的工作成果，与监理人员就当日巡视检查工作进行沟通，对发现的问题及时采取相应处理措施。

监理人员在巡视检查时，应主要关注施工质量、安全生产两个方面的情况。

监理文件资料管理人员应及时将巡视检查记录表归档，同时，注意巡视检查记录与监理日志、监理通知单等其他监理资料的呼应关系。

2.施工现场平行检验

（1）平行检验

是项目监理机构在施工单位自检的同时，按照有关规定、建设工程监理合同约定对同一检验项目进行的检测试验活动。平行检验的内容包括工程实体量测（检查、试验、检测）和材料检验等内容。

（2）平行检验的作用

平行检验是项目监理机构在施工阶段质量控制的重要工作之一，也是工程质量预验收和工程竣工验收的重要依据之一。监理人员不应只根据施工单位自己的检查、验收情况填写验收结论，而应该在施工单位检查、验收的基础之上进行“平行检验”。

（3）平行检验工作内容和职责

项目监理机构首先应依据建设工程监理合同编制符合工程特点的平行检验方案，明确平行检验的方法、范围、内容、频率等，并设计各平行检验记录表式。

建设工程监理实施过程中，应根据平行检验方案的规定和要求，开展平行检验工作。对平行检验结果不符合规范、标准的检验项目，应分析原因后按照相关规定进行处理。负责平行检验的监理人员应根据经审批的平行检验方案，对工程实体、原材料等进行平行检验。

平行检验的方法包括量测、检测、试验等。在平行检验的同时，要记录相关数据，分析平行检验结果、检测报告结论等，提出相应的建议和措施。

监理文件资料管理人员应将平行检验方面的文件资料等单独整理、归档。平行检验的资料是竣工验收资料的重要组成部分。

3.施工现场旁站

（1）旁站

旁站是指项目监理机构对工程的关键部位或关键工序的施工质量进行的监督活动。

（2）旁站的作用

旁站可以起到及时发现问题，第一时间采取措施，防止偷工减料，确保施工工艺工序按施工方案进行，避免其他干扰正常施工的因素发生等作用

（3）旁站工作内容

根据现行国家标准《建设工程监理规范》，工程项目质量控制的重点部位、关键工序应由项目监理机构与承包单位协商后共同确认。根据《房屋建筑工程施工旁站监理管理办法（试行）》，施工单位在需要实施旁站监理的关键部位、关键工序进行施工前24h，书面通知项目监理机构。项目监理机构应按照确定的关键部位、关键工序实施旁站。旁站应在总监理工程师的指导下，由现场监理人员负责具体实施。在旁站实施前，项目监理机构应根据旁站方案和相关的施工验收规范，对旁站人员进行技术交底。

监理人员实施旁站时，发现施工单位有违反工程建设强制性标准行为的，有权责令施工单位立即整改。发现其施工活动已经或者可能危及工程质量的，应当及时向监理工程师或者总监理工程师报告，由总监理工程师下达局部暂停施工指令或者采取其他应急措施。

（4）旁站工作职责

旁站人员的主要工作职责包括但不限于以下内容：检查施工单位现场质量管理人员到岗、特殊工种人员持证上岗以及施工机械、建筑材料准备情况；在现场跟班监督关键部位、关键工序的施工单位执行施工方案以及工程建设强制性标准情况；核查进场建筑材料、建筑构配件、设备和商品混凝土的质量检验报告等，并在现场监督施工单位进行检验或者委托具有资格的第三方进行复验；做好旁站记录和监理日记，保存旁站原始资料。

总监理工程师应及时掌握旁站工作情况，并采取相应措施解决旁站过程中发现的问题。监理文件资料管理人员应妥善保管旁站方案、旁站记录等相关资料。

4.施工现场见证取样

（1）见证取样

是指项目监理机构对施工单位进行的涉及结构安全的试块、试件及工程材料现场取样、封样、送检工作的监督活动。

（2）见证取样的程序和要求

根据住房和城乡建设部《房屋建筑工程和市政基础设施工程实行见证取样和送检制度的规定》的要求，在建设工程质量检测中实行见证取样和送检制度。

见证取样的通常要求和程序如下。

①一般规定

见证取样通常涉及施工方、见证方和试验方三方行为。

试验室的资质资格管理又有几种不同的要求。各级工程质量监督检测机构（有CMA章即计量认证，1年审查一次）；建筑企业试验室应逐步转为企业内控机构（4年审查一次）；第三方实验室（有计量认证书，CMA章；检查附件、备案证书）。

其中CMA（中国计量认证/认可）是依据《中华人民共和国计量法》为社会提供公正数据的产品质量检验机构。计量认证分为两级实施：一级为国家级，由国家认证认可监督管理委员会组织实施；一级为省级，实施效力均完全一致。

②授权。

③取样。

④送检。检测单位在接受委托检验任务时，须有送检单位填写的委托单。

⑤试验报告。检测单位应在检验报告上加盖“见证取样送检”印章。

3.见证监理人员工作内容和职责

总监理工程师应督促专业监理工程师制定见证取样实施细则。总监理工程师还应检查监理人员见证取样工作的实施情况。见证取样监理人员应根据见证取样实施细则要求、程序实施见证取样工作。监理文件资料管理人员应全面、妥善、真实记录试块、试件及工程材料的见证取样台账以及材料监督台账。

（六）监理对工程的质量控制措施

1.质量控制的组织措施

健全监理组织，专业人员齐全，职责分工明确，工作程序合理，监理制度完善，质量控制到位。

2.质量控制的技术措施

严格审查施工单位质量管理体系，质量管理人员到位。细致审核施工单位报审的施工组织设计关于质量管理措施。

3.质量控制的合同措施

严格筛选分包商和材料供应商。从分包商资质、业绩和技术能力把好分包合同，和供货合同。以承包合同条款约束承包商。

4.质量控制的经济措施

严格质量检查和验收。不符合要求不予签认，不计入工程量。工程获奖，给予奖励（需合同约定）。

二、设备采购与制造安装的质量控制

（一）设备采购质量控制

设备采购，可采取市场采购，向制造厂商订货或招标采购等方式，采购质量控制主要是采购方案的审查及工作计划中明确的质量要求。

1.市场采购设备的质量控制

建设单位直接采购，监理工程师要协助编制设备采购方案，总包单位或设备安装单位采购，监理工程师要对总承包单位或安装单位编制的采购方案进行审查。

市场采购设备的质量控制要点：

（1）为使采购的设备满足要求，负责设备采购质量控制的监理工程师应熟悉和掌握设计文件中设备的各项要求、技术说明和规范标准。

（2）总承包单位或设备安装单位负责设备采购的人员应有设备的专业知识，了解设备的技术要求，市场供货情况，熟悉合同条件及采购程序。

（3）由总包单位或安装单位采购的设备，采购前要向监理工程师提交设备采购方案，经审查同意后方可实施。

2.向生产厂家订购设备的质量控制

选择一个合格的供货厂商，是向厂家订购设备质量控制工作的首要环节。为此，设备订购前要做好厂商的评审与实地考察。

3.招标采购设备的质量控制

设备招标采购一般用于大型、复杂、关键设备和成套设备及生产线设备的订货。

选择合适的设备供应单位是控制设备质量的重要环节。在设备招标采购阶段，监理单位应该当好建设单位的参谋和帮手，把好设备订货合同中技术标准、质量标准的审查关。

（二）设备制造质量控制

1.设备制造的质量监控方式

（1）驻厂监造

采取这种方式实施设备监造，监造人员直接进入设备制造厂的制造现场，成立相应的监造小组，编制监造规划，实施设备制造全过程的质量监控。

（2）巡回监控

质量控制的主要任务是监督管理制造厂商不断完善质量管理体系，监督检查材料进厂使用的质量控制，工艺过程、半成品的质量控制，复核专职质检人员质量检验的准确性、可靠性。

（3）设置质量控制点监控

针对影响设备制造质量的诸多因素，设置质量控制点，做好预控及技术复核，实现制造质量的控制。

2.设备制造前的质量控制工作

（1）熟悉图纸、合同，掌握标准、规范、规程、明确质量要求。

（2）明确设备制造过程的要求及质量标准。

（3）审查设备制造的工艺方案。

（4）对设备制造分包单位的审查。

（5）检验计划和检验要求的审查。

（6）对生产人员上岗资格的检查。

（7）用料的检查。

3.设备制造过程中的质量控制工作

（1）制造过程的监督和检验

①加工作业条件的控制；

②工序产品的检查与控制；

③不合格零件的处置；

④设计变更；

⑤零件、半成品、制成品的保护。

（2）设备的装配和整机性能检测

①设备装配过程的监督；

②监督设备的调整试车和整机性能检测。

（3）设备出厂的质量控制

①出厂前的检查；

②设备运输的质量控制；

③设备运输中重点环节的控制；

④设备交货地点的检查与清点。

（三）设备检验

1.设备检验要求

（1）对整机装运的新购设备，应进行运输质量及供货情况的检查。

（2）对解体装运的自组装设备，在对总成、部件及随机附件、备品进行外观检查后，应尽快组织工地组装并进行必要的检测试验。

（3）工地交货的机械设备，一般都由制造厂在工地进行组装、调试和生产性试验，自检合格后才提请订货单位复验，待试验合格后，才能签署验收。

（4）调拨的旧设备的测试验收，应基本达到"完好设备"的标准。

（5）对于永久性或长期性的设备改造项目，应按原批准方案的性能要求，经一定的生产实践考验并鉴定合格后才予验收。

（6）对于自制设备，在经过6个月的生产考验后，按试验大纲的性能指标测试验收，决不允许擅自降低标准。

2.设备检验程序

（1）设备进入安装现场前，总承包单位或安装单位应向项目监理机构提交《工程材料/构配件/设备报审表》，同时附有设备出厂合格证及技术说明书、质量检验证明、有关图纸及技术资料，经监理工程师审查，如符合要求，则予以签认，设备方可进入安装现场。

（2）设备进场后，监理工程师应组织设备安装单位在规定时间内进行检查，此时供货方或设备制造单位应派人参加，按供货方提供的设备清单及技术说明书、相关质量控制资料进行检查验收，经检查确认合格，则验收人员签署验收单。

（3）如经检验发现设备质量不符合要求时，则监理工程师拒绝签认，由供货方或制造单位予以更换或进行处理，合格后再进行检查验收。

（4）工地交货的大型设备，一般由厂方运至工地后组装、调整和试验，经自检合格后再由监理工程师组织复核，复验合格后才予以验收。

（5）进口设备的检查验收，应会同国家商检部门进行。

3.设备检验方法

（1）设备开箱检查；

（2）设备的专业检查；

（3）单机无负荷试车或联动试车。

（四）不合格设备的处理

1.大型或专用设备

检验及鉴定其是否合格均有相应的规定，一般要经过试运转及一定时间的运行方能进行判断，有的则需要组成专门的验收小组或经权威部门鉴定。

2.一般通用或小型设备

（1）出厂前装配不合格的设备，不得进行整机检验，应拆卸后找出原因制定相应的方案后再行装配。

（2）整机检验不合格的设备不能出厂。由制造单位的相关部门进行分析研究，找出原因、提出处理方案，如是零部件原因，则应进行拆换，如是装配原因，则重新进行装配。

（3）进场验收不合格的设备不得安装，由供货单位或制造单位返修处理。

（4）试车不合格的设备不得投入使用，并由建设单位组织相关部门进行研究处理。

（五）设备安装的质量控制

1.设备安装准备阶段的质量控制

（1）审查安装单位提交的设备安装施工组织设计和安装施工方案。

（2）检查作业条件：运输道路、水、电、气、照明及消防设施，主要材料、机具及劳动力是否落实，土建施工是否已满足设备安装要求，安装工序中有恒温、恒湿、防震、防尘、防辐射要求时是否有相应的保证措施，当气象条件不利时是否有相应的措施。

（3）采用建筑结构作为起吊、搬运设备的承力点时是否对结构的承载力进行了核算，是否征得设计单位的同意。

（4）设备安装中采用的各种计量和检测器具、仪器、仪表和设备是否符合计量规定（精度等级不得低于被检对象的精度等级）。

（5）检查安装单位的质量管理体系是否建立及健全，督促其不断完善。

2.设备安装过程的质量控制

设备安装过程的质量控制主要包括设备基础检验、设备就位、调平与找正、二次灌浆等不同工序的质量控制。

其质量控制要点如下。

（1）安装过程中的隐蔽工程，隐蔽前必须进行检查验收，合格后方可进入下道工序。

（2）设备安装中要坚持施工人员自检，下道工序的互检，安装单位专职质检人员的专检及监理工程师的复检（和抽检）并对每道工序进行检查和记录。

（3）安装过程使用的材料，如各种清洗剂、油脂、润滑剂、紧固件等必须符合设计和产品标准的规定，有出厂合格证明及安装单位自检结果。

（六）设备试运行的质量控制

1.设备试运行条件的控制

设备安装单位认为达到试运行条件时，应向项目监理机构提出申请。经现场监理工程师检查并确认满足设备试运行条件时，由总监理工程师批准设备安装承包单位进行设备试运行。试运行时，建设单位及设计单位应有代表参加。

2.试运行过程的质量控制

监理工程师在设备试运行过程的质量控制主要是监督安装单位按规定的步骤和内容进行试运行。

监理工程师应参加试运行的全过程，督促安装单位做好各种检查及记录，如传动系统、电气系统、润滑、液压、气动系统的运行状况。试车中如出现异常，应立即进行分析并指令安装单位采取相应措施。

第三节　工程施工质量验收

建筑工程质量验收是指在施工单位自行检查合格的基础上，由工程质量验收责任方组织，工程建设相关单位参加，对检验批、分项、分部、单位工程及其隐蔽工程的质量进行抽样检验，对技术文件进行审核，并根据设计文件和相关标准以书面形式对工程质量是否达到合格做出确认。

建筑工程采用的主要材料、半成品、成品、建筑构配件、器具和设备应进行进场检验。凡涉及安全、节能、环境保护和主要使用功能的重要材料、产品，应按各专业工程施工规范、验收规范和设计文件等规定进行复验，并应经监理工程师检查认可。各施工工序应按施工技术标准进行质量控制，每道施工工序完成后，经施工单位自检符合规定后，才能进行下道工序施工。各专业工种之间的相关工序应进行交接检验，并应记录，对于监理单位提出检查要求的重要工序，应经监理工程师检查认可，才能进行下道工序施工。

一、相关概念

（一）检验（inspection）

对被检验项目的特征、性能进行量测、检查、试验等，并将结果与标准规定的要求进行比较，以确定项目每项性能是否合格的活动。

（二）进场检验（site inspection）

对进入施工现场的建筑材料、构配件、设备及器具，按相关标准的要求进行检验，并对其质量、规格及型号等是否符合要求做出确认的活动。

（三）见证检验（evidential testing）

施工单位在工程监理单位或建设单位的见证下，按照有关规定从施工现场随机抽取试样，送至具备相应资质的检测机构进行检验的活动。

（四）复验（repeat testing）

建筑材料、设备等进入施工现场后，在外观质量检查和质量证明文件核查符合要求的基础上，按照有关规定从施工现场抽取试样送至试验室进行检验的活动。

（五）检验批（inspectionlot）

按相同的生产条件或按规定的方式汇总起来供抽样检验用的，由一定数量样本组成的检验体。

（六）主控项目（dominant item）

建筑工程中对安全、节能、环境保护和主要使用功能起决定性作用的检验项目。

（七）一般项目（generalitem）

除主控项目以外的检验项目。

（八）抽样方案（sampling scheme）

根据检验项目的特性所确定的抽样数量和方法。

（九）计数检验（inspection by attributes）

通过确定抽样样本中不合格的个体数量，对样本总体质量做出判定的检验方法。

（十）计量检验（inspection by variables）

以抽样样本的检测数据计算总体均值、特征值或推定值，并以此判断或评估总体质量的检验方法。

（十一）观感质量（quality of appearance）

通过观察和必要的测试所反映的工程外在质量和功能状态。

（十二）返修（repair）

对施工质量不符合规定的部位采取的整修等措施。

（十三）返工（rework）

对施工质量不符合规定的部位采取的更换、重新制作、重新施工等措施。

二、施工质量验收基本要求

（1）工程质量验收均应在施工单位自检合格的基础上进行。

（2）参加工程施工质量验收的各方人员应具备相应的资格。

（3）检验批的质量应按主控项目和一般项目验收。

（4）对涉及结构安全、节能、环境保护和主要使用功能的试块、试件及材料，应在进场时或施工中按规定进行见证检验。

（5）隐蔽工程在隐蔽前应由施工单位通知监理单位进行验收，并应形成验收文件，验收合格后方可继续施工。

（6）对涉及结构安全、节能、环境保护和使用功能的重要分部工程应在验收前按规定进行抽样检验。

（7）工程的观感质量应由验收人员现场检查，并应共同确认。

三、工程质量验收的划分

建筑工程施工质量验收应划分为单位工程、分部工程、分项工程和检验批。

（一）单位工程应按下列原则划分

（1）具备独立施工条件并能形成独立使用功能的建筑物或构筑物为一个单位工程。

（2）对于规模较大的单位工程，可将其能形成独立使用功能的部分划分为一个子单位工程。

（二）分部工程应按下列原则划分

（1）可按专业性质、工程部位确定。

（2）当分部工程较大或较复杂时，可按材料种类、施工特点、施工程序、专业系统及类别将分部工程划分为若干子分部工程。

（三）分项工程按下列原则划分

可按主要工种、材料、施工工艺、设备类别进行划分。

（四）检验批按下列原则划分

可根据施工、质量控制和专业验收的需要，按工程量、楼层、施工段、变形缝进行划分。

四、工程质量验收程序

（1）检验批应由专业监理工程师组织施工单位项目专业质量检查员、专业工长等进行验收。

（2）分项工程应由专业监理工程师组织施工单位项目专业技术负责人等进行验收。

（3）分部工程应由总监理工程师组织施工单位项目负责人和项目技术负责人等进行验收。勘查、设计单位项目负责人和施工单位技术、质量部门负责人应参加地基与基础分部工程的验收。设计单位项目负责人和施工单位技术、质量部门负责人应参加主体结构、节能分部工程的验收。

（4）单位工程中的分包工程完工后，分包单位应对所承包的工程项目进行自检，并应按本标准规定的程序进行验收。验收时，总包单位应派人参加。分包单位应将所分包工程的质量控制资料整理完整，并移交给总包单位。

（5）单位工程完工后，施工单位应组织有关人员进行自检。总监理工程师应组织各专业监理工程师对工程质量进行竣工预验收。存在施工质量问题时，应由施工单位整改。整改完毕后，由施工单位向建设单位提交工程竣工报告，申请工程竣工验收。

（6）建设单位收到工程竣工报告后，应由建设单位项目负责人组织监理、施工、设计、勘查等单位项目负责人进行单位工程验收。

第四节　工程质量问题与质量事故的处理

工程质量问题是指所有的不符合质量要求和工程质量不合格的情况，必须进行返修，加固或报废处理，由此造成直接经济损失低于5000元的称为质量问题。

工程质量事故是指工程质量不合格，影响主要构件强度、刚度及稳定性，影响结构安全和建筑寿命，造成不可挽回的永久性缺陷和重大质量隐患，存在倒塌、失稳、倾斜危险，必须进行返修、加固或报废处理，直接经济损失达到一定程度的一种行为；它也是工程本身缺乏安全性的一种状态。

一、工程质量问题的处理

（一）工程质量问题的处理方式

（1）当质量问题在萌芽状态，应及时制止，并要求施工单位立即更换不合格材料、设备或不称职人员，或要求施工单位立即改变不正确的施工方法和操作工艺。

（2）质量问题已出现时，应立即向施工单位发出《监理通知》，要求其对质量问题进行补救处理，并采取有效措施后，填报《监理通知回复单》报监理单位。

（3）当某道工序或分项工程完工以后，出现不合格项，监理工程师应填写《不合格项处置记录》，要求施工单位及时采取措施予以整改。监理工程师应对其补救方案进行确认，跟踪处理过程，对处理结果进行验收，否则不允许进行下道工序或分项的施工。

（4）在交工使用后的保修期内发现的施工质量问题，监理工程师应及时签发《监理通知》，指令施工单位进行修补、加固或返工处理。

（二）工程质量问题的处理程序

（1）当发生工程质量问题时，监理工程师首先应判断其严重程度。对可以通过返修或返工弥补的质量问题，可签发《监理通知》，责成施工单位写出质量问题调查报告，提出处理方案，填写《监理通知回复单》。报监理工程师审核后，批复承包单位处理，必要时应经建设单位和设计单位认可，处理结果应重新进行验收。对需要加固补强的质量问题或质量问题的存在影响下道工序和分项工程的质量时，应签发《工程暂停令》，指令施工单位停止有质量问题部位和与其有关联部位及下道工序的施工。必要时，应要求施工单位采取防护措施，责成施工单位写出质量问题调查报告，由设计单位提出处理方案，并征得建设单位同意，批复承包单位处理。处理结果应重新进行验收。

（2）施工单位接到《监理通知》后，在监理工程师的组织参与下，尽快进行质量问题调查并完成报告编写。

（3）监理工程师审核、分析质量问题调查报告，判断和确认质量问题产生原因。必要时，监理工程师应组织设计、施工、供货和建设单位各方共同参加分析。

（4）在原因分析的基础上，认真审核签认质量问题处理方案。

（5）指令施工单位按既定的处理方案实施处理并进行跟踪检查。

（6）质量问题处理完毕，监理工程师应组织有关人员对处理的结果进行严格的检查、鉴定和验收，写出质量问题处理报告，报建设单位和监理单位存档。

二、工程质量事故等级划分

（一）房屋建筑和市政基础设施工程质量事故等级划分

根据《关于做好房屋建筑和市政基础设施工程质量事故报告和调查处理工作的通知》，工程质量事故造成的人员伤亡或者直接经济损失，工程质量事故分为四个等级。

（1）特别重大事故，是指造成30人以上死亡，或者100人以上重伤，或者1亿元以上直接经济损失的事故。

（2）重大事故，是指造成10人以上30人以下死亡，或者50人以上100人以下重伤，或者5000万元以上1亿元以下直接经济损失的事故。

（3）较大事故，是指造成3人以上10人以下死亡，或者10人以上50人以下重伤，或者1000万元以上5000万元以下直接经济损失的事故。

（4）一般事故，是指造成3人以下死亡，或者10人以下重伤，或者100万元以上1000万元以下直接经济损失的事故。

本等级划分所称的“以上”包括本数，所称的“以下”不包括本数。

（二）公路水运建设工程质量事故等级划分

根据《公路水运建设工程质量事故等级划分和报告制度》，依据直接经济损失或工程结构损毁情况（自然灾害所致除外），公路水运建设工程质量事故分为特别重大质量事故、重大质量事故、较大质量事故和一般质量事故四个等级；直接经济损失在一般质量事故以下的为质量问题。

（1）特别重大质量事故，是指造成直接经济损失1亿元以上的事故。

（2）重大质量事故，是指造成直接经济损失5000万元以上1亿元以下，或者特大桥主体结构垮塌、特长隧道结构坍塌，或者大型水运工程主体结构垮塌、报废的事故。

（3）较大质量事故，是指造成直接经济损失1000万元以上5000万元以下，或者高速公路项目中桥或大桥主体结构垮塌、中隧道或长隧道结构坍塌、路基（行车道宽度）整体滑移或者中型水运工程主体结构垮塌、报废的事故。

（4）一般质量事故，是指造成直接经济损失100万元以上1000万元以下，或者除高速公路以外的公路项目中桥或大桥主体结构垮塌、中隧道或长隧道结构坍塌，或者小型水运工程主体结构垮塌、报废的事故。

本条所称的“以上”包括本数，“以下”不包括本数。

（三）安全生产事故等级划分

根据《安全生产事故报告和调查处理条例》（国务院第493号令）中生产安全事故造成的人员伤亡或者直接经济损失，一般将其分为以下等级。

（1）特别重大事故，是指造成30人以上死亡，或者100人以上重伤（包括急性工业中毒，下同），或者1亿元以上直接经济损失的事故。

（2）重大事故，是指造成10人以上30人以下死亡，或者50人以上100人以下重伤，或者5000万元以上1亿元以下直接经济损失的事故。

（3）较大事故，是指造成3人以上10人以下死亡，或者10人以上50人以下重伤，或者1000万元以上5000万元以下直接经济损失的事故。

（4）一般事故，是指造成3人以下死亡，或者10人以下重伤，或者1000万元以下直接经济损失的事故。

本条款所称的“以上”包括本数，所称的“以下”不包括本数。

三、工程质量事故处理依据

工程质量事故处理的主要依据有四个方面。

（一）质量事故的实况资料

（1）施工单位的质量事故调查报告。

（2）监理单位调查研究所获得的第一手资料。

（二）合同文件

工程承包合同、设计委托合同、设备与器材购销合同、监理合同等相关合同文件。确定在施工过程中有关各方是否按照合同有关条款实施其活动，借以探寻事故产生的可能原因。

（三）有关的技术文件和档案

（1）设计文件。可以对照设计文件，核查施工质量是否完全符合设计的规定和要求，也可根据所发生的质量事故情况，核查设计中是否存在问题或缺陷，成为导致质量事故的一方面原因。

（2）与施工有关的技术文件、档案和资料，如施工组织设计或施工方案、施工计划，施工记录、施工日志，有关建筑材料的质量证明资料，现场制备材料的质量证明资料，对事故状况的观测记录、试验记录或试验报告，其他有关资料。

（四）相关的建设法规

（1）勘查、设计、施工、监理等单位资质管理方面的法规。涉及单位等级的划分，各级企业应具备的条件，所能承担的任务范围，以及其等级评定的申请、审查、批准、升降管理等方面。

（2）从业者资格管理方面的法规。

（3）建筑市场方面的法规。涉及工程承发包活动，以及国家对建筑市场的管理活动。

（4）建筑施工方面的法规。涉及施工技术管理、建设工程监理、建筑安全生产管理、施工机械设备管理和建设工程质量监督管理。

（5）关于管理标准化方面的法规。涉及技术标准、经济标准和管理标准。

四、工程质量事故处理方案的确定及鉴定验收

（一）工程质量事故处理方案类型

1.修补处理

当工程质量虽未达到规定的标准和要求，存在一定缺陷，但通过修补或更换器具、设备后还可达到要求的标准，又不影响使用功能和外观要求时，可修补处理。

2.返工处理

当工程质量未达到规定的标准和要求，存在的严重质量问题，对结构的使用和安全构

成重大影响，且又无法通过修补处理时，返工处理。

3.不做处理

某些工程质量问题虽然不符合规定的标准和要求构成质量事故，但视其严重情况，经过分析、论证、法定检测单位鉴定和设计等有关单位认可，对工程或结构使用及安全影响不大，也可不做专门处理。通常不用专门处理的情况有以下几种。

（1）不影响结构安全和正常使用。

（2）有些质量问题，经过后续工序可以弥补。

（3）经法定检测单位鉴定合格。

（4）出现的质量问题，经检测鉴定达不到设计要求，但经原设计单位核算，仍能满足结构安全和使用功能。

（二）工程质量事故处理的鉴定验收

监理工程师应通过组织检查和必要的鉴定，对质量事故的技术处理进行验收并予以最终确认。

1.检查验收

工程质量事故处理完成后，监理工程师在施工单位自检合格报验的基础上，应严格按施工验收标准及有关规范的规定进行，结合监理人员的旁站、巡视和平行检验结果，依据质量事故技术处理方案设计要求，通过实际量测，检查各种资料数据进行验收，并应办理交工验收文件，组织各有关单位会签。

2.必要的鉴定

凡涉及结构承载力等使用安全和其他重要性能的处理工作，或质量事故处理施工过程中建筑材料及构配件保证资料严重缺乏，或对检查验收结果各参与单位有争议时，常需做必要的试验和检验鉴定工作。

3.验收结论

对所有质量事故无论经过技术处理，通过检查鉴定验收还是不需专门处理的，均应有明确的书面结论。验收结论通常有以下七种。

（1）事故已排除，可以继续施工。

（2）隐患已消除，结构安全有保证。

（3）经修补处理后，完全能够满足使用要求。

（4）基本上满足使用要求，但使用时应有附加限制条件。

（5）对耐久性的结论。

（6）对建筑物外观影响的结论。

（7）对短期内难以做出结论的，可提出进一步观测检验意见。

第五节　工程质量管理标准化

现行国家标准《建筑工程施工质量验收统一标准》中要求建设工程施工现场应具有健全的质量管理体系、相应的施工技术标准、施工质量检验制度和综合施工质量水平评定考核制度。

住房和城乡建设部发布了《关于开展工程质量管理标准化工作的通知》中要求建立健全企业日常质量管理、施工项目质量管理、工程实体质量控制、工序质量过程控制等管理制度、工作标准和操作规程，建立工程质量管理长效机制，实现质量行为规范化和工程实体质量控制程序化，促进工程质量均衡发展，有效提高工程质量整体水平。

住房和城乡建设部于2018年12月25日发布了《城市轨道交通工程土建施工质量标准化管理技术指南》，强调以“管理行为标准化和工程实体质量控制标准化”为核心，建立覆盖城市轨道交通工程全过程、全员参与的质量标准化管理体系，实行规范化管理。

一、工程质量管理标准化主要内容

工程质量管理标准化，是依据有关法律法规和工程建设标准，从工程开工到竣工验收备案的全过程，对工程参建各方主体的质量行为和工程实体质量控制实行的规范化管理活动。其核心内容是质量行为标准化和工程实体质量控制标准化。

（1）质量行为标准化。依据《建筑法》《建设工程质量管理条例》和现行国家《建设工程项目管理规范》等法律法规和标准规范，按照“体系健全、制度完备、责任明确”的要求，对企业和现场项目管理机构应承担的质量责任和义务等方面做出相应规定，主要包括人员管理、技术管理、材料管理、分包管理、施工管理、资料管理和验收管理等。

（2）工程实体质量控制标准化。按照“工质量样板化、技术交底可视化、操作过程规范化”的要求，从建筑材料、构配件和设备进场质量控制、施工工序控制及质量验收控制的全过程，对影响结构安全和主要使用功能的分部、分项工程和关键工序做法及管理要求等做出相应规定。

二、工程质量管理标准化重点任务

（一）建立质量责任追溯制度

明确各分部、分项工程及关键部位、关键环节的质量责任人，严格施工过程质量控制，加强施工记录和验收资料管理，建立施工过程质量责任标识制度，全面落实建设工程质量终身责任承诺和竣工后永久性标牌制度，保证工程质量的可追溯性。

（二）建立质量管理标准化岗位责任制度

将工程质量责任详细分解，落实到每一个质量管理、操作岗位，明确岗位职责，制定简洁、适用、易执行、通俗易懂的质量管理标准化岗位手册，指导工程质量管理和实施操作，提高工作效率，提升质量管理和操作水平。

（三）实施样板示范制度

在分项工程大面积施工前，以现场示范操作、视频影像、图片文字、实物展示、样板间等形式直观展示关键部位、关键工序的做法与要求，使施工人员掌握质量标准和具体工艺，并在施工过程中遵照实施。通过样板引路，将工程质量管理从事后验收提前到施工前的预控和施工过程的控制。按照“标杆引路、以点带面、有序推进、确保实效”的要求，积极培育质量管理标准化示范工程，发挥示范带动作用。

（四）促进质量管理标准化与信息化融合

充分发挥信息化手段在工程质量管理标准化中的作用，大力推广建筑信息模型（BIM）大数据、智能化、移动通信、云计算、物联网等信息技术应用，推动各方主体、监管部门等协同管理和共享数据，打造基于信息化技术、覆盖施工全过程的质量管理标准化体系。

（五）建立质量管理标准化评价体系

及时总结具有推广价值的工作方案、管理制度、指导图册、实施细则和工作手册等质量管理标准化成果，建立基于质量行为标准化和工程实体质量控制标准化为核心内容的评价办法和评价标准，对工程质量管理标准化的实施情况及效果开展评价，评价结果作为企业评先、诚信评价和项目创优等重要参考依据。

三、ISO9001–2015质量管理标准

ISO是“国际标准化组织”的英语简称，其全称是International Organizationfor Standard–ization。国际标准ISO9001是由ISO/TC176/SC2（国际标准化组织质量管理和质量保证技术委员会质量体系分技术委员会）负责制定和修订。由技术委员会通过的国际标准草案提交各成员团体投票表决，需取得至少75%参加表决的成员团体的同意，国际标准草案才能作为国际标准正式发布。

ISO9001为企业提供了一种具有科学性的质量管理和质量保证方法和手段，可用以提高内部管理水平。文件化的管理体系使全部质量工作有可知性、可见性和可查性，通过培训使员工更理解质量的重要性及对其工作的要求；使企业内部各类人员的职责明确，避免推诿扯皮，减少领导的麻烦；可以使产品质量得到根本的保证；为客户和潜在的客户提供信心；提高企业的形象，增加了竞争的实力；可以满足市场准入的要求。

（一）总则

采用质量管理体系是组织的一项战略性决策。能够帮助其提高整体绩效，为推动可持续发展奠定良好基础。组织根据ISO9001实施质量管理体系具有如下潜在益处。

（1）能稳定提供满足顾客要求并符合的法律法规的产品和服务的能力。

（2）能促成增强顾客满意的机会。

（3）能应对与其环境和目标相关的风险和机遇。

（4）能证实符合规定的质量管理体系要求的能力。

（二）质量管理原则

质量管理原则是质量管理理论和实践的系统总结，它们之间相互关联、相互作用，应将其作为一个集合系统加以认识理解。质量管理原则包括以下方面。

1.以顾客为关注焦点

释义：质量管理的主要关注点是满足顾客要求并且努力超越顾客的期望。

理论依据：组织只有赢得顾客和其他相关方的信任才能获得持续成功。与顾客相互合作的每个方面，都提供了为顾客创造更多价值的机会。理解顾客和其他相关方当前和未来的需求，有助于组织的持续成功。

主要作用：增加顾客价值，提高顾客满意，增进顾客忠诚，增加重复性业务，提高组织的声誉，扩展顾客群，增加收入和市场份额。

实施方法：了解组织能获得价值的直接和间接顾客；了解顾客当前和未来的需求和期望；将组织的目标与顾客的需求和期望联系起来；将顾客的需求和期望，在整个组织内予

以沟通；为满足顾客的需求和期望，对产品和服务进行策划、设计、开发、生产、支付和支持；测算和监控顾客满意度，并采取适当措施；确定有可能影响到顾客满意度的相关方的需求和期望，确定并采取措施；积极管理与顾客的关系，以具用持续成功。

2.领导作用

释义：各层领导应当建立统一的宗旨及方向，并且应当创造并保持一个能使员工充分发挥来实现这个目标的内部环境。

理论依据：统一的宗旨和方向，以及全员参与，能够使组织将战略、方针、过程和资源保持一致，以实现其目标。

主要作用：提高实现组织质量目标的有效性和效率；组织的过程更加协调；改善组织各层次、各职能间的沟通；开发和提高组织及其人员的能力，以获得期望的结果。

实施方法：在整个组织内，就其使命、愿景、战略、方针和过程进行沟通；在组织的所有层次创建并保持共同的价值观和公平、道德的行为模式；培育诚信和正直的文化；鼓励在整个组织范围内履行对质量的承诺；确保各级领导者成为组织人员中的实际楷模；为组织人员提供履行职责所需的资源、培训和权限；激发、鼓励和表彰员工的贡献。

3.全员参与

释义：整个组织内各级人员的胜任、授权和参与，是提高组织创造价值和提供价值能力的必要条件。

理论依据：建立有效和高效的管理组织，各级人员得到尊重并参与其中是极其重要的。通过表彰、授权和提高能力，促进在实现组织的质量目标过程中的做到全员参与。

主要作用：通过组织内人员对质量目标的深入理解和内在动力的激发以实现其目标；在改进活动中，提高人员的参与程度；促进个人发展；提高员工主动性和创造力；提高员工的满意度；增强整个组织的信任和协作；促进整个组织对共同价值观和文化的关注。

实施方法：与员工沟通，以增进他们对个人贡献的重要性的认识；促进整个组织的协作；提倡公开讨论，分享知识和经验；让员工确定工作中的制约因素，毫不犹豫地主动参与；赞赏和表彰员工的贡献、钻研精神和进步；针对个人目标进行绩效的自我评价；为评估员工的满意度和沟通结果进行调查，并采取适当的措施。

4.过程方法

释义：当活动被作为相互关联的功能连贯的过程进行系统管理时，可更加有效和高效地始终得到预期的结果。

理论依据：质量管理体系是由相互关联的过程所组成的。理解体系是如何产生结果的，能够使组织尽可能地完善体系和绩效。

主要作用：提高对关键过程的关注和改进机会的能力；通过协调一致的过程体系始终

得到预期的结果；通过过程的有效管理、资源的高效利用及职能交叉障碍的减少，尽可能提高绩效；使组织能够向相关方提供关于其一致性、有效性和效率方面的信任。

实施方法：确定体系和过程需要达到的目标；为管理过程确定职责、权限和义务；了解组织的能力，事先确定资源约束条件；确定过程相互依赖的关系，分析个别过程的变更对整个体系的影响；对体系的过程及其相互关系继续管理，有效和高效地实现组织的质量目标；确保获得过程运行和改进的必要信息，并监视、分析和评价整个体系的绩效；对能影响过程输出和质量管理体系整个结果的风险进行管理。

5.改进

释义：成功的组织总是致力于持续改进。

理论依据：改进对于组织保持当前的业绩水平，对其内外部条件的变化做出反应并创造新的机会都是非常必要的。

主要作用：改进过程绩效、组织能力，提高顾客满意度，增强对调查和确定基本原因以及后续的预防和纠正措施的关注，提高对内外部的风险和机会的预测和反应能力，增加对增长性和突破性改进的考虑，通过加强学习实现改进，增加改革的动力。

实施方法：促进在组织的所有层次建立改进目标；对各层次员工进行培训，使其懂得如何应用基本工具和方法实现改进目标；确保员工有能力成功地制定和完成改进项目；开发和部署整个组织实施的改进项目；跟踪、评审和审核改进项目的计划、实施、完成和结果；将新产品开发或产品、服务和过程的更改都纳入改进中予以考虑；赞赏和表彰改进。

6.基于事实的决策（循证决策）

释义：基于数据和信息的分析和评价的决策更有可能产生期望的结果。

理论依据：决策是一个复杂的过程，并且总是包含一些不确定因素。它经常涉及多种类型和来源的输入及其解释，而这些解释可能是主观的。重要的是理解因果关系和潜在的非预期后果。对事实、证据和数据的分析可导致决策更加客观，因而更有信心。

主要作用：改进决策过程，改进对实现目标过程的绩效和能力的评估，改进运行的有效性和效率，增加评审、挑战和改变意见和决策的能力，增加证实以往决策有效性的能力。

实施方法：确定、测量和监视证实组织绩效的关键指标；使相关人员能够获得所需的全部数据；确保数据和信息足够准确、可靠和安全；使用适宜的方法对数据和信息进行分析和评价；确保人员对分析和评价所需的数据是胜任的；依据证据，权衡经验和直觉，进行决策并采取措施。

7.关系管理

释义：为了持续成功，组织需要管理与供方等相关方的关系。

理论依据：相关方影响组织的绩效，组织管理与所有相关方的关系，以最大限度地发挥其在组织绩效方面的作用，对供方及合作伙伴的关系网的管理是非常重要的。

主要作用：通过对每一个与相关方有关的机会和限制的响应，提高组织及其相关方的绩效；对目标和价值观，与相关方有共同的理解；通过共享资源和能力，以及管理与质量有关的风险，增加为相关方创造价值的能力；使产品和服务稳定流动的、管理良好的供应链。

实施方法：确定组织和相关方（如供方、合作伙伴、顾客、投资者、雇员或整个社会）的关系；确定需要优先管理的相关方的关系；建立权衡短期收益与长期考虑的关系；收集并与相关方共享信息、专业知识和资源；适当时，测量绩效并向相关方报告，以增加改进的主动性；与供方、合作伙伴及其他相关方共同开展开发和改进活动；鼓励和表彰供方与合作伙伴的改进和成绩。

（三）PDCA循环

PDCA循环是美国质量管理专家休哈特博士首先提出的，由戴明采纳、宣传，获得普及，所以又称戴明环。全面质量管理的思想基础和方法依据就是PDCA循环。PDCA循环的含义是将质量管理分为四个阶段，即计划（Plan）、执行（Do）、检查（Check）、处理（Act）。在质量管理活动中，要求把各项工作按照做出计划、实施计划、检查实施效果，然后将成功的纳入标准，不成功的留待下一循环去解决。这一工作方法是PDCA循环质量管理的基本方法，也是企业管理各项工作的一般规律。

1.P（Plan）阶段

即根据顾客的要求和组织的方针，为提供结果建立必要的目标和过程。

步骤1：分析现状，找出问题。

强调的是对现状的把握和发现问题的意识、能力，发现问题是解决问题的第一步，是分析问题的条件。

步骤2：分析产生问题的原因。

找准问题后分析产生问题的原因至关重要，运用头脑风暴法等多种集思广益的科学方法，把导致问题产生的所有原因统统找出来。

步骤3：区分主因和次因。

确认主因和次因，是最有效解决问题的关键。筛选方案，统计质量工具能够发挥较好的作用。正交试验设计法、矩阵图都是进行多方案设计中效率高、效果好的工具方法。

步骤4：拟定措施、制订计划。

有了好的方案，其中的细节也不能忽视，计划的内容如何完成好，需要将方案步骤具体化，逐一制定对策，明确回答出方案中的“5W1H”，即为什么制定该措施（Why）达到什么目标（What），在何处执行（Where），由谁负责完成（Who），什么时间完成

（When），如何完成（How）。使用过程决策程序图或流程图，将方案的具体实施步骤分解。

2.D（Do）阶段

即按照预定的计划、标准，根据已知的内外部信息，设计出具体的行动方法、方案，进行布局。再根据设计方案和布局，进行具体操作，努力实现预期目标的过程。

步骤5：执行措施、执行计划。

设计出具体的行动方法、方案，进行布局，采取有效的行动；产品的质量、能耗等是设计出来的，通过对组织内外部信息的利用和处理，做出设计和决策，是当代组织最重要的核心能力。设计和决策水平决定了组织执行力。

对策制定完成后就进入了实验、验证阶段也就是做的阶段。在这一阶段除了按计划和方案实施外，还必须要对过程进行测量，确保工作能够按计划进度实施。同时采集数据，收集原始记录和数据等项目文档。

3.C（Check）阶段

即确认实施方案是否达到了目标。

步骤6：检查验证、评估效果。

方案是否有效、目标是否完成，需要进行效果检查后才能得出结论。将采取的对策进行确认后，对采集到的证据进行总结分析，把完成情况同目标值进行比较，看是否达到了预定的目标。如果没有出现预期的结果时，应该确认是否严格按照计划实施对策，如果是，就意味着对策失败，那就要重新进行最佳方案的确定。

4.A（Act）阶段

步骤7：标准化，固定成绩。

标准化是维持企业治理现状不下滑，积累、沉淀经验的最好方法，也是企业治理水平不断提升的基础。可以这样说，标准化是企业治理系统的动力，没有标准化，企业就不会进步，甚至下滑。

对已被证明的有成效的措施，要进行标准化，制定成工作标准，以便以后的执行和推广。

步骤8：问题总结，处理遗留问题。

所有问题不可能在一个PDCA循环中全部解决，遗留的问题会自动转进下一个PDCA循环，如此，周而复始，螺旋上升。处理阶段是PDCA循环的关键。因为处理阶段就是解决存在问题，总结经验和吸取教训的阶段。该阶段的重点又在于修订标准，包括技术标准和管理制度。没有标准化和制度化，就不可能使PDCA循环转动向前。

PDCA循环，可以使我们的思想方法和工作步骤更加条理化、系统化、图像化和科学化。它具有如下特点。

（1）大环套小环，小环保大环，推动大循环

PDCA循环，层层循环，形成大环套小环，小环里面又套更小的环。大环是小环的母体和依据，小环是大环的分解和保证。各级部门的小环都围绕着企业的总日标朝着同一方向转动。通过循环把企业上下或工程项目的各项工作有机地联系起来，彼此协同，互相促进。

（2）不断前进，不断提高

PDCA循环就像爬楼梯一样，一个循环运转结束，生产的质量就会提高一步，然后再制定下一个循环，再运转、再提高，不断前进，不断提高。

（3）门路式上升

PDCA循环不是在同一水平上循环，每循环一次，就解决一部分问题，取得一部分成果工作就前进一步，水平就进步一步。每通过一次PDCA循环，都要进行总结，提出新目标，再进行第二次PDCA循环，使品质治理的车轮滚滚向前。PDCA每循环一次，品质水平和治理水平均提升一步。

第九章　建设工程投资及进度控制

第一节　建设工程投资控制

一、建设工程投资

（一）建筑工程投资概念

建筑工程投资一般是指进行某项工程从建设到形成生产能力花费的全部费用。即该建设项目有计划地形成固定资产、扩大再生产能力和维持最低量流动基金的一次性费用总和。

工程总投资，一般是指进行某项工程建设花费的全部费用。生产性工程建设总投资包括建设投资和铺底流动资金两部分；非生产性工程建设总投资则只包括建设投资。

建设投资由设备及工具器具购置费、建筑安装工程费、工程建设其他费、预备费（包括基本预备费和涨价预备费）、建设期贷款利息和固定资产投资方向调节税（目前暂不征）组成。

我国现行建设工程投资构成中的建筑安装工程费用也有按照分部分项工程费、措施项目费、其他项目费、规费、税金来划分的。

建设投资可以分为静态投资部分和动态投资部分。

静态投资部分由建筑安装工程费、设备及工具器具购置费、工程建设其他费用和基本预备费组成。

设备及工具、器具购置费用是指按照建设项目设计文件要求，建设单位（或其委托单位）购置或自制达到固定资产标准的设备和新扩建项目配置的首套工具、器具及生产家具所需的投资。它由设备及工具、器具原价和包括设备成套公司服务费在内的运杂费组成。在生产性建设项目中，设备及工具、器具投资可称为“积极投资”，它占项目投资费用比重的提高，标志着技术的进步和生产部门有机构成的提高。

建筑安装工程费用是指建设单位用于建筑物安装工程方面的投资，包括用于建筑物的建造及有关准备、清理等工程的投资，用于需要安装设备的安置、装配工程的投资，是以货币表现的建筑安装工程的价值，其特点是必须通过兴工动料、追加活劳动才能实现。在工程项目决策以后的施工阶段，设计施工图确定，此时的工程投资称为工程项目造价，它更符合实际情况。

工程建设其他费用是指未纳入以上两项的，由项目投资支付的，为保证工程建设顺利完成和交付使用后能够正常发挥效用而发生的各项费用总和。它可分为三类，第一类是土地转让费，包括土地征用及迁移补偿费、土地使用权出让金；第二类是与项目建设有关的费用，包括建设单位管理费、勘查设计费、研究试验费、财务费用（如建设期贷款利息）等费用；第三类是与未来企业生产经营有关的费用，包括联合试运转费、生产准备费等费用。

动态的投资部分，是指在建设期内，因建设期贷款利息、工程建设需缴纳的固定资产投资方向调节税和国家新批准的税费、汇率、利率变动，以及建筑期价格变动引起的建设投资增加额，包括涨价预备费、建设期贷款利息和固定资产投资方向调节税。

（二）建设工程项目投资的特点

建设工程项目投资的特点是由建设工程项目的特点决定的。

1.建设工程项目投资数额巨大

建设工程项目投资数额巨大，动辄上千万，数十亿。建设工程项目投资数额巨大的特点使它关系到国家、行业或地区的重大经济利益，对国计民生也会产生重大的影响。从这一点也说明了建设工程投资管理的重要意义。

2.建设工程项目投资差异明显

每个建设工程项目都有其特定的用途、功能、规模，每项工程的结构、空间分割、设备配置和内外装饰都有不同的要求，工程内容和实物形态都有其差异性。同样的工程处于不同的地区或不同的时段在人工、材料、机械消耗上也有差异。所以，建设工程项目投资的差异十分明显。

3.建设工程项目投资需单独计算

每个建设工程项目都有专门的用途，所以其结构、面积、造型和装饰也不尽相同。即使是用途相同的建设工程项目，技术水平、建筑等级和建筑标准也有所差别。建设工程项目还必须在结构、造型等方面适应项目所在地的气候、地质、水文等自然条件，这就使建设工程项目的实物形态千差万别。再加上不同地区构成投资费用的各种要素的差异，最终导致建设工程项目投资的千差万别。因此，建设工程项目只能通过特殊的程序（编制估算、概算、预算、合同价、结算价及最后确定竣工决算等），就每个项目单独计算其投资。

4.建设工程项目投资确定依据复杂

建设工程项目投资的确定依据繁多，关系复杂。在不同的建设阶段有不同的确定依据，且互为基础和指导，互相影响。如预算定额是概算定额（指标）编制的基础，概算定额（指标）又是估算指标编制的基础；反过来，估算指标又控制概算定额（指标）的水平，概算定额（指标）又控制预算定额的水平。这些都说明了建设工程项目投资的确定依据复杂的特点。

5.建设工程项目投资确定层次繁多

凡是按照一个总体设计进行建设的各个单项工程汇集的总体即为一个建设工程项目。在建设工程项目中凡是具有独立的设计文件、竣工后可以独立发挥生产能力或工程效益的工程为单项工程，也可将它理解为具有独立存在意义的完整的工程项目。各单项工程又可分解为各个能独立施工的单位工程。考虑到组成单位工程的各部分是由不同工人用不同工具和材料完成的，又可以把单位工程进一步分解为分部工程。然后还可按照不同的施工方法、构造及规格，把分部工程更细致地分解为分项工程。此外，需分别计算分部分项工程投资、单位工程投资、单项工程投资，最后才能汇总形成建设工程项目投资。可见建设工程项目投资的确定层次繁多。

6.建设工程项目投资需动态跟踪调整

每个建设工程项目从立项到竣工都有一个较长的建设期，在此期间都会出现一些不可预料的变化因素，对建设工程项目投资产生影响。如工程设计变更，设备、材料、人工价格变化，国家利率、汇率调整，因不可抗力出现或因承包方、发包方原因造成的索赔事件出现等，必然要引起建设工程项目投资的变动。所以，建设工程项目投资在整个建设期内都属于不确定的，需随时进行动态跟踪、调整，直至竣工决算后才能真正确定建设工程项目投资。

（三）影响工程造价的主要因素分析及对策

（1）市场价格变化：人工、材料、机械设备等由于国家政策或供求关系而引起波动，应搜集价格信息，实行货比三家，满足要求情况下，优先选择价格低。

（2）设计原因：设计错误、设计漏项、设计标准变化、设计过于保守、图纸提供不及时等。将应定期召开设计会议，按照总体进度安排，向建设方提出优先设计的专业、部位等，要求设计建立质量保证体系，层层把关，避免设计错误、设计漏项，确保设计审图一次通过，如设计标准变化监理单位可及时提出变更要求，通过以上办法，减少索赔的发生；如设计过于保守，通过审核图纸，利用监理经验，给业主提出书面建议以变更设计，降低造价。

（3）业主原因：装修设计不确定、增加内容、组织不落实、建设手续不全、协调不利、未及时提供合格场地等。业主原因极易引起施工索赔的发生，监理单位应和业主保持紧密联系，关注业主合同责任、义务的落实情况，协助办理。

（4）施工原因：施工方案不合理、材料代用、施工质量有问题、赶工、进度拖延等。对施工方案、材料代用严格审批并提出降价的合理化建议；施工过程中加强巡视和验收，防止施工质量问题；要求施工方按进度计划均衡施工。

（5）客观原因：自然因素、基础处理、社会原因、法规变化等。客观原因的出现不可阻挡，但能预测，采取方案对比，选择合理方案避免或减少风险。

（四）建设工程投资控制的目标

控制是为确保目标的实现而服务的，一个系统若没有目标，就不需要、也无法进行控制。

目标的设置应是很严肃的，应有科学的依据。

工程项目建设过程是一个周期长、投入大的生产过程，建设者在一定时间内占有的经验知识是有限的，不但常常受到科学条件和技术条件的限制，而且也受到客观过程的发展及其表现程度的限制，因而不可能在工程建设伊始，就设置一个科学的、一成不变的投资控制目标，而只能设置一个大致的投资控制目标，这就是投资估算。随着工程建设实践、认识、再实践、再认识，投资控制目标逐渐清晰、准确，这就是设计概算、施工图预算、承包合同价等。也就是说，投资控制目标的设置应是随着工程项目建设实践的不断深入而分阶段设置，具体来讲，投资估算应是建设工程设计方案选择和进行初步设计的投资控制目标；设计概算应是进行技术设计和施工图设计的投资控制目标；施工图预算或建安工程承包合同价则应是施工阶段投资控制的目标。有机联系的各个阶段目标相互制约，相互补充，前者控制后者，后者补充前者，共同组成建设工程投资控制的目标系统。

目标要既有先进性又有实现的可能性，目标水平要能激发执行者的进取心和充分发挥他们的工作能力，挖掘他们的潜力。若目标水平太低，如对建设工程投资高估冒算，则对建造者缺乏激励性，建造者亦没有发挥潜力的余地，目标形同虚设；若目标水平太高，如在建设工程立项时投资就留有缺口，建造者一再努力也无法达到，则可能产生灰心情绪，使工程投资控制成为一纸空文。

（五）建设工程投资控制的基本原则

1.系统控制原则

在投资控制的过程中，要协调好与进度控制和质量控制的关系，做到三大目标控制的有机配合和相互平衡，而不能片面强调投资控制。

2.全过程控制原则

要求从设计阶段就开始进行投资控制，并将投资控制工作贯穿于建设工程实施的全过程，直至整个工程建成且延续到保修期结束。在明确全过程控制的前提下，还要特别强调早期控制的重要性。越早进行控制，投资控制的效果越好，节约投资的可能性越大。

对投资目标进行全方位控制时，应当注意以下几个问题：要认真分析建设工程及其投资构成的特点，了解各项费用的变化趋势和影响因素；要抓住主要矛盾，有所侧重；要根据各项费用的特点选择适当的控制方式。

二、建设工程投资控制主要工作

投资控制是我国建设工程监理的一项主要任务，贯穿于监理工作的各个环节。根据现行国家标准《建设工程监理规范》的规定，工程监理单位要依据法律法规、工程建设标准、勘查设计文件及合同，在施工阶段对建设工程进行造价控制。同时，工程监理单位还应根据建设工程监理合同的约定，在工程勘查、设计、保修等阶段为建设单位提供相关服务工作。以下分别是施工阶段和在相关服务阶段监理机构在投资控制中的主要工作。

（一）施工阶段投资控制的主要工作

工程项目施工阶段是建设资金大量使用而项目经济效益尚未实现的阶段，在该阶段进行投资控制具有周期长、内容多、工作量大等特点，监理工程师做好施工阶段的投资控制对于防止“三超”的出现具有十分重要的意义。

建筑行业里的“三超”就是指在概算上估算超了，在预算上概算超了，在结算中预算超了，即概算超估算、预算超概算、结算超预算。

在我国，由于种种原因，三超现象普遍性存在。这也辩证地说明了建设工程中的工程投资控制非常重要。

施工阶段投资控制的主要工作如下。

1.进行工程计量和付款签证

（1）专业监理工程师对施工单位在工程款支付报审表中提交的工程量和支付金额进行复核，确定实际完成的工程量，提出到期应支付给施工单位的金额，并提出相应的支持性材料。

（2）总监理工程师对专业监理工程师的审查意见进行审核，签认后报建设单位审批。

（3）总监理工程师根据建设单位的审批意见，向施工单位签发工程款支付证书。

2.对完成工程量进行偏差分析

项目监理机构应建立月完成工程量统计表，对实际完成量与计划完成量进行比较分析，发现偏差的，应提出调整建议，并应在监理月报中向建设单位报告。

3.审核竣工结算款

（1）专业监理工程师审查施工单位提交的竣工结算款支付申请，提出审查意见。

（2）总监理工程师对专业监理工程师的审查意见进行审核，签认后报建设单位审批，同时抄送施工单位，并就工程竣工结算事宜与建设单位、施工单位协商；达成一致意见的，根据建设单位审批意见向施工单位签发竣工结算款支付证书；不能达成一致意见的，应按施工合同约定处理。

4.处理施工单位提出的工程变更费用

总监理工程师组织专业监理工程师对工程变更费用及工期影响做出评估。总监理工程师组织建设单位、施工单位等共同协商确定工程变更费用及工期变化，会签工程变更单。项目监理机构可在工程变更实施前与建设单位、施工单位等协商确定工程变更的计价原则、计价方法或价款。建设单位与施工单位未能就工程变更费用达成协议时，项目监理机构可提出一个暂定价格并经建设单位同意，作为临时支付工程款的依据。工程变更款项最终结算时，应以建设单位与施工单位达成的协议为依据。

5.处理费用索赔

（1）项目监理机构应及时收集、整理有关工程费用的原始资料，为处理费用索赔提供证据。

（2）审查费用索赔报审表。需要施工单位进一步提交详细资料时，应在施工合同约定的期限内发出通知。与建设单位和施工单位协商一致后，在施工合同约定的期限内签发费用索赔报审表，并报建设单位。当施工单位的费用索赔要求与工程延期要求相关联时，项目监理机构可提出费用索赔和工程延期的综合处理意见，并应与建设单位和施工单位协商。

（3）因施工单位原因造成建设单位损失，建设单位提出索赔时，项目监理机构应与建设单位和施工单位协商处理。

（二）相关服务阶段投资控制的主要工作

1.工程勘查设计阶段

（1）协助建设单位编制工程勘查设计任务书和选择工程勘查设计单位，并应协助签订工程勘查设计合同。

（2）审核勘查单位提交的勘查费用支付申请表，以及签发勘查费用支付证书。审核设计单位提交的设计费用支付申请表，以及签认设计费用支付证书。

（3）审查设计单位提交的设计成果，并应提出评估报告。

（4）审查设计单位提出的新材料、新工艺、新技术、新设备在相关部门的备案情况。必要时应协助建设单位组织专家评审。

（5）审查设计单位提出的设计概算、施工图预算，提出审查意见。

（6）分析可能发生索赔的原因，制定防范对策。

（7）协助建设单位组织专家对设计成果进行评审。工程监理

（8）根据勘查设计合同，协调处理勘查设计延期、费用索赔等事宜。

2.工程保修阶段

对建设单位或使用单位提出的工程质量缺陷，工程监理单位应安排监理人员进行检查和记录，并应要求施工单位予以修复，同时应监督实施，合格后应予以签认。

工程监理单位应对工程质量缺陷原因进行调查，并应与建设单位、施工单位协商确定责任归属。对非施工单位原因造成的工程质量缺陷，应核实施工单位申报的修复工程费用，并应签认工程款支付证书。

三、工程变更的投资控制

工程变更一般是指在工程施工过程中，根据合同约定对施工的程序，工程的内容、数量、质量要求及标准等做出变更。

在工程项目的实施过程中，由于多方面的情况变更，经常出现工程量变化、施工进度变化，以及发包方与承包方在执行合同中的争执等许多问题。这些问题的产生，一方面，是由于勘查设计工作不细，以致在施工过程中发现许多招标文件中没有考虑或估算不准确的工程量，因而不得不改变施工项目或增减工程量；另一方面，是由于发生不可预见的事件，如自然或社会原因引起的停工或工期拖延等。由于工程变更所引起的工程量的变化、承包人的索赔等，都有可能使项目投资超出原来的预算投资，监理工程师必须严格予以控制，密切注意其对未完工程投资支出的影响及对工期的影响。

（一）工程变更的原因

工程变更一般主要有以下几个方面的原因。

（1）业主新的变更指令，对建筑的新要求。如业主有新的意图，业主修改项目计划、削减项目预算等。

（2）由于设计人员、监理方人员、承包商事先没有很好地理解业主的意图，或设计的错误，导致图纸修改。

（3）工程环境的变化，预定的工程条件不准确，要求实施方案或实施计划变更。

（4）由于产生新技术和知识，有必要改变原设计、原实施方案或实施计划，或由于

业主指令及业主责任的原因造成承包商施工方案的改变。

（5）政府部门对工程新的要求，如国家计划变化、环境保护要求、城市规划变动等。

（6）由于合同实施出现问题，必须调整合同目标或修改合同条款。

（二）工程变更的范围和内容

根据国家发展和改革委员会等九部委联合编制的《标准施工招标文件》中的通用合同条款的规定，除专用合同条款另有约定外，在履行合同中发生以下情形之一，应按照本条规定进行变更。

（1）取消合同中任何一项工作，但被取消的工作不能转由发包人或其他人实施。

（2）改变合同中任何一项工作的质量或其他特性。

（3）改变合同工程的基线、标高、位置或尺寸。

（4）改变合同中任何一项工作的施工时间或改变已批准的施工工艺或顺序。

（5）为完成工程需要追加的额外工作。

（6）在履行合同过程中，承包人可以对发包人提供的图纸、技术要求，以及在其他方面提出合理化建议。

除以上规定以外，FIDIC（国际咨询工程师联合会）“施工合同条件”规定，每项变更可包括以下内容。

（1）对合同中任何工作的工作量的改变（此类改变并不一定必然构成变更）。

（2）任何工程质量或其他特性上的变更。

（3）工程任何部分标高、位置和尺寸上的改变。

（4）取消任何工作，除非它已被他人完成。

（5）永久工程所必需的任何附加工作，永久设备、材料或服务，包括任何联合竣工检验、钻孔和其他检验以及勘查工作。

（6）工程的实施顺序或实际安排的改变等。

（三）工程变更的种类

工程变更的种类按变更的原因可分为五类。

（1）工程项目的增加和设计变更。在工程承包范围内，由于设计变更、遗漏、新增等原因而增加工程项目或增减工程量，其价值影响在合同总造价的10%以内时一般不变更合同但可按实际增减数量计价。超过10%时，则需变更合同价。如果超过承包范围，则应通过协商，重新议价，另外签订补充合同或重签合同。

（2）市场物价变化：在以往大中型项目工程承包中，一般采取对合同总造价实行静态投资包干管理，企图一次包死，不做变更。但由于大中型项目履约期长、市场价变化大，这种承包方式与实际严重背离，造成了很多问题，使合同无法正常履行。目前我国已逐步实行动态管理，合同造价随市场价格变化而变化，定期公布物价调整系数，甲乙双方据以结算工程价款，因而导致合同变更。

（3）施工方案变更：在施工过程中由于地质发生重大变化，设计变更，社会环境影响，物资设备供应重大变动，工期提前等造成施工方案变更。

（4）国家政策变动：合同签订后，由于国家、地方政策、法令、法规、法律变动，导致合同承包总价的重大增减，经管理机构现场代表协商签订后，予以合理变更。

（5）人力不可抗拒和不可预见的影响：如发生重大洪灾、地震、台风和非乙方责任引起的火灾、破坏等，经甲方代表现场核实签证后，可协商延长工期并给承包商适当的补偿。

（四）工程变更措施项目费调整

工程变更引起施工方案改变并使措施项目发生变化时，承包人提出调整措施项目费的应事先将拟实施的方案提交发包人确认，并应详细说明与原方案措施项目相比的变化情况。

拟实施的方案经发承包双方确认后执行，并应按照下列规定调整措施项目费。

（1）安全文明施工费应按照实际发生变化的措施项目计算，措施项目中的安全文明施工费不得作为竞争性费用。

（2）采用单价计算的措施项目费，应按照实际发生变化的措施项目，按价款调整的规定确定单价。

（3）按总价（或系数）计算的措施项目费，按照实际发生变化的措施项目调整，但应考虑承包人报价浮动因素，如果承包人未事先将拟实施的方案提交给发包人确认，则应视为工程变更不引起措施项目费的调整或承包人放弃调整措施项目费的权利。

（五）承包人报价偏差的调整

如果工程变更项目出现承包人在工程量清单中填报的综合单价与发包人招标控制价相应清单项目的综合单价偏差超过15%，则工程变更项目的综合单价可由发承包双方协商调整。

（六）删减工程或工作的补偿

如果发包人提出的工程变更，因非承包人原因删减了合同中的某项原定工作或工程，致使承包人发生的费用或（和）得到的收益不能被包括在其他已支付或应支付的项目中，未被包含在任何替代的工作或工程中，则承包人有权提出并得到合理的费用及利润补偿。

四、投资控制监理工作基本程序

监理工程师要严格按照既定程序对工程量计量和支付，以及工程竣工结算过程中的投资控制做到规范，认真核实。

（一）严格履行投资控制程序

（1）应要求承包单位依据施工图纸、概预算、合同的工程量建立工程量台账。

（2）应要求承包单位于施工进度计划批准后10天内，依据建设工程施工合同将合同内价款分解切块，编制与进度计划相应的工程项目各阶段及各年、季、月度的资金使用计划。

（3）应审核承包单位的资金使用计划，并与建设单位、承包单位协商确定相应工程款支付计划。

（4）总监理工程师应从造价、项目的功能要求、质量和工期等方面审查工程变更的方案，并宜在工程变更前与建设单位、承包单位协商确定工程变更的价款或计算价款的原则、方法。

（5）应对工程合同价中政策允许调整的建筑材料、构配件、设备等价格、包括暂估价、不完全价等进行主动控控制。

（6）应依据施工合同有关条款、施工图纸，对工程进行风险分析，找出工程造价最易突破的部分和最易发生费用索赔的因素和部位，并制定防范性对策。

（7）应经常检查工程和工程款支付的情况，对实际发生值与计划控制值进行分析、比较，提出投资控制的建议，并应在监理月报中向建设单位报告。

（8）应严格执行工程计量和工程款支付的程序和进度要求。

（9）通过《工作联系单》与建设单位、承包单位沟通信息，提出工程投资控制的建议。

（二）严格工程量计量标准

（1）工程量计量原则上每月计量一次，确认计量周期。

（2）承包单位应于每月计量周期截止日前，根据工程实际进度及监理工程师签认的分项工程，上报月完成工程量。

（3）监理工程师对承包单位的申报进行核实，必要时应与承包单位协商，所计量的工程量应经总监理工程师同意，由监理工程师签认。

（4）对某些特定的分项、分部工程的计量方法则由项目监理部、建设单位和承包单位协商约定。

（5）对一些不可预见的工程量，如地基基础处理、地下不明障碍物处理等，监理工程师应会同承包单位如实进行计量。

（三）严格工程款支付手续

（1）承包单位填写《工程款支付申请表》，报项目监理部。

（2）项目总监理工程师审核是否符合建设工程施工合同的约定，并及时签发工程预付款的《工程款支付证书》。

（3）监理工程师应按合同的约定，及时抵扣工程预付款。

（四）支付工程款

（1）监理工程师应要求承包单位根据已经计量确认的当月完成工程量，按建设工程施工合同的约定计算月工程进度款，并填写《月工程进度款报审表》报项目监理部，监理工程师审核签认后，应在监理月报中向建设单位报告。

（2）应要求承包单位根据当期发生且经审核签署的《月工程进度款报审表》《工程变更费用报审表》和《费用索赔审批表》等计算当期工程款，填写《工程款支付申请表》，报送项目监理机构。

（3）监理工程师应依据建设工程施工合同及当地政府有关规定，定额进行审核、确认应支付的工程款额度。

（4）监理工程师审核后，由项目总监理工程师签发《工程款支付证书》报建设单位。

（五）严格竣工结算程序

（1）工程竣工，经建设单位组织有关各方验收合格后，承包单位应在规定的时间内向项目监理部提交竣工结算资料。

（2）监理工程师应及时进行审核，并与承包单位、建设单位协商和协调，提出审核意见。

（3）总监理工程师根据各方协商的结论，签发竣工结算《工程款支付证书》。

（4）建设单位收到总监理工程师签发的结算支付证书后，应及时按合同的约定与承包单位办理竣工结算有关事项。

第二节　建设工程进度控制

一、建设工程进度控制概述

（一）建筑工程监理进度控制的含义

建设工程进度控制是指对工程项目建设各阶段的工作内容、工作程序、持续时间和衔接关系根据进度总目标及资源优化配置的原则编制计划并付诸实施，然后在进度计划的实施过程中经常检查实际进度是否按计划要求进行，对出现的偏差情况进行分析，采取补救措施或调整、修改原计划后再付诸实施，如此循环，直到建设工程竣工验收交付使用。

建设工程进度控制的最终目的是确保建设项目按预定的时间动用或提前交付使用，建设工程进度控制的总目标是建设工期。

监理工程师的进度控制与被监理单位的进度控制的区别在于监理工程师在实施进度控制时，还必须注意监理合同的委托范围与委托阶段。

（二）影响建设工程进度的不利因素

影响建设工程进度的不利因素有很多，如人为因素，技术因素，设备、材料及构配件因素，机具因素，资金因素，水文、地质与气象因素，以及其他自然与社会环境等方面的因素。其中，人为因素是最大的干扰因素。从产生的根源看，有的来源于建设单位及上级主管部门，有的来源于勘查设计、施工及材料、设备供应单位，有的来源于政府、建设主管部门、有关协作单位和社会，有的来源于各种自然条件，也有的来源于建设监理单位本身。在工程建设过程中，常见的影响因素如下。

1.业主（建设单位）因素

提供的地质勘查资料、控制水准点、坐标点不准确或错误；提供的图纸不及时，不配套；依据客户的要求而进行的设计变更；所提供的施工场地不能满足工程施工的正常需要，在主体混凝土浇筑时需要办理临时占道手续不及时；资金不足，不能及时向施工承包单位或材料供应商按合同约定支付工程款等。当然诸如施工过程中地下障碍物的处理，建设单位组织管理协调能力不足使工程施工不能正常进行，不可预见事件的发生等也是影响施工进度的不利因素。

2.勘查设计单位的因素

勘查资料不正确，特别是地质资料错误或遗漏；设计内容不完善，规范应用不恰当，设计有缺陷或错误；设计对施工的可能性未考虑或考虑不周；施工图纸供应不及时、不配套或出现重大差错；为项目设计配置的设计人员不合理，各专业之间缺乏协调配合，致使各专业之间出现设计矛盾；设计人员专业素质差、设计内容不足，设计深度不够；设计单位管理机构调整、人员调整，不能按要求及时解决在施工过程中出现的设计问题。

3.施工单位的因素

施工单位管理水平低，经验不足，致使施工组织设计不合理、施工进度计划不合理，采用的施工方案不得当；施工人员资质、资格、经验、水平低，人数少，技术管理不足，不能看透图纸、通晓规范、熟悉图集，不能理解深层次的设计意图，致使对设计图纸产生歧义，形成质量缺陷；技术交底不到位，自检不到位，致使施工中存在质量缺陷且对质量缺陷的处理不及时；现场劳务承包单位素质较差或劳动力较少，或施工机械供应不足；材料供应不及时，材料的数量、型号及技术参数不能满足施工要求；总承包商协调各分包商能力不足，相互配合不及时不到位；施工现场安全防范不到位，安全隐患较多，或出现安全事故；施工单位自有资金不足，或资金安排不合理，垫付能力差，无法支付相关费用等。

4.材料设备因素

材料、构配件、机具、设备供应环节的差错，品种、规格、质量、数量、时间等不能满足工程的需要；特殊材料及新材料的不合理使用；施工设备不配套，选型失当，安装有误有故障等。

5.监理单位因素

项目监理部监理人员的专业素质、工作经验较差，或监理人员人数较少，不能及时发现施工中存在的问题，不能及时协调解决施工中出现的问题，不能根据施工现场实际情况及时采取有效措施保证工程按计划施工等。

6.社会环境的因素

临时停水、停电、断路；重大社会活动、节假日、市容整顿、交通道路的限制等。

7.自然环境因素

如复杂的地质工程条件，不明的水文气象条件，地下埋藏文物的保护、处理，洪水、地震、台风等不可抗力等。

当然，影响施工进度的因素并不限于这些，还有影响施工进度的其他未明因素。在上述诸多影响因素中，建设单位和施工单位对工程进度的影响最大，勘查设计单位、材料供应商和监理单位次之。为了保证项目施工进度的顺利实施，建设、施工、监理单位就必须对影响施工进度的各种因素进行全面的评估和分析，采取各种控制措施，从主客观方面消除影响进度的各种不利因素。

（三）建设工程进度控制的原理

1.动态控制原理

建设工程进度控制，尤其是进入实质性施工阶段，进度控制是一个不断进行的动态控制，也是一个循环进行的过程。它是从项目施工开始，实际进度就进入运动的轨迹，也就是计划进入执行的动态。实际进度按照计划进度进行时，两者相吻合；当实际进度与计划进度不一致时，便产生超前或落后的偏差，分析偏差产生的原因，采取相应的措施，调整原来计划，使两者在新的起点上重合，继续按其进行施工活动，并且尽量发挥组织管理的作用，使实际工作按计划进行。但是在新的干扰因素作用下，又会产生新的偏差。施工进度计划控制就是采用这种动态循环的控制方法。

2.系统原理

（1）施工进度计划系统

为了对施工项目实行进度控制，首先必须编制施工项目的各种进度计划。其中有施工项目总进度计划、单位工程进度计划、分部分项工程进度计划、季度和月（周）作业计划这些计划组成一个施工项目进度计划系统。计划的编制对象由大到小，计划的内容从粗到细。编制时从总体计划到局部计划，逐层进行控制目标分解，以保证计划控制目标的落实。执行计划时，从周作业计划开始实施，逐级按目标控制，从而达到对施工项目整体进度目标的控制。

（2）施工进度实施组织系统

施工项目实施过程中的各专业队伍都是遵照计划规定的目标去努力完成一个个任务的。项目经理和有关劳动调配、材料设备、采购运输等各职能部门都按照施工进度规定的要求进行管理、落实和完成各自的任务。项目部各级负责人，从项目经理、施工队长、班组长及其所属全体成员组成了施工项目实施的完整组织系统。

（3）施工进度控制组织系统

为了保证施工项目进度实施，自公司经理、项目经理、一直到作业班组都设有专门职能部门或人员负责对项目检查汇报，统计整理实际施工进度的资料，并与计划进度比较分析和进行调整等工作。当然，不同层次人员负有不同进度控制职责，相互分工协作，形成一个纵横连接的施工项目控制组织系统。所以，无论是控制对象还是控制主体，无论是进度计划还是控制活动，都是一个完整的系统。进度控制实际上就是用系统的理论和方法解决系统问题。

3.信息反馈原理

信息是项目进度控制的依据。项目进度计划的信息从上到下传递到项目实施的相关部门及人员，以使计划得以贯彻落实。而施工的实际进度信息通过基层施工项目进度控制的工作人员，在分工的职责范围内，经过对其加工、整理、统计，再将信息逐级向上反馈，直到各有关部门和人员，经比较分析做出决策，调整进度计划，以使进度计划仍能符合预定工期目标。这就需要建立信息系统，以便不断地进行信息的传递和反馈。项目进度控制的过程也是一个信息传递和反馈的过程。

4.弹性原理

施工项目工期长、影响因素多。这就要求计划编制人员能根据统计经验估计各种因素的影响程度和出现的可能性，并在确定进度目标时进行目标的风险分析，使进度计划留有余地，即使得计划具有一定的弹性。在进行项目进度控制时，可以利用这些弹性缩短工作的持续时间，或改变工作之间的搭接关系，以使项目最终能实现拟定的工期目标。这就是施工项目进度控制中对弹性原理的应用。

5.封闭循环原理

项目进度计划控制的全过程是计划—实施—检查—比较分析—确定调整措施—修改—再计划等一种循环的活动。从编制项目施工进度计划开始，经过实施过程中的跟踪检查，收集有关实际进度的信息，比较和分析实际进度与计划进度之间的偏差，找出产生偏差的原因和解决办法，确定调整措施，再修改原进度计划，形成了一个封闭的循环系统。进度控制过程就是这种封闭循环不断运行的过程。

6.网络计划技术原理

网络计划技术是用网络计划对任务的工作进度进行安排和控制，以保证实现预定目标的科学的计划管理技术。在施工项目进度的控制中利用网络计划技术原理编制进度计划，根据收集的实际进度信息，比较和分析进度计划，在此基础上按既定目标对网络计划不断改进、优化以寻求满意的施工方案。利用网络计划的工期优化、工期与成本优化和资源优化的理论调整计划，以实现拟定的工期目标、费用目标和资源目标。网络计划技术原理是施工项目进度控制的完整的计划管理和分析计算的理论基础。

（四）建设工程监理进度控制的程序

（1）建立监理进度控制体系，明确监理进度组织与协调机制。

（2）监理进度控制目标与控制性计划的确定。

（3）施工单位的进度计划与进度控制措施的审查与批准。

（4）进度计划实施中的监测与调整。

（5）工期索赔的处理。

（五）建设工程实施阶段进度控制监理的主要任务

1.设计准备阶段进度控制的任务

（1）收集有关工期的信息，进行工期目标和进度控制决策。

（2）编制工程项目建设总进度计划。

（3）编制设计准备阶段详细工作计划，并控制其执行。

（4）进行环境及施工现场条件的调查和分析。

2.设计阶段进度控制的任务

（1）编制设计阶段工作计划，并控制其执行。

（2）编制详细的出图计划，并控制其执行。

3.施工阶段进度控制的任务

（1）编制施工总进度计划，并控制其执行。

（2）编制单位工程施工进度计划，并控制其执行。

（3）编制工程年、季、月实施计划，并控制其执行。

二、建设工程进度控制计划体系

建设工程进度控制计划体系：建设、监理、设计、施工单位的计划系统。

（一）建设单位的计划系统

1.工程项目前期工作计划

工程项目前期工作计划是指对工程项目可行性研究、项目评估、初步设计的工作进度安排，它可使工程项目前期决策阶段各项工作的时间得到控制。

2.工程项目建设总进度计划

工程项目建设总进度计划是指初步设计被批准后，在编报工程项目年度计划之前，根据初步设计，对开始建设至竣工投产（动用）全过程的统一部署。

需要报送的表格部分有：

（1）《工程项目一览表》。

（2）《工程项目总进度计划表》。

（3）《投资计划年度分配表》。

（4）《工程项目进度平衡表》。

3.工程项目年度计划

工程项目年度计划是依据工程项目建设总进度计划和批准的设计文件进行编制的。

需要报送的表格部分有：

（1）《年度计划项目表》。

（2）《年度竣工投产交付使用计划表》。

（3）《年度建设资金平衡表》。

（二）监理单位的计划系统

为了有效地控制建设工程进度，监理工程师要在设计准备阶段向建设单位提供有关工期的信息，协助建设单位确定工期总目标，并进行环境及施工现场条件的调查和分析。在设计阶段和施工阶段，监理工程师不仅要审查设计单位和施工单位提交的进度计划，更要编制监理进度计划，以确保进度控制目标的实现。

1.监理总进度计划

监理总进度计划是依据工程项目可行性研究报告、工程项目前期工作计划和工程项目建设总进度计划编制的，其目的是对建设工程进度控制总目标进行规划，明确建设工程前期准备、设计、施工、动用前准备及项目动用等各个阶段的进度安排。

2.监理总进度分解计划

（1）按工程进展阶段分解：设计准备阶段进度计划、设计阶段进度计划、施工阶段进度计划、动用前准备阶段进度计划。

（2）按时间分解：年度进度计划、季度进度计划、月度进度计划

（三）设计单位的计划系统

（1）设计总进度计划。

（2）阶段性设计进度计划：

①设计准备工作进度计划。

②初步设计（技术设计）工作进度计划。

③施工图设计工作进度计划。

主要考虑各单位工程的设计进度及其搭接关系。

（3）设计作业进度计划。

（四）施工单位的计划系统

（1）施工准备工作计划。

（2）施工总进度计划。

（3）单位工程施工进度计划。

（4）分部分项工程进度计划。

三、建设工程进度计划的表示方法和编制程序

建设工程进度计划的表示方法有多种，常用的有横道图和网络图两种表示方法。

（一）横道图

1.横道图概述

横道图又称为甘特图、条状图，通过条状图来显示项目进度和其他时间相关的系统进展的内在关系随着时间进展的情况。以提出者亨利·甘特先生的名字命名，他制定了一个完整地用条形图表进度的标志系统。由于横道图形象简单，在简单、短期的项目中，得到了最广泛的运用。横道图是以作业排序为目的，将活动与时间联系起来的最早尝试的工具之一，帮助项目管理者描述工作中心、超时工作等资源的使用。

横道图以图示通过活动列表和时间刻度表示出特定项目的顺序与持续时间。一条线条图，横轴表示时间，纵轴表示项目，线条表示期间计划和实际完成情况。直观表明计划何时进行，进展与要求的对比。便于管理者弄清项目的剩余任务，评估工作进度。

横道图包含以下三个含义。

（1）以图形或表格的形式显示活动。

（2）通用的显示进度的方法。

（3）构造时含日历天和持续时间，不将周末节假算在进度内。

2.横道图的优缺点

（1）优点

形象、直观，且易于编制和理解。

（2）缺点

①不能明确地反映出各项工作之间错综复杂的相互关系；

②不能明确地反映出影响工期的关键工作和关键线路；

③不能反映出工作所具有的机动时间；

④不能反映工程费用与工期之间的关系；

⑤不便于进行方案比选。

3.横道图绘制步骤

（1）明确项目牵涉到的各项活动、项目。内容包括项目名称（包括顺序）开始时间、工期，任务类型（依赖/决定性）和依赖于哪一项任务。

（2）创建横道图草图。将所有的项目按照开始时间、工期标注到横道图上。

（3）确定项目活动依赖关系及时序进度。使用草图，按照项目的类型将项目联系起来，并安排项目进度。此步骤将保证在未来计划有所调整的情况下，各项活动仍然能够按

照正确的时序进行。也就是确保所有依赖性活动能并且只能在决定性活动完成之后按计划展开。同时避免关键性路径过长。关键性路径是由贯穿项目始终的关键性任务所决定的，它既表示了项目的最长耗时，也表示了完成项目的最短可能时间。请注意，关键性路径会由于单项活动进度的提前或延期而发生变化。而且要注意不要滥用项目资源，同时，对于进度表上的不可预知事件要安排适当的富裕时间。但是，富裕时间不适用于关键性任务，因为作为关键性路径的一部分，它们的时序进度对整个项目至关重要。

（4）计算单项活动任务的工时量。

（5）确定活动任务的执行人员及适时按需调整工时。

（6）计算整个项目时间。

（二）网络计划

1.网络计划概述

网络计划即网络计划技术，是指用于工程项目的计划与控制的一项管理技术。网络图是一种图解模型，形状如同网络，故称为网络图。

随着现代化生产的不断发展，项目的规模越来越大，影响因素越来越多，项目的组织管理工作也越来越复杂。1956年，为了适应对复杂系统进行管理的需要，美国杜邦·耐莫斯公司的摩根·沃克与莱明顿公司的詹姆斯·E.凯利合作，利用公司的Univac计算机，开发了面向计算机描述工程项目的合理安排进度计划的方法，即Critical Path Method，后来被称作关键路线法（简称CPM），是网络计划的基本形式之一。

网络计划技术既是一种科学的计划方法，又是一种有效的生产管理方法。

网络计划最大特点就在于它能够提供施工管理所需要的多种信息，有利于加强工程管理，它有助于管理人员合理地组织生产，做到心里有数，知道管理的重点应放在何处，怎样缩短工期，在哪里挖掘潜力，如何降低成本。在工程管理中提高应用网络计划技术的水平必能进一步提高工程管理的水平。

网络计划技术包括以下基本内容。

（1）网络图

网络图是指网络计划技术的图解模型，反映整个工程任务的分解和合成。分解，是指对工程任务的划分；合成，是指解决各项工作的协作与配合。分解和合成是解决各项工作之间，按逻辑关系的有机组成。绘制网络图是网络计划技术的基础工作。

（2）时间参数

在实现整个工程任务过程中，包括人、事、物的运动状态。这种运动状态都是通过转化为时间函数来反映的。反映人、事、物运动状态的时间参数包括各项工作的作业时间、开工与完工的时间、工作之间的衔接时间、完成任务的机动时间及工程范围和总工期等。

（3）关键路线

通过计算网络图中的时间参数，求出工程工期并找出关键路径。在关键路线上的作业称为关键作业，这些作业完成的快慢直接影响着整个计划的工期。在计划执行过程中关键作业是管理的重点，在时间和费用方面则要严格控制。

（4）网络优化

网络优化，是指根据关键路线法，通过利用时差，不断改善网络计划的初始方案，在满足一定的约束条件下，寻求管理目标达到最优化的计划方案。网络优化是网络计划技术的主要内容之一，也是较之其他计划方法优越的主要方面。

2.网络图的特点

（1）网络计划能够明确表达各项工作之间的逻辑关系。

（2）通过网络计划时间参数的计算，可以找出关键线路和关键工作。

（3）通过网络计划时间参数的计算，可以明确各项工作的机动时间。

（4）网络计划可以利用电子计算机进行计算、优化和调整。

在网络计划中，各项工作之间先后顺序关系为逻辑关系。分为工艺逻辑关系和组织逻辑关系。

工艺关系是由生产工艺客观上所决定的各项工作之间先后顺序关系。

组织关系是在生产组织安排中，考虑劳动力、机具、材料或工期影响，在各项工作之间主观上安排先后顺序关系。

3.网络图分类

箭线、节点、线路是构成了网络图的三个基本要素。网络图中，按节点和箭线所代表的含义不同，可分为双代号网络图和单代号网络图两大类。

（1）双代号网络图

在网络图中，相对于某一项工作（称其为本工作）来讲，紧挨在其前边的工作称为紧前工作，紧挨在其后边的工作称为紧后工作；与本工作同时进行的工作称为平行工作；从网络图起点节点开始到达本工作之前为止的所有工作，称为本工作的先行工作，从紧后工作到达网络图终点节点的所有工作，称为本工作的后续工作。

虚工作是既无工作内容，也不需要时间和资源，是为使各项工作之间的逻辑关系得到正确表达而虚设的工作。虚工作的箭线用虚线表示。

（2）单代号网络图

以节点及其编号表示工作，以箭线表示工作之间的逻辑关系的网络图称为单代号网络图。即每一个节点表示一项工作，节点所表示的工作名称、持续时间和工作代号等标注在节点内。

（三）建设工程进度计划的编制程序

1.总进度目标的论证

建设项目总进度目标论证的工作步骤如下。

（1）调查研究和收集资料；

（2）项目结构分析；

（3）进度计划系统的结构分析；

（4）项目的工作编码；

（5）编制各层进度计划；

（6）协调各层进度计划的关系，编制总进度计划；

（7）若所编制的总进度计划不符合项目的进度目标，则设法调整；

（8）若经过多次调整，进度目标无法实现，则报告项目决策者。

2.进度计划编制前的调查研究

调查研究的内容包括以下内容。

（1）工程任务情况；

（2）实施条件；

（3）设计资料；

（4）有关标准、定额、规程、制度；

（5）资源需求与供应情况；

（6）资金需求与供应情况；

（7）有关统计资料、经验总结及历史资料等。

3.目标工期的设定

进度控制目标主要分为以下内容。

（1）建设周期；

（2）设计周期；

（3）施工工期。

第十章　建筑工程项目安全管理

第一节　建筑工程项目安全管理概述

一、安全管理

安全管理是一门技术科学，它是介于基础科学与工程技术之间的综合性科学。它强调理论与实践的结合，重视科学与技术的全面发展。安全管理的特点是把人、物、环境三者进行有机的联系，试图控制人的不安全行为、物的不安全状态和环境的不安全条件，解决人、物、环境之间不协调的矛盾，排除影响生产效益的人为和物质的阻碍事件。

（一）安全管理的定义

安全管理同其他学科一样，有它自己特定的研究对象和研究范围。安全管理是研究人的行为与机器状态、环境条件的规律机器相互关系的科学。安全管理涉及人、物、环境相互关系协调的问题，有其独特的理论体系，并运用理论体系提出解决问题的方法。与安全管理相关的学科包括劳动心理学、劳动卫生学、统计科学、计算科学、运筹学、管理科学、安全系统工程、人机工程、可靠性工程、安全技术等。在工程技术方面，安全管理已广泛地应用于基础工业、交通运输、军事及尖端技术工业等。

安全管理是管理科学的一个分支，也是安全工程学的一个重要组成部分。安全工程学包括安全技术、工业卫生工程及安全管理。

安全技术是安全工程的技术手段之一。它着眼于对生产过程中物的不安全因素和环境的不安全条件，采用技术措施进行控制，以保证物和环境安全、可靠，达到技术安全的目的。

工业卫生工程也是安全工程的技术手段之一。它着眼于消除或控制生产过程中对人体健康产生影响或危害的有害因素，从而保证安全生产。

安全管理则是安全工程的组织、计划、决策和控制过程，它是保障安全生产的一种管理措施。

总之，安全管理是研究人、物、环境三者之间的协调性，对安全工作进行决策、计划、组织、控制和协调；在法律制度、组织管理、技术和教育等方面采取综合措施，控制人、物、环境的不安全因素，以实现安全生产为目的的一门综合性学科。

（二）安全管理的目的

企业安全管理是遵照国家的安全生产方针、安全生产法规，根据企业实际情况，从组织管理与技术管理上提出相应的安全管理措施，在对国内外安全管理经验教训、研究成果的基础上，寻求适合企业实际的安全管理方法。而这些管理措施和方法的作用都在于控制和消除影响企业安全生产的不安全因素、不卫生条件，从而保障企业生产过程中不发生人身伤亡事故和职业病，不发生火灾、爆炸事故，不发生设备事故。因此，安全管理的目的如下。

1.确保生产场所及生产区域周边范围内人员的安全与健康

即消除危险、危害因素，控制生产过程中伤亡事故和职业病的发生，保障企业内和周边人员的安全与健康。

2.保护财产和资源

即控制生产过程中设备事故和火灾、爆炸事故的发生，避免由不安全因素导致的经济损失。

3.保障企业生产顺利进行

提高效率，促进生产发展，是安全管理的根本目的和任务。

4.促进社会生产发展

安全管理的最终目的就是维护社会稳定、建立和谐社会。

（三）安全管理的主要内容

安全与生产是相辅相成的，没有安全管理保障，生产就无法进行；反之，没有生产活动，也就不存在安全问题。通常所说的安全管理，是针对生产活动中的安全问题，围绕着企业安全生产所进行的一系列管理活动。安全管理是控制人、物、环境的不安全因素，所以安全管理工作主要内容大致如下。

第一，安全生产方针与安全生产责任制的贯彻实施。

第二，安全生产法规、制度的建立与执行。

第三，事故与职业病预防与管理。

第四，安全预测、决策及规划。

第五，安全教育与安全检查。

第六，安全技术措施计划的编制与实施。

第七，安全目标管理、安全监督与监察。

第八，事故应急救援。

第九，职业安全健康管理体系的建立。

第十，企业安全文化建设。

随着生产的发展，新技术、新工艺的应用，以及生产规模的扩大，产品品种的不断增多与更新，职工队伍的不断壮大与更替，加之生产过程中环境因素的随时变化，企业生产会出现许多新的安全问题。当前，随着改革的不断深入，安全管理的对象、形式及方法也随着市场经济的要求而发生变化。因此，安全管理的工作内容要不断适应生产发展的要求，随时调整和加强工作重点。

（四）安全管理的原理与原则

安全管理作为管理的重要组成部分，既遵循管理的普遍规律，服从管理的基本原理与原则，又有其特殊的原理与原则。

原理是对客观事物实质内容极其基本运动规律的表述。原理与原则之间存在内在的、逻辑对应的关系。安全管理原理是从生产管理的共性出发，对生产管理工作的实质内容进行科学分析、综合、抽象与概括所得出的生产管理规律。

原则是根据对客观事物基本规律的认识引发出来的，是需要人们共同遵循的行为规范和准则。安全生产原则是指在生产管理原则的基础上，指导生产管理活动的通用规则。

原理与原则的本质与内涵是一致的。一般来说，原理更基本，更具有普遍意义；原则更具体，对行动更有指导性。

1.系统原理

（1）系统原理的含义

系统原理是指运用系统论的观点、理论和方法来认识和处理管理中出现的问题，对管理活动进行系统分析，以达到管理的优化目标。

系统是由相互作用和相互依赖的若干部分组成，具有特定功能的有机整体。任何管理对象都可以作为一个系统。系统可以分为若干子系统，子系统可以分为若干要素，即系统是由要素组成的。按照系统的观点，管理系统具有六个特征，即集合性、相关性、目的性、整体性、层次性和适应性。

安全管理系统是生产管理的一个子系统，包括各级安全管理人员、安全防护设备与设施、安全管理规章制度、安全生产操作规范和规程，以及安全生产管理信息等。安全贯穿于整个生产活动过程中，安全生产管理是全面、全过程和全员的管理。

（2）运用系统原理的原则

①动态相关性原则

动态相关性原则表明：构成管理系统的各要素是运动和发展的，它们相互联系又相互制约。如果管理系统的各要素都处于静止状态，就不会发生事故。

②整分合原则

高效的现代安全生产管理必须在整体规划下明确分工，在分工基础上有效综合，这就是整分合原则。运用该原则，要求企业管理者在制订整体目标和进行宏观策划时，必须将安全生产纳入其中，在考虑资金、人员和体系时，都必须将安全生产作为一个重要内容考虑。

③反馈原则

反馈是控制过程中对控制机构的反作用。成功、高效的管理，离不开灵活、准确、快速的反馈。企业生产的内部条件和外部环境是不断变化的，必须及时捕获、反馈各种安全生产信息，以便及时采取行动。

④封闭原则

在任何一个管理系统内部，管理手段、管理过程都必须构成一个连续封闭的回路，才能形成有效的管理活动，这就是封闭原则。封闭原则告诉我们，在企业安全生产中，各管理机构之间、各种管理制度和方法之间，必须具有紧密的联系，形成相互制约的回路，才能有效。

2.人本原理

（1）人本原理的含义

在安全管理中把人的因素放在首位，体现以人为本，这就是人本原理。以人为本有两层含义：一是一切管理活动都是以人为本展开的，人既是管理的主体，又是管理的客体，每个人都处在一定的管理层面上，离开人就无所谓管理；二是管理活动中，作为管理对象的要素和管理系统各环节，都需要人掌管、运作、推动和实施。

（2）运用人本原理的原则

①动力原则

推动管理活动的基本力量是人，管理必须有能够激发人的工作能力的动力，这就是动力原则。对于管理系统，有三种动力，即物质动力、精神动力和信息动力。

②能级原则

现代管理认为，单位和个人都具有一定的能量，并且可按照能量的大小顺序排列，形成管理的能级，就像原子中电子的能级一样。在管理系统中，建立一套合理能级，根据单位和个人能量的大小安排其工作，发挥不同能级的能量，保证结构的稳定性和管理的有效性，这就是能级原则。

③激励原则

管理中的激励就是利用某种外部诱因的刺激，调动人的积极性和创造性。以科学的手段，激发人的内在潜力，使其充分发挥积极性、主动性和创造性，这就是激励原则。人的工作动力来源于内在动力、外部压力和工作吸引力。

3.预防原理

（1）预防原理的含义

安全生产管理工作应该做到预防为主，通过有效的管理和技术手段，减少和防止人的不安全行为和物的不安全状态，达到预防事故的目的。在可能发生人身伤害、设备或设施损坏和环境破坏的场合，事先采取措施，防止事故发生。

（2）运用预防原理的原则

①事故是可以预防

生产活动过程都是由人来进行规划、设计、施工、生产运行的，人们可以改变设计、改变施工方法和运行管理方式，避免事故发生。同时可以寻找引起事故的本质因素，采取措施，予以控制，达到预防事故的目的。

②因果关系原则

事故的发生是许多因素互为因果连锁发生的最终结果，只要诱发事故的因素存在，发生事故是必然的，只是时间或迟或早而已，这就是因果关系原则。

③3E原则

造成人事故的原因可归纳为四个方面，即人的不安全行为、设备的不安全状态、环境的不安全条件，以及管理缺陷。针对这四方面的原因，可采取三种防止对策，即工程技术（Engineering）对策、教育（Education）对策和法制（Enforcement）对策，即所谓3E原则。

④本质安全化原则

本质安全化原则是指从一开始和从本质上实现安全化，从根本上消除事故发生的可能性，从而达到预防事故发生的目的。

4.强制原理

（1）强制原理的含义

采取强制管理的手段控制人的意愿和行为，使人的活动、行为等受到安全生产管理要求的约束，从而实现有效的安全生产管理。所谓强制就是绝对服从，不必经过被管理者的同意便可采取的控制行动。

（2）运用强制原理的原则

①安全第一原则

安全第一就是要求在进行生产和其他工作时把安全工作放在一切工作的首要位置。当生产和其他工作与安全发生矛盾时，要以安全为主，生产和其他工作要服从于安全。

②监督原则

监督原则是指在安全活动中，为了使安全生产法律法规得到落实，必须设立安全生产监督管理部门，对企业生产中的守法和执法情况进行监督，监督主要包括国家监督、行业管理、群众监督等。

二、建筑工程项目安全管理内涵

（一）建筑工程安全管理的概念

建筑工程安全管理是指为保护产品生产者和使用者的健康与安全，控制影响工作场所内员工、临时工作人员、合同方人员、访问者和其他有关部门人员健康和安全的条件和因素，考虑和避免因使用不当对使用者造成健康和安全的危害而进行的一系列管理活动。

（二）建筑工程安全管理的内容

建筑工程安全管理的内容是建筑生产企业为达到建筑工程职业健康安全管理的目的，所进行的指挥、控制、组织、协调活动，包括制订、实施、实现、评审和保持职业健康安全所需的组织机构、计划活动、职责、惯例、程序、过程和资源。

不同的组织（企业）根据自身的实际情况制定方针，并为实施、实现、评审和保持（持续改进）建立组织机构、策划活动、明确职责、遵守有关法律法规和惯例、编制程序控制文件，实行过程控制并提供人员、设备、资金和信息资源，保证职业健康安全管理任务的完成。

（三）建筑工程安全管理的特点

1.复杂性

建筑产品的固定性和生产的流动性及受外部环境影响多，决定了建筑工程安全管理的复杂性。

（1）建筑产品生产过程中生产人员、工具与设备的流动性，主要表现如下。

①同一工地不同建筑之间的流动。

②同一建筑不同建筑部位上的流动。

③一个建筑工程项目完成后，又要向另一新项目动迁的流动。

（2）建筑产品受不同外部环境影响多，主要表现如下。

①露天作业多。

②气候条件变化的影响。

③工程地质和水文条件变化的影响。

④地理条件和地域资源的影响。

由于生产人员、工具和设备的交叉和流动作业，受不同外部环境的影响因素多，使健康安全管理很复杂，若考虑不周就会出现问题。

2.多样性

产品的多样性和生产的单件性决定了职业健康安全管理的多样性。建筑产品的多样性决定了生产的单件性。每一个建筑产品都要根据其特定要求进行施工，主要表现如下。

（1）不能按同一图样、同一施工工艺、同一生产设备进行批量重复生产。

（2）施工生产组织及结构的变动频繁，生产经营的“一次性”特征特别突出。

（3）生产过程中实验性研究课题多，所碰到的新技术、新工艺、新设备、新材料给职业健康安全管理带来不少难题。

因此，对于每个建筑工程项目都要根据其实际情况，制订健康安全管理计划，不可相互套用。

3.协调性

产品生产过程的连续性和分工性决定了职业健康安全管理的协调性。建筑产品不能像其他许多工业产品一样，可以分解为若干部分同时生产，而必须在同一固定场地，按严格程序连续生产，上一道程序不完成，下一道程序不能进行，上一道工序生产的结果往往会被下一道工序所掩盖，而且每一道程序由不同人员和单位完成。因此，在建筑施工安全管理中，要求各单位和专业人员横向配合和协调，共同注意产品生产过程接口部分安全管理的协调性。

4.持续性

产品生产的阶段性决定职业健康安全管理的持续性。一个建筑项目从立项到投产要经过设计前的准备阶段、设计阶段、施工阶段、使用前的准备阶段（包括竣工验收和试运行）、保修阶段等五个阶段。这五个阶段都要十分重视项目的安全问题，持续不断地对项目各个阶段可能出现的安全问题实施管理。一旦在某个阶段出现安全问题就会造成投资的巨大浪费，甚至造成工程项目建设的夭折。

第二节　建筑工程项目安全管理问题

一、建筑工程施工的不安全因素

（一）事故潜在的不安全因素

人的不安全因素和物的不安全状态，是造成绝大部分事故的两个潜在的不安全因素，通常也可称作事故隐患。事故潜在的不安全因素是造成人身伤害、物的损失的先决条件，各种人身伤害事故均离不开人与物，人身伤害事故就是人与物之间产生的一种意外现象。在人与物中，人的因素是最根本的，因为物的不安全状态的背后，实质上还是隐含着人的因素。分析大量事故的原因可以得知，单纯由于物的不安全状态或者单纯由于人的不安全行为导致的事故情况并不多，事故几乎都是由多种原因交织而形成的，总的来说，安全事故时有人的不安全因素和物的不安全状态以及管理的缺陷等多方面原因结合而形成的。

1.人的不安全因素

人的不安全因素是指影响安全的人的因素，是使系统发生故障或发生性能不良事件的人员自身的不安全因素或违背设计和安全要求的错误行为。人的不安全因素可分为个人的不安全因素和人的不安全行为两个大类。个人的不安全因素，是指人的心理、生理、能力中所具有不能适应工作、作业岗位要求而影响安全的因素；人的不安全行为，通俗地讲，就是指能造成事故的人的失误，即能造成事故的人为错误，是人为地使系统发生故障或发生性能不良事件，是违背设计和操作规程的错误行为。

（1）个人的不安全因素。

①生理上的不安全因素。

生理上的不安全因素包括患有不适合作业岗位的疾病、年龄不适合作业岗位要求、体能不能适应作业岗位要求的因素，疲劳和酒醉或刚睡醒觉、感觉朦胧、视觉和听觉等感觉器官不能适应作业岗位要求的因素等。

②心理上的不安全因素。

心理上的不安全因素是指人在心理上具有影响安全的性格、气质和情绪（如急躁、懒散、粗心等）。

③能力上的不安全因素。

能力上的不安全因素包括知识技能、应变能力、资格等不适应工作环境和作业岗位要求的影响因素。

（2）人的不安全行为。

①产生不安全行为的主要因素。

主要因素有工作上的原因、系统、组织上的原因以及思想上责任性的原因。

②主要工作上的原因。

主要工作上的原因有作业的速度不适当、工作知识的不足或工作方法不适当，技能不熟练或经验不充分、工作不当，且又不听或不注意管理提示。

③不安全行为在施工现场的表现如下。

第一，不安全装束。

第二，物体存放不当。

第三，造成安全装置失效。

第四，冒险进入危险场所。

第五，徒手代替工作操作。

第六，有分散注意力行为。

第七，操作失误，忽视安全、警告。

第八，对易燃、易爆等危害物品处理错误。

第九，使用不安全设备。

第十，攀爬不安全位置。

第十一，在起吊物下作业、停留。

第十二，没有正确使用个人防护用品、用具。

第十三，在机器运转时进行检查、维修、保养等工作。

2.物的不安全状态

物的不安全状态是指能导致事故发生的物质条件，包括机械设备等物质或环境所存在的不安全因素。通常，人们将此称为物的不安全状态或物的不安全条件，也有直接称其为不安全状态。

（1）物的不安全状态的内容。

①安全防护方面的缺陷。

②作业方法导致的物的不安全状态。

③外部的和自然界的不安全状态。

④作业环境场所的缺陷。

⑤保护器具信号、标志和个体防护用品的缺陷。

⑥物的放置方法的缺陷。

⑦物（包括机器、设备、工具、物质等）本身存在的缺陷。

（2）物的不安全状态的类型。

①缺乏防护等装置或有防护装置但存在缺陷。

②设备、设施、工具、附件有缺陷。

③缺少个人防护用品用具或有防护用品但存在缺陷。

④生产（施工）场地环境不良。

（二）管理的缺陷

施工现场的不安全因素还存在组织管理上的不安全因素，通常也可称为组织管理上的缺陷，它也是事故潜在的不安全因素，作为间接的原因共有以下几个方面。

第一，技术上的缺陷。

第二，教育上的缺陷。

第三，管理工作上的缺陷。

第四，生理上的缺陷。

第五，心理上的缺陷。

第六，学校教育和社会、历史上的原因造成的缺陷等。

所以，建筑工程施工现场安全管理人员应从“人”和“物”两个方面入手，在组织管理等方面加强工作力度，消除任何物的不安全因素以及管理上的缺陷，预防各类安全事故的发生。

二、建筑工程施工现场的安全问题

（一）建筑施工现场的安全隐患

1.安全管理存在的安全隐患

安全管理工作不到位，是造成伤亡事故的原因之一。安全管理存在的安全隐患主要有以下几点。

（1）安全生产责任制不健全。

（2）企业各级、各部门管理人员生产责任制的系统性不强，没有具体的考核办法，或没有认真考核，或无考核记录。

（3）企业经理对本企业安全生产管理中存在的问题没有引起高度重视。

（4）企业没有制定安全管理目标，且没有将目标分解到企业各部门，尤其是项目经理部、各班组，也没有分解到人。

（5）目标管理无整体性、系统性，无安全管理目标执行情况的考核措施。

（6）项目部单位工程施工组织设计中，安全措施不全面、无针对性，而且在施工安全管理过程中，安全措施没有具体落实到位。

（7）没有工程施工安全技术交底资料，即使有书面交底资料，也不全面，针对性不强，未履行签字手续。

（8）没有制定具体的安全检查制度，或未认真进行检查，在检查中发现的问题没有及时整改。

（9）没有制定具体的安全教育制度，没有具体安全教育内容，对季节性和临时性工人的安全教育很不重视。

（10）项目经理部不重视开展班前安全活动，无班前安全活动记录。

（11）施工现场没有安全标志布置总平面图，安全标志的布置不能形成总的体系。

2.土石方工程存在的安全隐患

（1）开挖前未摸清地下管线，未制定应急措施。

（2）土方施工时放坡和支护不符合规定。

（3）机械设备施工与槽边安全距离不符合规定，又无措施。

（4）开挖深度超过2米的沟槽，未按标准设围栏防护和密目安全网封挡。

（5）超过2米的沟槽，未搭设上下通道，危险处未设红色标志灯。

（6）地下管线和地下障碍物未明或管线1米内机械挖土。

（7）未设置有效的排水、挡水措施。

（8）配合作业人员和机械之间未有一定的距离。

（9）打夯机传动部位无防护。

（10）打夯机未在使用前检查。

（11）电缆线在打夯机前经过。

（12）打夯机未用漏电保护和接地接零。

（13）挖土过程中土体产生裂缝，未采取措施而继续作业。

（14）回土前拆除基坑支护的全部支撑。

（15）挖土机械碰到支护、桩头，挖土时动作过大。

（16）在沟、坑、槽边沿1米内堆土、堆料、停置机具。

（17）雨后作业前未检查土体和支护的情况。

（18）机械在输电线路下未空开安全距离。

（19）进出口的地下管线未加固保护。

（20）场内道路损坏未整修。

（21）铲斗从汽车驾驶室上通过。

（22）在支护和支撑上行走、堆物。

3.砌筑工程存在的安全隐患

（1）基础墙砌筑前未对土体的情况进行检查。

（2）垂直运砖的吊笼绳索不符合要求。

（3）人工传砖时脚手板过窄。

（4）砖输送车在平地上间距小于2米。

（5）操作人员踩踏砌体和支撑上下基坑。

（6）破裂的砖块在吊笼的边沿。

（7）同一块脚手板上操作人员多于2人。

（8）在无防护的墙顶上作业。

（9）站在砖墙上进行作业。

（10）砖筑工具放在临边等易坠落的地方。

（11）内脚手板未按有关规定搭设。

（12）砍砖时向外打碎砖，导致人员伤亡。

（13）操作人员无可靠的安全通道上下。

（14）脚手架上的冰霜积雪杂物未清除就作业。

（15）砌筑楼房边沿墙体时未安设安全网。

（16）脚手架上堆砖高度超过3皮侧砖。

（17）砌好的山墙未做任何加固措施。

（18）吊重物时用砌体做支撑点。

（19）砖等材料堆放在基坑边1.5米内。

（20）在砌体上拉缆风绳。

（21）收工时未做到工完场清。

（22）雨天未对刚砌好的砌体做防雨措施。

（23）砌块未就位放稳就松开夹具。

4.脚手架工程存在的安全隐患

（1）脚手架无搭设方案，尤其是落地式外脚手架，项目经理将脚手架的施工承包给架子工，架子工有的按操作规程搭设，有的凭经验搭设，根本未编制脚手架施工方案。

（2）脚手架搭设前未进行交底，项目经理部施工负责人未组织脚手架分段及搭设完毕的检查验收，即使组织验收，也无量化验收内容。

（3）门形等脚手架无设计计算书。

（4）脚手架与建筑物的拉结不够牢固。

（5）杆件间距与剪刀撑的设置不符合规范的规定。

（6）脚手板、立杆、大横杆、小横杆材质不符合要求。

（7）施工层脚手板未铺满。

（8）脚手架上材料堆放不均匀，荷载超过规定。

（9）通道及卸料平台的防护栏杆不符合规范规定。

（10）地式和门形脚手架基础不平、不牢，扫地杆不符合要求。

（11）挂、吊脚手架制作组装不符合设计要求。

（12）附着式升降脚手架的升降装置、防坠落、防倾斜装置不符合要求。

（13）脚手架搭设及操作人员，经过专业培训的未上岗，未经专业培训的却上岗。

5.钢筋工程存在的安全隐患

（1）在钢筋骨架上行走。

（2）绑扎独立柱头时站在钢箍上操作。

（3）绑扎悬空大梁时站在模板上操作。

（4）钢筋集中堆放在脚手架和模板上。

（5）钢筋成品堆放过高。

（6）模板上堆料处靠近临边洞口。

（7）钢筋机械无人操作时不切断电源。

（8）工具、钢箍短钢筋随意放在脚手板上。

（9）钢筋工作棚内照明灯无防护。

（10）钢筋搬运场所附近有障碍。

（11）操作台上未清理钢筋头。

（12）钢筋搬运场所附近有架空线路临时用电气设备。

（13）用木料、管子、钢模板穿在钢箍内作立人板。

（14）机械安装不坚实稳固，机械无专用的操作棚。

（15）起吊钢筋规格长短不一。

（16）起吊钢筋下方站人。

（17）起吊钢筋挂钩位置不符合要求。

（18）钢筋在吊运中未降到1米就靠近。

6.混凝土工程存在的安全隐患

（1）泵送混凝土架子搭设不牢靠。

（2）混凝土施工高处作业缺少防护、无安全带。

（3）2米以上小面积混凝土施工无牢靠立足点。

（4）运送混凝土的车道板搭设两头没有搁置平稳。

（5）用电缆线拖拉或吊挂插入式振动器。

（6）2米以上的高空悬挑未设置防护栏杆。

（7）板墙独立梁柱混凝土施工时，站在模板或支撑上。

（8）运送混凝土的车子向料斗倒料，无挡车措施。

（9）清理地面时向下乱抛杂物。

（10）运送混凝土的车道板宽度过小。

（11）料斗在临边时人员站在临边一侧。

（12）井架运输小车把伸出笼外。

（13）插入式振动器电缆线不满足所需的长度。

（14）运送混凝土的车道板下，横楞顶撑没有按规定设置。

（15）使用滑槽操作部位无护身栏杆。

（16）插入式振动器在检修作业间未切断电源。

（17）插入式振动器电缆线被挤压。

（18）运料中相互追逐超车，卸料时双手脱把。

（19）运送混凝土的车道板上有杂物、有砂等。

（20）混凝土滑槽没有固定牢靠。

（21）插入式振动器的软管出现断裂。

（22）站在滑槽上操作。

（23）预应力墙砌筑前未对土体的情况检查。

7.模板工程存在的安全隐患

（1）无模板工程施工方案。

（2）现浇混凝土模板支撑系统无设计计算书，支撑系统不符合规范要求。

（3）支撑模板的立柱材质及间距不符合要求。

（4）立柱长度不一致，或采用接短柱加长，交接处不牢固，或在立柱下垫几皮砖加高。

（5）未按规范要求设置纵横向支撑。

（6）木立柱下端未锯平，下端无垫板。

（7）混凝土浇灌运输道不平稳、不牢固。

（8）作业面孔洞及临边无防护措施。

（9）垂直作业上下无隔离防护措施。

（10）2米以上高处作业无可靠立足点。

（二）建筑工程施工整体过程中存在的安全问题

1.建设单位方面不履行基本建设程序

国家确定的基本建设程序，指的是在建筑的过程中应该符合相应的客观规律和表现形式，符合国家法律法规规定的程序要求。目前来看，建筑市场存在着违背国家确定程序的现象，建筑行业相对来说较为混乱。一部分业主违背国家的建设规定，不严格按照既定的法律法规来走立项、报建、招标等程序，而是通过私下的交易承揽建筑施工权。在建筑施工阶段，建设单位、工程总包单位违法转包、分包，并且要求最终施工承建单位垫付工程款或交纳投标保证金、履约保证金等。在采购环节，为了省钱而购买假冒伪劣材料设备，导致质量和安全问题不断产生。

目前，比较突出的问题部分是建设单位没有按照规定先取得施工许可即开工。根据相关确定，项目开工必须取得施工许可证，取得施工许可证以后还应该将工程安全施工管理措施整理成文提交备案。但是，由于建设单位为了赶进度而开工，同时政府部门监管不能够及时到位，管理机制不够严格，导致部分工程开工的时候手续不全，工程不顺，责任不明，发生事故的时候就互相推诿。一些建设单位通过关系，强行将建筑工程包下之后则不注重安全管理，随意降低建筑修筑质量，以低价将工程分包给水平低、包工价格低的施工队伍，这样的做法完全不能保证建筑修筑过程中的安全，以及所修筑的建筑的本身质量，极易在施工过程中发生事故。

2.强行压缩合理工期

工期的概念就是工程的建设期限，工期要通过科学论证的计算。工期的时间应该符合基本的法律与安全常识，不可以随意更改和压缩。在建筑工程施工中，存在着大干快上、盲目地赶进度或赶工期的情况，而这种情况有时还被作为工作积极的表现进行宣扬，这也造成了某种程度上部分建设单位认为工期是能够随意调整的结果。一些建设单位通过打各种旗号，命令施工队伍夜以继日地施工作业，强行加快建筑修筑的进度，而忽略了安全管理方面的工作，导致各种安全事故。

3.缺少安全措施经费

工程建设领域存在不同程度的“垫资”情况，施工企业对安全管理方面的资金投入有限，导致安全管理的相关技术和措施没有办法全部执行到位，有的甚至连安全防护用品都不能够全部及时更换，施工人员的安全没有办法得到保障。施工单位处于建筑市场的最底层，安全措施费得不到足额发放，而很多建设单位发放安全措施费也只是走个流程，方便工地顺利施工。甚至有些施工单位为了能够把工程揽到自己的施工队伍里面，自愿将工程的费用足额垫付。在这种情况下，其他费用，如安全管理费则显得捉襟见肘。因此，施工人员在施工现场极易发生安全事故。

4.建筑施工从业人员安全意识、技能较低

大量的农民工进入建筑业，他们大都刚刚完成从农民到工人的转变，缺乏基本的安全防护意识和操作技能。他们不熟悉施工现场的作业环境，不了解施工过程中的不安全因素，缺乏安全生产知识，安全意识及安全技能较低。

5.特种作业操作人员无证上岗

目前，一些特种作业的操作人员并未持特种作业证上岗作业，如起重机械司索、信号工种施工现场严重缺乏，场内机动车辆无证驾驶人员较多等。这些关键岗位的人员，如未经过系统安全培训，不持证上岗，作业时极易造成违章行为，造成重大事故。

6.违章作业及心态分析

部分施工作业人员对于安全生产认识不足，缺乏应有的安全技能，盲目操作，违章作业，冒险作业，自我防护意识较差，违反安全操作规程，野蛮施工，导致事故频频发生。分析他们违章作业的行为，主要存在以下几点心态。

（1）自以为是的态度

部分作业人员，不愿受纪律约束，嫌安全规程麻烦，在危险的部位逞英雄、出风头；喜欢凭直观感觉，认为自己什么都懂，暴露出浮躁、急功近利、自行其是的共性特征。

（2）习以为常的习惯

习以为常的习惯，实质是一种麻痹侥幸心理作怪。违章指挥、违章作业、违反劳动纪律的“三违”行为，是这些违章作业人员的家常便饭，违章习惯了，认为没事；认为每天都这样操作，都没有出事，放松了对突发因素的警惕；对隐患麻痹大意，熟视无睹，不知道隐患后暗藏危机。

（3）安全责任心不强

一部分施工人员对生命的意义理解还没有达到根深蒂固的地步，没有深刻体会事故会给所在家庭带来无法弥补的伤害，给企业造成巨大的损失，以及给社会带来不稳定、不和谐，不会明白安全事关家庭责任、企业责任及社会责任。

7.建筑施工企业安全责任不落实

安全生产责任制不落实，管理责任脱节，是安全工作落实不下去的主要原因。虽然企业建立了安全生产的责任制，但是由于领导和部门安全生产责任不落实，“开会时说起来重要，工作时做起来次要”的现象比较普遍，安全并没有真正引起广大员工的高度重视。发生事故以后，虽然对责任单位的处罚力度不断加大，但是对于相关责任人，与事故密切相关的生产、技术、器材、经营等相关责任部门的处罚力度不够，也直接导致责任制不能够有效落实。

安全管理手段单一。一些企业未建立职业安全健康管理体系，管理仍然是停留在过去的经验做法上。有些企业为了取得《安全生产许可证》，也建立了一些规章制度，但是建立的安全生产制度是从其他企业抄袭来的，不是用来管理，而是用来应付检查的，谈不上管理和责任落实。施工过程当中的安全会议，是项目安全管理的一个十分重要的组成部分。调研发现，目前施工项目有一小部分能够召开一周一次安全会议，主要是讨论上周安全工作存在的问题以及下周的计划，一般不会超过一小时，但是更多的项目并不召开专门的安全会议，而是纳入整个项目的项目会。

此外，还有分包单位安全监管不到位、安全教育培训严重不足、建设单位对建筑工程安全管理法规执行不力等问题，这里不再一一介绍。

第三节　建筑工程项目安全管理优化

（一）施工安全控制的特点

1.控制面广

由于建筑工程规模较大，生产工艺比较复杂、工序多，在建造过程中流动作业多、高处作业多、作业位置多变、遇到的不确定因素多，安全控制工作涉及范围大、控制面广。

2.控制的动态性

第一，由于建筑工程项目的单件性，使得每项工程所处的条件都会有所不同，所面临的危险因素和防范措施也会有所改变，员工在转移工地以后，熟悉一个新的工作环境需要一定的时间，有些工作制度和安全技术措施也会有所调整，员工同样有个熟悉的过程。

第二，建筑工程项目施工具有分散性。因为现场施工是分散于施工现场的各个部位，尽管有各种规章制度和安全技术交底的环节，但是面对具体的生产环境的时候，仍然需要自己的判断和处理，有经验的人员还必须适应不断变化的情况。

3.控制系统交叉性

建筑工程项目是一个开放系统，受自然环境和社会环境影响很大，同时也会对社会和环境造成影响，安全控制需要把工程系统、环境系统及社会系统结合起来。

4.控制的严谨性

由于建筑工程施工的危害因素较为复杂、风险程度高、伤亡事故多，因此，预防控制措施必须严谨，如有疏漏就可能发展到失控，而酿成事故，造成损失和伤害。

（二）施工安全控制程序

施工安全控制程序，包括确定每项具体建筑工程项目的安全目标，编制建筑工程项目安全技术措施计划，安全技术措施计划的落实和实施，安全技术措施计划的验证、持续改进等。

（三）施工安全技术措施一般要求

1.施工安全技术措施必须在工程开工前制定

施工安全技术措施是施工组织设计的重要组成部分，应当在工程开工以前与施工组织设计一同进行编制。为了保证各项安全设施的落实，在工程图样会审的时候，就应该特别注意考虑安全施工的问题，并在开工前制定好安全技术措施，使得有较充分的时间对用于该工程的各种安全设施进行采购、制作和维护等准备工作。

2.施工安全技术措施要有全面性

根据有关法律法规的要求，在编制工程施工组织设计的时候，应当根据工程特点制定相应的施工安全技术措施。对于大中型工程项目、结构复杂的重点工程，除了必须在施工组织设计中编制施工安全技术措施以外，还应编制专项工程施工安全技术措施，详细说明有关安全方面的防护要求和措施，确保单位工程或分部分项工程的施工安全。对爆破、拆除、起重吊装、水下、基坑支护和降水、土方开挖、脚手架、模板等危险性较大的作业，必须编制专项安全施工技术方案。

3.施工安全技术措施要有针对性

施工安全技术措施是针对每项工程的特点制定的，编制安全技术措施的技术人员必须掌握工程概况、施工方法、施工环境、条件等一手资料，并熟悉安全法规、标准等，才能制定有针对性的安全技术措施。

4.施工安全技术措施应力求全面、具体、可靠

施工安全技术措施应该把可能出现的各种不安全因素考虑周全，制定的对策措施方案应力求全面、具体、可靠，这样才能真正做到预防事故的发生。但是，全面具体并不等于罗列一般通常的操作工艺、施工方法及日常安全工作制度、安全纪律等。这些制度性规定不需要再做抄录，但必须严格执行。

5.施工安全技术措施必须包括应急预案

由于施工安全技术措施是在相应的工程施工实施之前制定的，所涉及的施工条件和危险情况大都是建立在可预测的基础之上，而建筑工程施工过程是开放的过程，在施工期间的变化是经常发生的，还可能出现预测不到的突发事件或灾害（如地震、火灾、台风、洪水等），因此施工技术措施计划必须包括面对突发事件或紧急状态的各种应急设施、人员

逃生和救援预案，以便在紧急情况下，能及时启动应急预案，减少损失，保护人员安全。

6.施工安全技术措施要有可行性和可操作性

施工安全技术措施应能够在每个施工工序之中得到贯彻实施，既要考虑保证安全要求，又要考虑现场环境条件和施工技术条件能够做得到。

二、施工安全检查

（一）安全检查内容

第一，查思想。检查企业领导和员工对安全生产方针的认识程度，建立健全安全生产管理和安全生产规章制度。

第二，查管理。主要检查安全生产管理是否有效，安全生产管理和规章制度是否真正得到落实。

第三，查隐患。主要检查生产作业现场是否符合安全生产要求，检查人员应深入作业现场，检查工人的劳动条件、卫生设施、安全通道，零部件的存放、防护设施状况，电气设备、压力容器、化学用品的储存，粉尘及有毒有害作业部位点的达标情况，车间内的通风照明设施，个人劳动防护用品的使用是否符合规定等。要特别注意对一些要害部位和设备加强检查，如锅炉房、变电所及各种剧毒、易燃、易爆等场所。

第四，查整改。主要检查对过去提出的安全问题和发生生产事故及安全隐患是否采取了安全技术措施和安全管理措施，进行整改的效果如何。

第五，查事故处理。检查对伤亡事故是否及时报告，对责任人是否已经做出严肃处理。在安全检查中，必须成立一个适应安全检查工作需要的检查组，配备适当的人力、物力；检查结束后，应编写安全检查报告，说明已达标项目、未达标项目、存在问题、原因分析，做出纠正和预防措施的建议。

（二）施工安全生产规章制度的检查

为了实施安全生产管理制度，工程承包企业应当结合本身的实际情况，建立健全一整套本企业的安全生产规章制度，并且落实到具体的工程项目施工任务中。在安全检查的时候，应对企业的施工安全生产规章制度进行检查。施工安全生产规章制度一般应包括安全生产奖励制度，安全值班制度，各种安全技术操作规程，危险作业管理审批制度，易燃、易爆、剧毒、放射性、腐蚀性等危险物品生产、储运使用的安全管理制度，防护物品的发放和使用制度，安全用电制度，加班加点审批制度，危险场所动火作业审批制度，防火、防爆、防雷、防静电制度，危险岗位巡回检查制度，安全标志管理制度。

三、建筑工程项目安全管理评价

（一）安全管理评价的意义

1.开展安全管理评价有助于提高企业的安全生产效率

对于安全生产问题的新认识、新观念，表现在对事故的本质揭示及规律认识上，对于安全本质的再认识和剖析上，所以，应该将安全生产基于危险分析和预测评价的基础上。安全管理评价是安全设计的主要依据，其能够找出生产过程中固有的或潜在的危险、有害因素及其产生危险、危害的主要条件与后果，并及时提出消除危险、有害因素的最佳技术、措施与方案。

开展安全管理评价，能够有效督促、引导建筑施工企业改进安全生产条件，建立健全安全生产保障体系，为建设单位安全生产管理的系统化、标准化以及科学化提供依据和条件。同时，安全管理评价也可以为安全生产综合管理部门实施监察、管理提供依据。开展安全管理评价能够变纵向单因素管理为横向综合管理，变静态管理为动态管理，变事故处理为事件分析与隐患管理，将事故扼杀于萌芽之前，总体上有助于提高建筑企业的安全生产效率。

2.开展安全管理评价能预防、减少事故发生

安全管理评价是以实现项目安全为主要目的，应用安全系统工程的原理和方法，对工程系统当中存在的危险、有害因素进行识别和分析，判断工程系统发生事故和急性职业危害的可能性及其严重程度，提出安全对策建议，进而为整个项目制订安全防范措施和管理决策提供科学依据。

安全评价与日常安全管理及安全监督监察工作有所不同，传统安全管理方法的特点是凭经验进行管理，大多为事故发生以后再进行处理。安全评价是从技术可能带来的负效益出发，分析、论证和评估由此产生的损失和伤害的可能性、影响范围、严重程度及应采取的对策措施等。安全评价从本质上讲是一种事前控制，是积极有效的控制方式。安全评价的意义在于，通过安全评价，可以预先识别系统的危险性，分析生产经营单位的安全状况，全面的评价系统及各部分的危险程度和安全管理状况，可以有效地预防、减少事故发生，减少财产损失和人员伤亡或伤害。

（二）工程项目安全管理评价体系

1.管理评价指标构建原则

（1）系统性原则

指标体系的建立，首先应该遵循的是系统性原则，从整体出发全面考虑各种因素对

安全管理的影响，以及导致安全事故发生的各种因素之间的相关性和目标性选取指标。同时，需要注意指标的数量及体系结构要尽可能系统全面地反映评价目标。

（2）相关性原则

指标在进行选取的时候，应该以建筑安全事故类型及成因分析为基础，忽略对安全影响较小的因素，从事故高发的类型当中选取高度相关的指标。这一原则可以从两方面进行判断：一是指标是否对现场人员的安全有影响；二是选择的指标如果出现问题，是否影响项目的正常进行及影响的程度。所以，评价以前要有层次、有重点地选取指标，使指标体系既能反映安全管理的整体效果，又能体现安全管理的内在联系。

（3）科学性原则

评价指标的选取应该科学规范。这是指评价指标要有准确的内涵和外延，指标体系尽可能全面合理地反映评价对象的本质特征。此外，评分标准要科学规范，应参照现有的相关规范进行合理选择，使评价结果真实客观地反映安全管理状态。

（4）客观真实性原则

评价指标的选取应该尽量客观，首先应当参考相关规范，这样保证了指标有先进的科学理论做支撑。同时，结合经验丰富的专家意见进行修正，这样保证了指标对施工现场安全管理的实用性。

（5）相对独立性原则

为了避免不同的指标间内容重叠，从而降低评价结果的准确性，相对独立性原则要求各评价指标间应保持相互独立，指标间不能有隶属关系。

2.工程项目安全管理评价体系内容

（1）安全管理制度

建筑工程师一项复杂的系统工程，涉及业主、承包商、分包商、监理单位等关系主体，建筑工程项目安全管理工作需要从安全技术和管理上采取措施，才能确保安全生产的规章制度、操作章程的落实，降低事故的发生频率。

安全管理制度指标包括五个子指标：安全生产责任制度、安全生产保障制度、安全教育培训制度、安全检查制度和事故报告制度。

（2）资质、机构与人员管理

建筑工程建设过程中，建筑企业的资质、分包商的资质、主要设备及原材料供应商的资质、从业人员资格等方面的管理不严，不但会影响到工程质量、进度，而且会容易引发建筑工程项目安全事故。

资质、机构与人员管理指标包括企业资质和从业人员资格、安全生产管理机构、分包单位资质和人员管理及供应单位管理这四个子指标。

（3）设备、设施管理

建筑工程项目施工现场涉及诸多大型复杂的机械设备和施工作业配备设施，由于施工现场场地和环境限制，对于设备、设施的堆放位置、布局规划、验收与日常维护不当容易导致建筑工程项目发生事故。

设备、设施管理指标包括设备安全管理、大型设备拆装安全管理、安全设施和防护管理、特种设备管理和安全检查测试工具管理这五个子指标。

（4）安全技术管理

通常来说，建筑工程项目主要事故有高处坠落、触电、物体打击、机械伤害、坍塌等。据统计，高处坠落、触电、物体打击、机械伤害、坍塌这五类事故占事故总数的85%以上。造成事故的安全技术原因主要有安全技术知识的缺乏、设备设施的操作不当、施工组织设计方案失误、安全技术交底不彻底等。

安全技术管理指标包括六个子指标：危险源控制、施工组织设计方案、专项安全技术方案、安全技术交底、安全技术标准、规范和操作规程及安全设备和工艺的选用。

第四节　建设工程安全生产管理

一、安全生产概述

安全生产就是指生产经营活动中，为保证人身健康与生命安全，保证财产不受损失，确保生产经营活动得以顺利进行，促进社会经济发展、社会稳定和进步而采取的一系列措施和行动的总称。

（一）“管生产必须管安全”的原则

“管生产必须管安全”的原则是指工程建设项目的各级领导和全体员工在生产工作中必须坚持在抓生产的同时要抓好安全工作，生产和安全是一个有机的整体，两者不能分割，更不能对立起来。

（二）“具有否决权”的原则

“具有否决权”的原则是指安全生产工作是衡量工程建设项目管理的一项基本内

容，它要求对工程建设项目各项指标考核、评优创先时，首先必须考虑安全指标的完成情况。安全指标没有实现，即使其他指标已顺利完成，仍无法实现工程建设项目的最优化，安全具有一票否决权的作用。

（三）职业安全卫生“三同时”的原则

职业安全卫生“三同时”的原则是指一切生产性的基本建设和技术改造工程建设项目，必须符合国家的职业安全卫生方面的法律法规和标准。职业安全卫生技术措施及设施应与主体工程同时设计、同时施工、同时投入使用（即“三同时”），以确保工程建设项目投产后符合职业安全卫生要求。

（四）事故处理“四不放过”的原则

四不放过的原则，即事故原因没有查清楚不放过、事故责任者没有受到处理不放过、没有防范措施不放过、职工群众没有受到教育不放过。这四条原则互相联系，相辅相成、成为一个预防事故再次发生的防范系统。

安全生产涉及工程建设施工现场所有人、材料、机械设备，环境等因素。凡是与生产有关的人、单位、机械、设备、设施、工具都与安全生产有关。安全工作贯穿了工程建设施工活动的全过程。

作为工程建设安全监理，其任务主要是贯彻落实国家的安全生产方针政策，督促施工单位按照工程建设项目施工安全生产法律法规和标准规范组织施工，消除施工中的冒险性、盲目性和随意性，落实各项安全技术措施，有效地杜绝各类安全隐患，杜绝、控制和减少各类伤亡事故，实现安全生产、文明生产。

二、工程建设安全管理

工程建设安全管理是指通过有效的安全管理工作和具体的安全管理措施，在满足工程建设投资、进度和质量要求的前提下，实现工程预定的安全目标。工程建设安全管理是与投资控制、进度控制和质量控制同时进行的，是针对整个工程建设目标系统所实施的控制活动的一个重要组成部分，所以也叫安全控制。在实施安全管理的同时需要满足预定的投资目标、进度目标、质量目标和安全目标。因此，在安全管理的过程中，要协调好与投资控制、进度控制和质量控制的关系，做到和三大目标控制的有机配合和相互平衡。

工程建设安全管理是对所有工程内容的安全生产都要进行管理控制。工程建设安全生产涉及工程实施阶段的全部生产过程，涉及全部的生产时间，涉及一切变化的生产因素。工程建设的每个阶段都对工程施工安全的形成起着重要的作用，但各阶段对安全问题的侧重点是不相同的。工程勘查、设计阶段是保证工程施工安全的前提条件和重要因素，起着重要作用，在施工招标阶段，选定并落实某个施工承包单位来实施工程安全目标，在施工阶段，通过施工组织设计、专项施工方案、现场施工安全管理来具体实施，最终实现工程建设安全目标。

工程建设安全生产涉及一切变化着的生产因素，因而是动态的。同时，工程安全隐患不同于质量隐患，前者一经发现就必须进行整改处理，否则，容易导致安全事故的发生，造成人员伤亡和财产的损失，而且事后无法进行弥补。因此，加强工程建设全过程的安全控制，通过安全检查、监控、验收，及时消除施工生产中的安全隐患，才能保证安全施工。

作为监理单位和监理工程师，首要的任务就是搞好安全管理，即安全监理。

（一）组织措施

组织措施是指从目标控制的组织管理方面采取的措施，如落实目标控制的组织机构和人员，明确各级目标控制人员的任务、职能分工、权利和责任、制定目标控制的工作流程等。组织措施是其他措施的前提和保障。

（二）技术措施

技术措施不但对解决在工程实施过程中的技术问题是不可缺少的，而且对纠正目标偏差也有相当重要的作用。任何一个技术方案都有基本确定的经济效果，不同的技术方案有不同的经济效果。运用技术措施纠偏的关键，一是要能提出多个不同的技术方案，二是要对不同的技术方案进行技术经济比较和分析，从而选择出最优的技术方案。

（三）经济措施

经济措施是指通过制定安全生产协议，将安全生产奖惩制等与经济挂钩，并对实现者及时进行兑现，有利于实现施工安全控制目标。

（四）合同措施

由于施工安全控制要以合同为依据，因此合同措施就显得尤为重要。监理工程师应确定对工程施工安全控制有利的组织管理模式和合同结构，分析不同合同之间的相互联系和影响，对每一个合同做总体和具体的分析。合同措施对安全目标控制具有全局性的影响。

三、工程建设安全监理的主要工作内容和程序

工程建设安全监理是指监理单位接受建设单位（或业主）的委托，依据国家有关工程建设的法律、法规、经政府主管部门批准的工程建设文件、工程建设委托监理合同及其他

工程合同，对工程建设安全生产实施的专业化监督管理。

安全监理是我国建设监理理论在实践中不断完善、提高和创新的体现和产物。开展安全监理工作不仅是建设工程监理的重要组成部分，更是工程建设项目管理中的重要任务和内容，是促进工程施工安全管理水平提高、控制和减少安全事故发生的有效方法，也是建设管理体制改革中必然实现的一种新模式、新理念。

（一）工程建设安全监理工作的主要内容

（1）贯彻执行“安全第一、预防为主、综合治理”的方针，国家现行的安全生产的法律、法规，工程建设行政主管部门的安全生产规章和标准。

（2）督促施工单位落实安全生产的组织保证体系，建立健全安全生产责任制。

（3）督促施工单位对工人进行安全生产教育及分部、分项工程的安全技术交底。

（4）审查施工方案及安全技术措施。

（5）检查并督促施工单位按照建筑工程施工安全技术标准和规范要求，落实分部、分项工程或各工序、关键部位的安全防护措施。

（6）督促检查施工阶段现场的消防工作，做好冬季防寒、夏季防暑、文明施工以及卫生防疫工作。

（7）不定期地组织安全综合检查，提出处理意见并限期整改。

（8）发现违章冒险作业的要责令其停止作业，发现隐患的要责令其停工整改。

（二）工程建设安全监理的工作程序

监理单位应按照《建设工程监理规范》和相关行业监理规范的要求，编制含有安全监理内容的监理规划和监理实施细则；安全监理工作一般可分为四个阶段进行，即招标阶段的安全监理、施工准备阶段的安全监理、施工阶段的安全监理和竣工阶段的安全监理。

1.招标阶段的安全监理

监理单位接受建设单位的委托开展实施安全监理主要应做好以下工作。

（1）审查施工单位的安全资质。

（2）协助拟定工程建设项目安全生产协议书。

2.施工准备阶段的安全监理

（1）制定工程建设项目安全监理工作程序。

（2）调查和分析可能导致意外伤害事故的原因。

（3）掌握新技术、新材料、新结构的工艺标准。

（4）审查安全技术措施。

（5）要求施工单位在开工前，必需的施工机械、材料和主要人员先期到达施工现场，并处于安全状态。

（6）审查施工单位的自检系统。

（7）施工单位的安全设施、施工机械在进入施工现场之前要进行认真、细致的检验，并检验合格。

3.施工阶段的安全监理

（1）掌握工程项目安全监理的依据。

（2）制定项目安全监理的职责并逐项执行，具体的工作如下。

①审查各类有关工程项目安全生产的文件。

②审核进入施工现场各分包单位的安全资质和证明文件。

③审核施工单位提交的施工方案和施工组织设计中的安全技术措施。

④审核施工现场的安全组织体系和安全人员配备的情况

⑤审核施工单位新技术、新材料、新工艺、新结构的使用情况，是否采用了与之配套的安全技术方案和安全措施。

⑥审核施工单位提交的关于工序交接检查，分部、分项工程安全检查报告。

⑦审核施工单位并签署现场有关安全技术签证文件。

⑧现场监督和检查。

（3）遇到下列情况，安全监理工程师可下达“暂时停工指令”。

①工程建设施工现场中出现安全异常情况，经提出以后，施工单位未采取改进措施或改进措施不符合要求的；

②对已发生的工程安全事故未进行有效处理而继续作业的；

③安全措施未经自检而擅自使用的；

④擅自变更设计图纸文件进行施工作业的；

⑤使用无合格证明材料或擅自替换、变更工程材料的；

⑥未经安全资质审查的分包单位的施工人员进入工程建设施工现场作业的。

4.竣工阶段的安全监理

竣工阶段的安全监理工作主要有以下内容。

（1）审查劳动安全卫生设施等是否按设计要求与主体工程同时建成、同时交付使用。

（2）要求有资质单位对工程建设项目的劳动安全卫生设施进行检测检验并出具技术报告书，作为劳动安全卫生单项验收依据。

（3）监理单位审查核验施工单位提交的有关技术文件及资料，并由项目总监理工程师在有关技术文件报审表上签署意见；审查未通过的，安全技术措施及专项施工方案不得实施。

（4）监理单位应对施工现场安全生产情况进行巡视检查，对发现的各类安全事故隐患，应书面通知施工单位，并督促其立即整改，情况严重的，监理单位应及时下达工程暂停令，要求施工单位停工整改，并同时报告建设单位。安全事故隐患消除以后，监理单位应及时检查整改结果，签署复查或复工意见。施工单位拒不整改或不停工整改的，监理单位应当及时向工程所在地建设主管部门或工程项目的行政主管部门报告，以电话形式报告的应当有通话记录，并及时补充书面报告。检查、整改、复查、报告等情况应记载在监理日志、监理月报中。监理单位应核查施工单位提交的施工起重机械、整体提升脚手架等自升式架设设施和安全设施等验收记录，并由安全监理人员签收备案。

（5）工程验收以后，监理单位应将有关安全生产的技术文件、验收记录、监理规划、监理实施细则、监理月报、监理会议纪要及相关书面通知等按规定立卷归档。

（三）监理单位安全生产监理责任的主要工作

落实监理单位的安全生产监理责任，应当做好以下三个方面的工作。

（1）建立健全监理单位安全监理责任制。监理单位的法定代表人应对本企业监理工程项目的安全监理全面负责，总监理工程师要对工程项目的安全监理负责，并根据工程项目的特点，明确监理人员的安全监理责任。

（2）完善监理单位安全生产管理制度。在健全审查核验制度、检查验收制度和督促整改制度的基础上，完善工地例会制度及资料归档制度。

（3）建立整理人员安全生产教育培训制度。总监理工程师和安全监理人员需要经过安全生产教育培训后方可上岗，其教育培训情况记入其个人继续教育档案。

结束语

建筑结构设计及监理工作作为建筑的重要支柱，受到社会的广泛重视。其中建筑结构作为一项科学、复杂的系统工程，不仅要求施工人员对建筑的外观进行合理协调，并且还要满足建筑物的安全系数。因此，建筑结构设计人员应该具备相应的理论基础，并且具备严谨的工作态度以及灵活的创新思维，从而促使建筑设计更加安全、美观。除此之外，要做好对建筑项目工程施工过程的监管、分析与总结，从而减少不必要的损失，从根本上促进我国建筑行业的健康发展与创新。

参考文献

[1]郭仕群.高层建筑结构设计[M].成都：西南交通大学出版社，2017.05.

[2]葛晶，夏凯，马志新.建筑结构设计与工程造价[M].成都：电子科技大学出版社，2017.05.

[3]周建龙.超高层建筑结构设计与工程实践[M].上海：同济大学出版社，2017.12.

[4]赵鸣，李国强.高层建筑结构设计[M].北京：中国建筑工业出版社，2017.12.

[5]唐芳.建筑结构设计与施工研究[M].西安：西北工业大学出版社，2017.09.

[6]李树忱，马腾飞，冯现大.地下建筑结构设计原理与实例[M].北京：人民交通出版社股份有限公司，2017.03.

[7]王树和.PKPM建筑结构设计实例详解[M].北京：中国电力出版社，2017.01.

[8]朱炳寅.建筑结构设计问答及分析（第三版）[M].北京：中国建筑工业出版社，2017.04.

[9]赵振宇.如何快速掌握建筑结构设计[M].上海：同济大学出版社，2018.04.

[10]王飞，李志兴.高层建筑结构设计与施工管理[M].北京：北京工业大学出版社，2018.06.

[11]肖鹏，蔡汶青，夏姗姗.Revit建筑与结构设计[M].成都：电子科技大学出版社，2018.01.

[12]李青山.装配式混凝土建筑·结构设计与拆分设计200问[M].北京：机械工业出版社，2018.01.

[13]齐宝欣，李宜人，蒋希晋.BIM技术在建筑结构设计领域的应用与实践[M].沈阳：东北大学出版社，2018.08.

[14]王萱.高层建筑结构设计[M].北京：机械工业出版社，2018.01.

[15]唐兴荣.高层建筑结构设计[M].北京：机械工业出版社，2018.10.

[16]张晓杰，王中心，周涛.建筑结构设计与PKPM2010[M].北京：清华大学出版社，2018.09.

[17]邱洪兴.建筑结构设计[M].北京：高等教育出版社，2018.09.

[18]林拥军.建筑结构设计[M].成都：西南交通大学出版社，2019.12.

[19]李玉胜.建筑结构抗震设计[M].北京：北京理工大学出版社，2019.05.

[20]陈志华，尹越，刘红波.建筑钢结构设计[M].天津：天津大学出版社，2019.01.

[21]宋岩.高层建筑钢结构设计原理与应用[M].青岛：中国海洋大学出版社，2019.03.

[22]戴航，王倩.从范式到找形：建筑设计的结构方法[M].南京：东南大学出版社，2019.12.

[23]同济大学.高层建筑钢・混凝土混合结构设计规程[M].上海：同济大学出版社，2019.04.

[24]许国平.宁波市住宅建筑结构设计细则[M].宁波：宁波出版社，2020.04.

[25]吴秀丽，马成松.建筑结构抗震设计[M].武汉：武汉理工大学出版社，2020.12.

[26]侯立君，贺彬，王静.建筑结构与绿色建筑节能设计研究[M].中国原子能出版社，2020.05.

[27]袁康，宋维举，李广洲.镶嵌复合墙板装配式钢结构建筑设计指南[M].武汉：武汉理工大学出版社，2020.10.

[28]李英民，杨溥.建筑结构抗震设计[M].重庆：重庆大学出版社，2021.01.

[29]李云峰，郭道盛，张增昌.高层建筑结构优化设计分析[M].济南：山东大学出版社，2021.05.

[30]郝加利，王光炎，姚洪文.建筑工程监理[M].北京理工大学出版社有限责任公司，2021.11.

[31]杨正权.建筑工程监理质量控制要点[M].北京：中国建筑工业出版社，2021.04.

[32]戚振强.基于BIM的建设工程管理：政府监管及数字政府建设的视角[M].北京：中国建筑工业出版社，2022.01.